普通高等院校公共基础课系列教材

C 程序设计基础案例教程

主　编　刘明纲　梁　静　黄曼绮
副主编　李　琦　罗　侃　武　戎　朱镕申

科学出版社
北　京

内 容 简 介

本书是一本面向初学者和有一定计算机基础读者的C语言学习书籍。本书通过大量的典型案例，帮助读者理解并掌握C语言的基本概念、语法结构及编程技巧。

本书共设10个章节，内容涵盖C语言程序设计基础，数据类型、运算符和表达式，数据的输入输出与顺序结构，选择结构，循环结构，数组，函数，指针，结构体与枚举类型，文件等核心主题。全书遵循结构化程序设计理念，图文并茂、深入浅出地介绍了C语言的基本算法和编程技巧，强化了内容的实践性和教学性。

书中精选了大量实例，难度递增，旨在加深读者对重要概念的理解，提高其解决实际问题的能力。本书可作为普通高等院校本科非计算机专业"C语言程序设计"课程的教材，也可作为广大编程爱好者的参考用书。

图书在版编目（CIP）数据

C程序设计基础案例教程 / 刘明纲，梁静，黄曼绮主编. -- 北京 : 科学出版社, 2025. 2. --(普通高等院校公共基础课系列教材).

ISBN 978-7-03-081022-9

Ⅰ. TP312.8

中国国家版本馆CIP数据核字第2025R5C048号

责任编辑：宋 芳 吴超莉 / 责任校对：王万红

责任印制：吕春珉 / 封面设计：东方人华平面设计部

科学出版社 出版

北京东黄城根北街16号

邮政编码：100717

http://www.sciencep.com

三河市良远印务有限公司印刷

科学出版社发行　各地新华书店经销

*

2025年2月第 一 版　开本：787×1092 1/16

2026年2月第二次印刷　印张：15 1/4

字数：362 000

定价：60.00元

（如有印装质量问题，我社负责调换〉）

销售部电话 010-62136230　编辑部电话 010-62135763-2041

前　言

尽管计算机只有数十年的历史，但是其进步之快却令人瞩目。随着人工智能、大数据、量子信息、生物技术等领域新一轮科技革命与产业升级的不断推进，新的行业、业态和模式正孕育而生，预示着未来的发展及人类的生产和生活方式将迎来深刻变革。为了更好地适应这些变化与挑战，我们要提升自身，转型为具备信息技术素养的新时代人才。掌握计算机编程技能，是这一过程中的关键环节。

C 语言作为一种广泛使用的编程语言，因其高效性和强大的表达能力而备受推崇，是学习编程逻辑和技术的基础语言之一。通过深入探讨高级语言程序设计的框架，本书旨在全面介绍 C 语言的核心概念、语法结构、数据类型、程序构造及高级语言编程的方法和常用算法。除了覆盖基础的语法和概念外，本书还特别强调培养读者的问题解决能力和计算思维能力，给出了大量案例，并对案例进行了详细分析。对于初学者而言，本书提供了一条从基础到进阶的学习路径，有助于逐步掌握编程技巧，并为将来更深层次的学习奠定坚实的基础。

本书基于 C99 标准构建内容框架，选用 Microsoft Visual C++ 2010 作为编译环境，遵循“基础为本、应用导向”的原则，系统地介绍了 C 语言程序设计的基本准则、思考方式及实现方法，由浅入深地介绍了 C 语言的语法，并通过经典算法示例逐步讲解程序设计方法。本书以增强学生实际编程能力为目标，重视通过具体案例进行教学，并配以大量的实践练习，旨在强化重点知识的教学与难点的解析。书中内容组织逻辑性强，条理分明，便于读者理解吸收。此外，每章末尾均设有习题，有助于读者及时复习并巩固所学知识。

本书共 10 章。第 1 章～第 3 章介绍 C 语言的基础知识；第 4 章和第 5 章介绍选择、循环两种程序设计结构及常用的基本算法；第 6 章～第 9 章介绍数组、函数、指针和结构体与枚举类型；第 10 章主要介绍文件相关知识。

本书由刘明纲、梁静、黄曼绮任主编，李琦、罗侃、武戎、朱镕申任副主编，代琪怡参编。第 1 章由刘明纲、黄曼绮、朱镕申编写，第 2 章由刘明纲、李琦编写，第 3 章、第 4 章、第 5 章、第 10 章由刘明纲编写，第 6 章、第 8 章由武戎编写，第 7 章和第 9 章由梁静编写，课后习题由罗侃、代琪怡编写，全书由李琦统稿。

由于编者水平有限，书中难免存在不妥之处，恳请广大读者批评指正。

目　录

第 1 章　程序设计基础

本章首先介绍计算机的工作机制，涵盖硬件和软件两个方面，帮助读者理解计算机的协同机制。接着，深入探讨程序与程序设计的概念，并介绍结构化程序设计的基本思想。最后，介绍 C 语言的基础知识，包括其发展历程、特点、程序结构和执行流程，并通过具体实例展示如何运用 C 语言解决实际问题。

本章重点内容如下。

- 计算机工作机制。
- 程序及程序结构、算法与程序。
- C 语言程序的结构及执行过程。
- Visual C++ 2010 程序开发环境。

1.1　计算机的工作机制

计算机程序不同于诸如毕业典礼流程之类的程序，是专门为计算机执行而设计的。由于计算机程序的设计（即程序设计）必须考虑计算机解决问题的方式和特点，因此在进行程序设计之前，有必要先了解计算机的工作机制。

1.1.1　硬件结构

1. 冯 · 诺依曼计算机的硬件构成

虽然现在计算机硬件所提供的计算能力与早期的计算机相比有了很大的提高，但目前大部分计算机采用的还是冯 • 诺依曼体系结构，即存储程序式结构。冯 • 诺依曼计算机的硬件构成如图 1-1 所示。

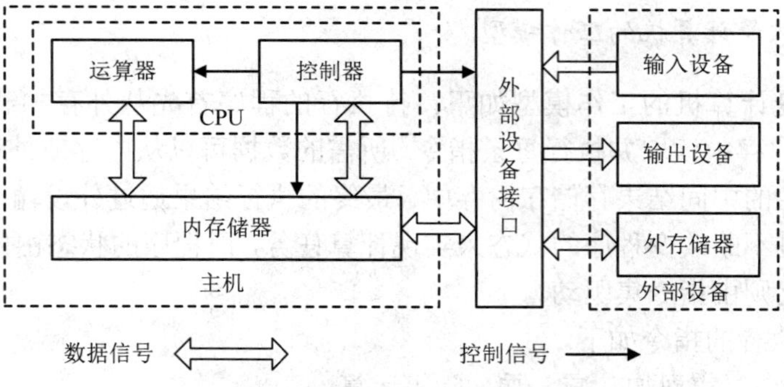

图 1-1　冯 • 诺依曼计算机的硬件构成

（1）运算器

运算器主要执行各种算术运算和逻辑运算任务，也被称为算术逻辑单元（arithmetic

logic unit，ALU）。算术运算主要是指加、减、乘、除等各种数值运算。逻辑运算是进行逻辑判断的非数值运算，如与、或、非、比较、移位等。运算器的核心部件是加法器和若干个寄存器，加法器用于运算，寄存器用于存储参加运算的各种数据及运算后的结果。运算器根据指令规定的方式从存储设备取出数据进行计算，并把计算结果送回指令指定的存储设备。

（2）控制器

控制器是计算机的神经中枢和指挥中心，它负责指挥和协调计算机各部件按照指令的功能要求完成特定任务。控制器由指令寄存器、程序计数器和操作控制器 3 个部件组成。其中，指令寄存器是用于保存当前执行或即将执行的指令的一种寄存器。程序计数器又称指令计数器，指明程序中下次要执行的指令地址。操作控制器根据指令操作码和时序信号，产生各种操作控制信号，完成取指令和执行指令的控制。

运算器和控制器通常合称为 CPU，是整个计算机系统的核心部件。

（3）存储器

存储器是计算机系统中用于存储程序和数据的器件，分为主存储器（内存）和辅助存储器（外存）两种类型。

由于主存储器需要直接与 CPU 交换数据，系统对其读写速度和存储容量都有较高的要求。但内存空间受到各种因素的限制，并不能无限制地增加。与主存储器相比，尽管辅助存储器的读写速度较慢，但其存储空间大，并且信息可以长期保存。因此，辅助存储器可以用于存储计算机系统中暂时不用的程序和数据，在需要时将程序和数据送入主存储器中。

（4）输入设备

输入设备用于接收用户输入的原始数据和程序，并将它们转换为计算机能识别的二进制形式并存入内存。常用的输入设备有键盘、鼠标、摄像头、扫描仪、手写输入板、游戏杆、语音输入装置等。

（5）输出设备

输出设备用于将存储在内存中的计算机处理结果转变为人们能接收的形式输出。常用的输出设备有显示器、打印机、绘图仪、影像输出系统、语音输出系统等。

2. 冯 · 诺依曼计算机的工作模型

冯 • 诺依曼计算机的工作模型如下：待执行的程序首先从外存加载到内存，然后 CPU 按顺序从内存中读取并执行每条指令。所需的数据可以从内存或外设中获取，程序执行过程中产生的中间结果存储在内存中，最终的执行结果通过外设输出。这一计算过程的本质是通过不断改变程序的状态来实现计算任务，而程序的状态由内存中的数据构成，状态的变化则由指令集驱动。

CPU 所能执行的指令如下。

- 算术指令：实现加、减、乘、除等运算。
- 比较指令：比较两个操作数的大小。
- 数据传输指令：实现 CPU 的寄存器、内存及外设之间的数据传输。
- 执行流程控制指令：用于确定下一条指令的内存地址，包括转移、循环及子程序调用返回等指令。通常情况下，CPU 从某个内存地址开始依次读取指令来执行，执行流程控制指令可以用来改变程序顺序执行的行为。

由于构成计算机的各个部件存在速度上的差别，快速部件往往要花费大量的时间等待慢速部件的操作，因此在冯·诺依曼计算机中存在着几个影响程序执行效率的瓶颈，主要体现在 CPU 与内存之间及内存与输入输出设备之间的数据传输。现在的计算机中往往利用程序执行和对数据访问所具有的局部性特征，通过缓存机制来解决部件之间速度不匹配问题，从而提高计算机的整体性能。缓存中存储的是近期用过的、今后可能还要用到的一些内容。例如，目前的计算机大都在 CPU 中为内存提供高速缓存、为外存提供低速缓存。

1.1.2 软件系统

计算机硬件与软件之间的关系，可以形象地比喻为身体与灵魂的关系。硬件构成了计算机的物理实体，提供了执行各种操作所需的物质基础，如计算、数据存储和输入输出等功能。然而，仅仅拥有强大的硬件是不够的，还需要有人来编写具体的指令，也就是软件，来指挥硬件完成特定的任务。

计算机软件主要由两大部分组成：程序和文档。其中，程序是由一系列指令组成的，这些指令告诉计算机如何处理数据（即处理对象），以及采用什么样的算法（即处理规则）来完成特定的计算任务。程序可以是简单的脚本，也可以是复杂的系统应用，覆盖范围十分广泛。文档虽然不直接参与计算过程，但对于软件的开发、使用和维护来说同样不可或缺。文档通常包含对程序功能、使用方法、内部架构等方面的详细描述，旨在帮助开发者、测试人员和最终用户更好地理解软件，从而有效地使用和维护软件系统。良好的文档能够极大地提高软件的质量，降低学习成本，促进团队合作。

软件系统根据其功能和用途，通常可以划分为三大类：系统软件、支撑软件（也称为工具软件）和应用软件。

1）系统软件：位于计算机系统的最底层，紧挨着硬件层，是计算机系统中最基础的部分。这类软件与具体的应用领域无关，主要用于为其他软件提供运行环境和支持服务。操作系统是最典型的系统软件，负责管理和调度计算机的硬件资源，提供用户界面，以及支持其他软件的安装和运行。此外，编译器、链接器、驱动程序等也属于系统软件范畴。

2）支撑软件：主要指那些用于辅助软件开发、测试、维护和管理的工具软件。支撑软件通常面向专业的软件开发人员，目的是提高软件开发的效率和质量。例如，集成开发环境（integrated development environment，IDE）、版本控制系统、调试器、性能分析工具等都是常见的支撑软件。这些工具软件能够帮助开发者更高效地编写、测试和优化代码，同时也能简化项目管理和团队协作的过程。

3）应用软件：直接面向用户的软件，被设计用于满足特定领域的具体需求。应用软件种类繁多，涵盖教育、娱乐、办公、科学计算等多个领域。例如，文字处理软件、图形编辑器、数据库管理系统、企业资源规划（enterprise resource planning，ERP）系统、客户关系管理（customer relationship management，CRM）软件及学生管理软件等，都属于应用软件的范畴。这类软件通常需要基于系统软件和可能的支撑软件来开发，并且针对特定的应用场景进行了定制化设计。

综上所述，系统软件、支撑软件和应用软件各自承担着不同的职责，共同构成了一个完整的软件生态系统。在这个生态系统中，系统软件提供了基础运行环境，支撑软件提升了软件开发的效率，而应用软件则直接服务于用户，满足用户的多样化需求。计算机软件分类如图 1-2 所示。

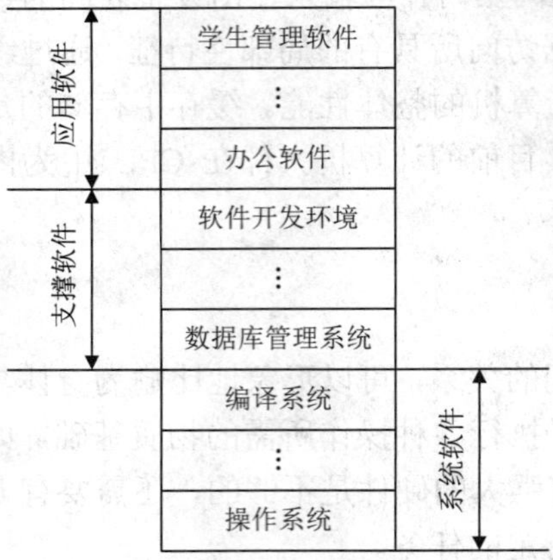

图 1-2　计算机软件分类

1.2　程序设计和程序设计语言

现代计算机具有计算速度快、计算精度高、自动化程度好及通用性强等特点，在人们的生活中扮演着越来越重要的角色，被广泛应用于数值计算、数据处理、自动控制、计算机辅助设计及人工智能等领域。然而计算机并不能自主地实现这些任务，其每一步操作都是在计算机程序的指挥下完成的，可以说计算机程序就是计算机的灵魂。

在计算机科学中，“程序”这一术语被赋予了更为具体和技术性的含义。计算机程序是一组指令的集合，这些指令被设计用来指挥计算机执行特定的任务。每个指令都是计算机能够识别和执行的操作，通过这些指令的有序组合，计算机可以完成从简单的数字计算到复杂的数据处理等各种任务。计算机程序的编写需要遵循一定的语法和逻辑规则，确保计算机能够正确无误地执行每一个步骤。

无论是生活中的程序还是计算机程序，其核心思想都是相同的：通过定义明确的步骤和流程，使任务的执行更加系统化、标准化。这不仅能提高工作效率，减少错误发生的可能性，也为后续的改进和优化提供了基础。在计算机领域，程序的概念更是推动了信息技术的发展，使机器能够按照人的意图自动完成复杂的工作，极大地扩展了人类的能力边界。

同样的道理，计算机要正确地运行并且完成相应的任务，也需要按照计算机程序的安排去执行。在计算机当中，程序是指使计算机完成某一特定任务而编写的若干条指令的有序集合。计算机程序往往简称为程序，这是计算机系统中最基本的概念。

一个计算机程序具有如下性质。

- 目的性：程序有明确的目的，在运行时能正确完成赋予它的功能。
- 分步性：程序为完成其复杂的功能，由一系列计算机能执行的步骤组成。

- 有限性：程序中所包含的步骤是有限的。
- 有序性：程序的执行步骤是有序的，不能随意改变这些步骤的执行顺序。
- 操作性：程序是对某些对象的操作，能实现有意义的功能。

1.2.1 程序设计范型

程序设计的本质就是对计算进行描述。这里所讲的计算是指广义上的计算，而不是简单的加、减、乘、除等算术运算。程序设计范型是计算机编程中的基本风格和典范模式，是编程者在其所创造的虚拟世界中自觉或不自觉采用的世界观和方法论。范型引导人们带着其特有的倾向和思路去分析和解决问题。以不同的计算模型对计算进行描述就形成了不同的程序设计范型。目前，存在若干种程序设计范型，典型的程序设计范型有过程式（面向过程）、对象式（面向对象）、函数式与逻辑式等。

1. 过程式

过程式程序设计是一种以功能为中心、基于功能分解的程序设计范型。一个过程式程序由一些子程序构成，每个子程序对应一个子功能，它实现了功能抽象。子程序描述了一系列操作，是操作的封装体。过程式程序的执行过程体现为一系列子程序调用。在过程式程序中，数据处于附属地位，它独立于子程序，在子程序调用时作为参数传给子程序使用。著名的计算机科学家尼古拉斯·沃斯（Nicklaus Wirth）提出了如下经典公式，刻画了过程式程序设计的本质特征。

程序=数据结构+算法

上述公式中的算法是指对数据加工步骤的描述，而数据结构则是对算法所加工的对象的数据描述。早期的程序设计均采用过程式程序设计范型，与冯·诺依曼计算机模型直接对应。过程式程序设计对程序功能的描述比较清晰，所描述的计算过程容易理解。过程式程序设计的不足之处在于：数据与操作分离，缺乏对数据的保护；功能会随着需求的改变而发生变化，而功能的变化往往会导致整个程序结构的变动，使程序难以维护；子程序往往是针对某个应用而设计的，很难用于其他应用程序，导致程序难以复用。

2. 对象式

对象式程序设计是一种以数据为中心、基于数据抽象的程序设计范型。对象式程序设计通常称为面向对象程序设计。一个面向对象的程序由一些对象构成，对象是由一些数据及可施加于这些数据上的操作构成的封装体。对象的特征由相应的类来描述，一个类可以从其他的类继承。面向对象的程序的执行过程体现为各个对象之间相互发送和处理消息。面向对象的程序可简单地表示成下面的公式：

程序=对象/类+对象/类+…

对象/类=数据+操作

3. 函数式与逻辑式

函数式程序设计是围绕函数及函数应用来进行的，基于递归函数理论和 λ 演算（λ 演算是一套用于研究函数定义、函数应用和递归的形式系统），其中，函数也被作为值来看待。逻辑式程序设计是把程序组织成一组事实和一组推理规则，基于谓词演算。函数式与逻辑式两种程序设计范型常用于人工智能领域的程序开发。

目前，使用较广泛的是过程式和对象式这两种程序设计范型。它们已成为当前的主流程序设计范型，适用于解决大部分的实际应用问题。本书只围绕过程式程序设计范型展开，介绍过程式程序设计的基本思想和技术。

1.2.2 程序设计语言

计算机程序是由程序设计人员编写实现的，然而计算机的工作方式决定了程序设计人员不可能用人类语言对计算机发号施令。因此，出现了程序设计语言。程序设计语言是程序设计人员与计算机进行交流的桥梁，因此也被形象地称为计算机语言。与人类语言类似，程序设计语言由各种字符和相关语法构成，想要设计程序，首先要学习程序设计语言。学习编写程序和运行程序，可以让人们更了解计算机，更好地掌握计算机这个重要的工具，并选择合适的途径和方式为自己所用。

1.2.3 程序设计语言的发展历史

1. 计算机语言的发展

人类的语言是人们描述现实世界、表达个人思想观念的工具，而计算机语言是人与计算机交流的工具。一方面，人类使用各种计算机语言将现实世界映射到计算机世界；另一方面，人类又可以通过计算机语言创造现实世界中并不存在的虚拟世界。

计算机语言的发展历程可以简单划分为机器语言、汇编语言、高级语言三个阶段。

（1）机器语言

二进制是计算机语言的基础。机器语言是机器能直接识别的简单语言或指令代码，无须经过翻译，每一个操作码在计算机内部都有相应的电路来完成它。机器语言使用绝对地址和绝对操作码。不同的计算机都有各自的机器语言，即指令系统，几乎不具备程序移植能力，如果要实现程序移植，时间成本、人力成本将会十分昂贵。从使用的角度看，机器语言是最低级的语言。

【例 1.1】 用机器语言程序实现“6+8”的运算。

```
10110000 00000110     //将 6 送入累加器 AL 中
00000100 00001000     //8 与累加器 AL 中的值相加，并将结果放在 AL 中
11110100              //停机结束
```

（2）汇编语言

汇编语言是在机器语言的基础上诞生的一门语言，用一些简洁的英文字母、符号来替代一些特定指令的二进制串。汇编语言提高了语言的记忆性和识别性，对于程序的开发与维护起到了积极的作用。但汇编语言直接对硬件进行操作，限制了其移植性。使用汇编语言针对计算机特定硬件编写的汇编语言程序，对计算机硬件的功能和特长的发挥有很大帮助。

汇编语言克服了机器语言的一些缺点，采用助记符和符号地址来表示机器指令，因此也被称作“符号语言”。

【例 1.2】 用汇编语言程序实现"6+8"的运算。

```
MOV AL, 06
ADD AL, 08
HLT
```

在例 1.2 中，用助记符"MOV"表示数据传递，代替例 1.1 中的机器指令"10110000"；用助记符"ADD"表示加法运算，代替例 1.1 中的机器指令"00000100"；用助记符"HLT"表示停机结束，代替例 1.1 中的机器指令"11110100"，使程序的可读性有了很大的提高。

汇编语言增加了程序的可读性，但其仍然是低级语言，同样属于面向机器的语言。用汇编语言编写的程序不能被计算机直接识别和执行，必须经过"汇编程序"（一种能把用汇编语言编写的程序翻译成机器语言程序的软件）转换成机器语言之后才能执行，这一过程称为汇编。

（3）高级语言

在与计算机的不断交流中，人们对计算机程序的移植性需求不断提高，此时急需一种不依赖于特定机型的通用计算机语言，用这种语言编写的程序在各种平台上都能正常运行。高级语言的发展也从最初的结构化语言发展成面向过程的程序设计语言和面向对象的程序设计语言。

高级语言是一种接近自然语言的程序设计语言，它按照人们的语言习惯，使用日常用语、数学公式和符号，按照一定的语法规则来编写程序。

【例 1.3】 用 C 语言程序实现"6+8"的运算。

```
#include <stdio.h>
int main()                    //主函数
{
    int a;                    //定义整型变量 a
    a=6+8;                    //将 6+8 的结果赋给 a
    printf("a=%d\n", a);      //显示结果
    return 0;
}
```

高级语言与硬件功能相分离（彻底脱离了具体的指令系统），与自然语言更接近，编程者不必了解过多的计算机专业知识便可掌握和使用。高级语言通用性强、兼容性好且便于移植。高级语言的产生，有力地推动了计算机软件产业的发展，进一步扩展了计算机的应用范围。

高级语言并不是特指的某一门具体的语言，而是涵盖了很多编程语言，如面向过程程序设计语言的代表有 C、FORTRAN、COBOL、Pascal 等一系列语言，面向对象程序设计语言的代表有 Java、C++、C#等。

面向过程编程就是程序设计人员先分析出解决问题所需要的步骤，然后用函数把这些步骤一步一步实现，使用的时候依次调用这些函数就可以了。

面向对象编程就是程序设计人员把构成问题的事务分解成各个对象，建立对象不是为了完成一个步骤，而是为了描述某个事务在整个解决问题的步骤中的行为。

2. 程序翻译方式

使用高级语言编写的程序称为高级语言源程序，但计算机不能直接识别和执行源程

序，必须通过“翻译程序”翻译成对应的机器语言后才能执行。这种“翻译”通常有两种方式：编译方式和解释方式。

（1）编译方式

编译方式需要事先编好一个被称为“编译程序”的程序，将其放在计算机中。当高级语言源程序输入计算机中时，编译程序便把源程序全部翻译成机器指令表示的目标程序；然后执行该目标程序，得到计算结果，如图 1-3 所示。

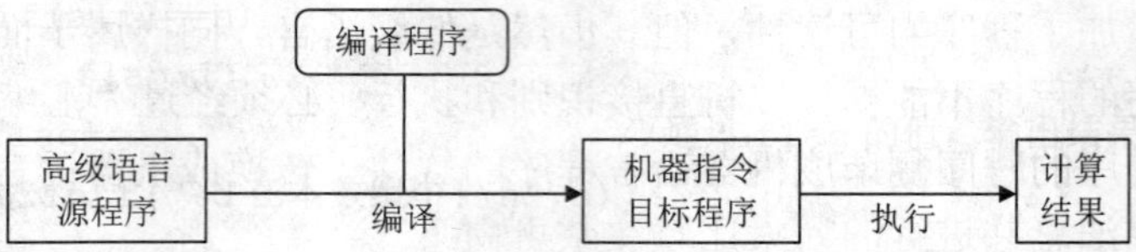

图 1-3　编译方式

（2）解释方式

解释方式需要事先编好一个被称为“解释程序”的程序，并将其放在计算机中。当高级语言源程序输入计算机中时，解释程序将源程序的每一条语句逐句翻译，逐句执行，也就是边解释边执行，如图 1-4 所示。需要注意的是，解释方式并不产生目标程序。

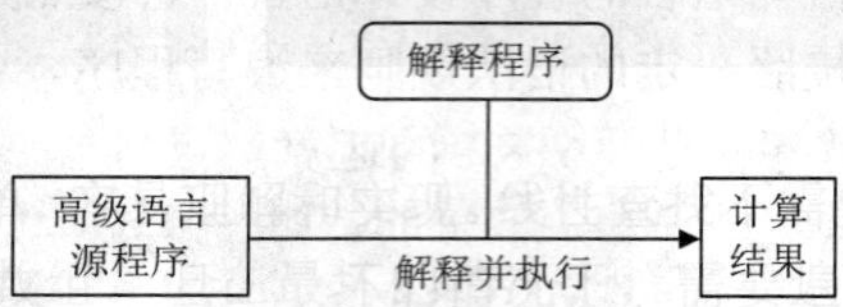

图 1-4　解释方式

1.2.4　语言处理程序

由汇编语言和高级语言编写的程序不能被计算机直接执行，因为它们不是二进制数形式，程序代码中包含了各种字符和符号，所以必须先翻译、转换成对应的机器指令才能被计算机执行。这个翻译过程是由特定程序来完成的，不同的语言有不同的翻译程序，所有这些翻译程序统称为“语言处理程序”。

有了高级语言，编程就不再是少数专业人士独享的技能了。高级语言的学习者无须深入理解计算机的内部结构和工作原理就可以进行编程，他们学习编程更多是为了培养逻辑思维能力，任何人都可以通过掌握高级语言来为自己的工作、学习及研究服务。

1.3　C 语言的发展及特点

C 语言是 1972 年由美国的丹尼斯·里奇（Dennis Ritchie）设计发明的。它是由早期的基础组合编程语言（basic combined programming language，BCPL）发展演变而来的。1970 年，美国贝尔实验室的肯·汤普森（Ken Thompson）根据 BCPL 设计出较先进的编程语言并取名为 B，其后期的改进版就是 C 语言。随着微型计算机的日益普及，出现了许多 C 语言版本。由于没有统一的标准，不同版本 C 语言之间出现了一些不一致的地方。为了改变这种情况，美国国家标准学会（American National Standards Institute，ANSI）为 C 语言制定了一套标准，该标准目前已成为现行的 C 语言标准，被称为“标准 C 语言”。

C 语言之所以发展如此迅速，并成为最受欢迎的语言之一，主要是因为它具有强大的功能和许多非常成功的应用案例。归纳起来，C 语言具有以下特点。

（1）简洁的语言

C 语言包含的各种控制语句仅有 9 种，关键字也只有 32 个，程序的编写要求不严格且以小写字母为主，对许多不必要的部分进行了精简。由于语句构成与硬件有关联的较少，且 C 语言本身不提供与硬件相关的输入、输出、文件管理等功能，如需此类功能，需要配合编译系统所支持的各类库进行编程，因此 C 语言拥有非常简洁的编译系统。

（2）具有结构化的控制语句

C 语言是一种结构化的语言，提供的控制语句具有结构化特征，如 for 语句、if...else 语句和 switch 语句等，可以用于实现函数的逻辑控制，方便面向过程的程序设计。

（3）丰富的数据类型

C 语言包含的数据类型广泛，不仅包含传统的字符型、整型、浮点型、数组型等数据类型，还具有其他编程语言所不具备的数据类型，如指针数据类型的使用便较为灵活，可以通过编程对各种数据结构进行计算。

（4）丰富的运算符

C 语言包含 34 个运算符，将赋值、括号等均视为运算符来操作，使 C 程序的表达式类型和运算符类型更丰富。

（5）可直接对物理地址进行操作

C 语言允许对硬件的内存地址直接进行读写，因此可以实现汇编语言的主要功能，并可直接操作硬件。C 语言不但具备高级语言所具有的良好特性，而且包含了许多汇编语言的优势，故在系统软件编程领域有着广泛的应用。

（6）代码具有较好的可移植性

C 语言是面向过程的编程语言，用户只需要关注待解决问题本身，而无须花费过多的精力去了解相关硬件的具体特性，且针对不同的硬件环境，C 语言实现相同功能时的代码基本一致，不需或仅需进行少量改动便可完成移植。这就意味着，一台计算机编写的 C 程序可以在另一台计算机上轻松地运行，从而极大地减少了程序移植的工作强度。

（7）可生成高质量、目标代码执行效率高的程序

与其他高级语言相比，C 语言可以生成高质量和高效率的目标代码，故通常用于编写对代码质量和执行效率要求较高的嵌入式系统程序。

1.4 C 和 C++语言

早期的计算机编程采用的是面向过程的方法，使用顺序、选择和循环这三种基本结构来进行程序设计，强调程序的结构，也称为结构化程序设计，是最基本的程序设计方法。面向过程的程序设计以算法为核心，被处理的数据独立于算法，因此程序设计人员需要时刻考虑数据格式，对不同的数据格式进行相同处理或对相同的数据格式进行不同

处理。数据格式一旦被改变，就需要重新设计程序，程序的重用性较差。

随着计算机应用水平的提高，计算机被用于解决越来越复杂的问题，面向对象的程序设计方法应运而生。C++是在 C 语言的基础上增加面向对象的功能开发出来的一门通用编程语言，进一步扩充和完善了 C 语言，是一种面向对象的程序设计语言。

目前，C 语言已经成为 C++的子集，C++中的过程化控制及其他相关功能与 C 语言基本相同且相互兼容。此外，C++拓展了面向对象设计的内容，这是面向过程的 C 语言所不具备的。因此，早期 C++也被称为“C with Class”。从 C 到 C++，从面向过程到面向对象，这体现了随着计算机解决问题的规模变化和编程思想的演变。

1.5　认识 C 语言程序

学习“C 语言程序设计”主要包括两个方面：一是学习 C 语言的语法规则；二是学习程序设计方法。在掌握 C 语言语法规则的基础上，运用程序设计方法设计解决问题的算法，从而设计出解决问题的 C 语言程序。

学习计算机语言，当然也包括 C 语言，主要是学习语法和语义两个方面。计算机语言的语法是严格定义的，不允许有语法错误。语法是一些规定，如各种语句及各种语法成分都有各自的规定。同时计算机语言的语义是唯一的，没有二义性，各种语句及语法成分有各自的语义。只有掌握计算机语言的语法，理解语义，才能正确使用计算机语言编写没有语法错误和逻辑错误的程序。

程序设计是给出解决特定问题程序的过程，包括问题分析、算法设计、程序源代码设计、测试、调试和维护。源代码可以用 C 语言编写，也可以用其他计算机语言编写。程序设计的目的是得到一个指令序列（即程序）并提供给计算机执行，从而解决问题。在程序设计过程中，往往需要不同方面、不同领域的专业知识，包括应用领域知识、特定算法知识和形式逻辑知识等。

学习程序设计时，需要了解和掌握计算机的解题过程、算法的设计和表示、结构化程序设计等内容。同时需要用具体的计算机语言编写程序。在这个过程中，还需要学习和掌握程序的编辑、编译、调试和运行等相关操作。

“C 语言程序设计”是一门实践性很强的课程。在学习过程中，不仅要掌握 C 语言的基本概念、语法和语义等内容，还需要注重实验环节。通过亲手实践，在完成 C 语言程序的编辑、编译、调试和运行的过程中，加深对 C 语言的理解，体会编程的过程及关键技术。与此同时，培养编程兴趣，提高编程能力。学习 C 语言，可以为进一步学习其他计算机语言奠定基础，包括目前常用的面向对象语言，如 C++、Java 等。

使用 C 语言编程，必须先了解 C 语言。本书将通过几个程序来介绍如何阅读 C 语言程序。这几个程序由简到难，表现了 C 程序在组成结构上的特点。虽然相关内容还未介绍，但可先从这些例子中了解组成一个 C 程序的基本部分和书写格式。

1.5.1　案例介绍

使用计算机解决现实世界的问题是一种必然的选择。如何编写解决问题的程序或软件是一个比较复杂的问题，本节将从学习 C 语言的角度简要认识计算机解题的过程。计算机的解题过程大致分为四个阶段，分别是分析问题、设计算法、编写程序和运行验证。

1. 分析问题

详细分析需要解决的问题，清楚了解问题的需求：已知的原始数据有哪些？使用什么方法或数学模型？要得到什么结果？分析问题就是明确做什么（what to do）的过程。

2. 设计算法

明确了做什么之后，就需要考虑怎么做（how to do）。通常将解决问题的方法或数学模型转换为解决问题的步骤，即设计算法。设计算法是计算机解题过程中的一个具有创造性的重要环节，设计的算法是否合理、正确，直接关系到问题能否解决。同时，解决问题的方法往往不是唯一的，可能有多种解决方法，需要设计出多种算法，通过分析比较，从中找出合适的或最优的算法。

3. 编写程序

确定了解决问题的算法之后，需要使用一门计算机程序设计语言编写程序。编写程序就是将设计的算法等价映射（转换）为计算机程序，所编写的程序从逻辑上看是算法的一种表现形式。

4. 运行验证

编写的程序有时不能正确地满足解决实际问题的需求，还需要调试，即在计算机上运行并且排除潜在错误。必要时，还要使用测试数据对程序进行测试，验证程序的正确性。如果程序测试不充分，则有可能导致潜在错误的存在。除此之外，问题需求也可能随着时间的推移而变化，因而程序使用一段时间后还需要进行修改和完善，这个过程称为“维护”。

【案例 1.1】 在屏幕上输出：“手脑并用、学做合一”。

解决该问题需要用到 printf()函数。

【程序代码】

```
#include <stdio.h>                          //编译预处理指令
int main()                                  //定义主函数
{                                           //函数开始的标志
    printf("手脑并用、学做合一\n");           //输出所指定的一行信息
    return 0;                               //函数执行完毕时返回函数值 0
}                                           //函数结束的标志
```

【运行结果】

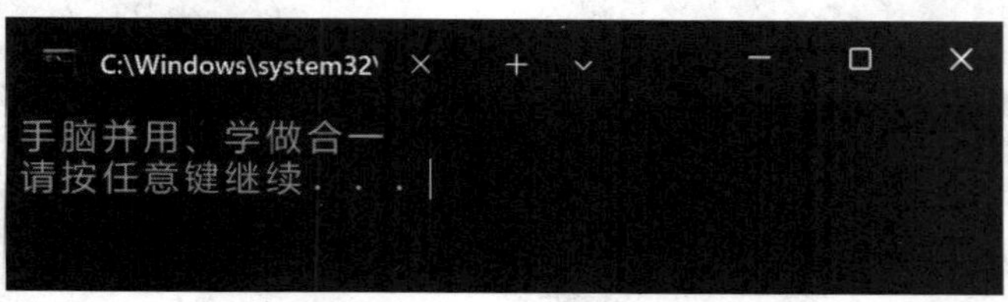

【程序分析】

main()是函数的名称，表示主函数；每一个 C 语言程序都必须有一个 main()函数。

main()前面的 int 表示该函数的类型是 int 型（整型），即在执行完主函数后会得到一个值（即函数值），其值为整型。

return 0 的作用是在 main()函数执行结束前将整数 0 作为函数值返回到调用函数处。函数体由花括号括起来。

printf()是 C 语言编译系统提供的函数库中的输出函数。printf()函数中的文字按原样输出。'\n'是换行符，即在输出“手脑并用、学做合一”后，显示屏上的光标位置移到下一行的开头。

每条语句的最后都有一个分号，表示语句结束。

使用函数库中的输入输出函数时，编译系统会要求程序提供有关该函数的信息，程序第一行“#include <stdio.h>”就是用来提供这些信息的。stdio.h 是系统提供的一个文件名，stdio 是 standard input & output 的缩写，文件扩展名.h 的意思是头文件（header file），因为这些文件都被放在程序各文件模块的开头位置。

输入输出函数的相关信息已事先放在 stdio.h 文件中。“//”表示从此处到本行结束是“注释”，用来对程序有关部分进行必要的说明。在编写 C 程序时应当多用注释，以方便自己和别人理解程序各部分的作用。在程序进行预编译处理时将每个注释替换为一个空格，因此在编译时注释部分不产生目标代码，注释对运行不起作用。注释只是给人看的，而不是让计算机执行的。这种注释可以单独占一行，也可以出现在一行中其他内容的右侧。此种注释的范围从//开始，以换行符结束。如果注释内容在一行内写不完，可以用多个单行注释。

除上述描述的注释方法外，还有一种以/*开始，以*/结束的块式注释。这种注释可以包含多行内容。它可以单独占一行（在行开头以/*开始，在行末以*/结束），也可以包含多行。编译系统在发现一个/*后，会开始找注释结束符*/，把二者之间的内容作为注释。

【案例 1.2】 求两个整数中的较大者。

为了解决该问题，可以用一个函数来实现求两个整数中的较大者，在主函数中调用此函数并输出结果。

【程序代码】

```
#include <stdio.h>                          //编译预处理指令
int main()                                  //定义主函数
{                                           //主函数体开始
   int max(int x,int y);                    //函数声明
   int a,b,c;                               //定义三个整型变量
   printf("请输入第一个整数：\n" );         //显示提示信息
   scanf("%d", &a);                         //从键盘输入一个整数并赋值给变量 a
   printf(" 请输入第二个整数：\n" );        //显示提示信息
   scanf("%d", &b);                 //从键盘输入一个整数并赋值给变量 b
   c=max(a,b);                      //调用 max()函数，将 a 与 b 中的较大值赋给 c
   printf(" 输入的两个整数中较大者为：%d\n",c); //输出较大值
   return 0;                                     //返回函数值 0
}                                                //主函数体结束
```

```
//求两个整数中的较大者的max()函数
int max(int x,int y)  //定义max()函数，函数值为整型，形式参数x和y为整型
{
    int z;          //定义临时变量 z
    if(x>y)
        z=x;        //若 x>y，将 x 的值赋给变量 z
    else
        z=y;        //若 x≤y，将 y 的值赋给变量 z
    return z;       //结束函数，返回 z
}
```

【运行结果】

```
请输入第一个整数:
3
请输入第二个整数:
4
输入的两个整数中较大者为: 4
请按任意键继续. . .
```

【程序分析】

本程序包括两个函数：主函数 main()和被调函数 max()。

max()函数的作用是将 x 和 y 中较大者的值赋给变量 z，最后通过 return 语句将 z 的值作为 max()函数的值返回给调用 max()函数的主函数。

scanf()是输入函数的名称（scanf()和 printf()是 C 语言的标准输入和输出函数）。上面程序中 scanf()函数的作用是输入变量 a 和 b 的值。

max(a,b)调用 max()函数，在调用时将 a 和 b 作为 max()函数的实际参数（简称实参）的值分别传送给 max()函数中的形式参数（简称形参）x 和 y。

注意 本案例程序中的两个函数都有 return 语句，要注意它们的异同。两个函数都定义为整型，都有函数值，都需要用 return 语句为函数指定返回值。main()函数中的 return 语句指定的返回值一般为 0。max()函数的返回值是 max()函数中求出的两个数中的较大值 z，只有通过 return 语句才能把求出的 z 值作为函数的值返回给调用它的 main()函数。

在本案例中用到了函数调用、实参和形参等概念，本节对它们进行了简单的解释。它们对于初学者而言理解比较困难，可以先不予深究，后面的章节会对它们进行详细介绍。在此主要使读者对 C 程序的组成和形式有一个初步了解。

1.5.2 C 语言的基本结构

通过以上的例子，可以看到一个 C 语言程序的基本结构有如下特点。

1）一个程序由一个或多个源程序文件组成。源程序文件包括三个部分：预处理指令、全局声明、函数定义。

① 预处理指令。在 C 语言程序中包括各种以符号#开头的编译指令，这些指令称为预处理指令。预处理指令属于 C 语言编译器，但不是 C 语言的组成部分，通过预处理

指令可扩展 C 语言程序设计的环境。预处理指令主要有以下三种。

第一种，包含文件指令。将源文件中以#include 格式包含的文件复制到编译的源文件中，包含文件可以是头文件，也可以是其他程序文件。

第二种，宏定义指令。#define 指令定义一个宏，#undef 指令删除一个宏定义。

第三种，条件编译指令。根据#ifdef 和#ifndef 后面的条件决定需要编译的代码。

② 全局声明。在函数之外进行的数据声明。简单来说，就是把声明的变量放到 main()函数的前面，这就是全局声明，在函数外面声明的变量称为全局变量。如果是在程序开头（定义函数之前）声明的变量，则在整个源程序文件范围内有效。在函数中声明的变量是局部变量，只在函数范围内有效。

③ 函数定义。参见案例 1.1 中的 main()函数定义、案例 1.2 中的 max()函数定义，C 程序中要指定每个函数的功能。后续调用这些函数时，会完成函数定义中指定的功能。

2）函数是 C 程序的主要组成部分。程序的全部工作几乎都是由各个函数分别完成的，函数是 C 程序的基本单位。编写 C 程序的主要工作就是编写一个个函数。

一个 C 语言程序由一个或多个函数组成。例如，案例 1.2 的程序由一个 main()函数和一个 max()函数组成，它们组成一个源程序文件，在进行编译时对整个源程序文件进行统一编译。

3）一个函数包括两个部分：函数首部和函数体

① 函数首部。函数的第一行，包括函数名、函数类型、函数属性、函数参数（形参）名、参数类型。

一个函数名后面必须跟一对圆括号，括号内有函数的参数名及其类型。如果函数没有参数，可以在括号中写 void，也可以是空括号，例如：

```
int main(void)        //或 int main()
```

② 函数体。函数首部下面的花括号内的部分。如果在一个函数中包括多层花括号，则最外层的一对花括号是函数体的范围。

4）程序总是从 main()函数开始执行。一个 C 程序有且仅有一个 main()函数，任何一个 C 程序总是从 main()函数开始执行，main()函数后面的一对圆括号不能省略。

5）在每个数据声明语句的最后必须有一个分号，分号是 C 语句的必要组成部分。

6）程序应当包含注释。一个好的、有使用价值的源程序都应当加上必要的注释，以增加程序的可读性。

1.5.3 C 语言书写规范

代码规范化基本上有七大原则，体现在空行、空格、成对书写、缩进、对齐、代码行、注释等方面的书写规范上。

1. 空行

空行起着分隔程序段落的作用。空行得体将使程序的布局更加清晰，并且空行不会浪费内存，总结来说有以下两个规则。规则一：定义变量后要空行。在代码比较多的情况下尽可能在定义变量的同时初始化该变量，即遵循就近原则，避免变量的引用和定义相隔较远而导致忘记变量的初始化。规则二：每个函数定义结束之后都要加空行。两个相对独立的程序块、变量说明之后必须加空行，以使代码看起来更清晰。

2. 空格

规则一：关键字之后要留空格。像 const、case 等关键字之后至少要留一个空格，否则无法辨析关键字。

规则二：函数名之后不要留空格，应紧跟左括号，以区别于关键字。

规则三：左括号向后紧跟；右括号、逗号、分号这三个向前紧跟；紧跟处不留空格。

规则四：逗号之后要留空格。如果分号不是一行的结束符号，其后要留空格。

规则五：单目运算符前后不加空格。

规则六：像数组符号[]、结构体成员运算符.、指向结构体成员运算符->，这类操作符前后不加空格。

3. 成对书写

成对的符号一定要成对书写，如()、{}。不要写完左括号然后写内容最后再补右括号，这样很容易漏掉右括号，导致程序无法正常运行。

4. 缩进

缩进可以通过键盘上的 Tab 键实现，它可以使程序更有层次感。如果地位相等，则不需要缩进；如果属于某一个代码的内部代码，就需要缩进。

5. 对齐

对齐主要是针对花括号而言的。

规则一：{和}分别独占一行。互为一对的{和}要位于同一列，并且与引用它们的语句左对齐。

规则二：{}之内的代码要向内缩进一个 Tab 键，且同一地位的要左对齐，地位不同的继续缩进。

6. 代码行

规则一：一行代码只做一件事情，如只定义一个变量，或只写一条语句。这样代码不仅容易阅读，而且便于写注释。

规则二：if、else、for、while、do 等语句独自占一行，执行语句不得紧跟其后。此外，为了防止书写错误，不论执行语句有多少行，就算只有一行也可以加上{}。

7. 注释

在 C 语言中，一行注释一般采用//...，多行注释一般采用/*...*/。注释通常用于重要的代码行或段落提示。在一般情况下，源程序的有效注释量在 20%以上。虽然注释有助于理解代码，但注意不要过多地使用注释。

1.6 Microsoft Visual C++ 2010 学习版开发环境的使用

1.6.1 开发 C 程序的基本步骤

使用 C 语言编写的程序是源程序，而编写程序仅仅是程序设计工作中的一个环节，程序还需要在计算机上进行调试运行，直到得到正确的运行结果为止。

使用 C 语言求解实际问题，从编写到上机运行，一般要经过以下四个步骤。

1）编辑 C 语言源程序。把程序代码输入计算机，并以文本文件的形式存放在磁盘上。

2）编译 C 语言源程序。编译就是把高级语言变成计算机可以识别的二进制语言，计算机只能识别和处理 1、0 代码，编译程序把人们熟悉的语言转换成二进制的形式。编译程序把一个源程序翻译成目标程序的工作过程分为五个阶段：词法分析、语法分析、语义检查和中间代码生成、代码优化、目标代码生成。其中的词法分析和语法分析又称为源程序分析，如果在分析过程中发现有语法错误，给出提示信息；如果未发现语法错误，就自动形成目标代码，并对目标代码进行优化，然后生成目标文件。目标程序的文件标识是“文件名.obj”。

3）程序链接。程序链接是将编译产生的.obj 文件和系统库连接装配成一个可以执行的程序。可执行程序的文件名为“文件名.exe”，扩展名“.exe”是可执行程序的文件类型标识。

4）运行程序。运行程序是指将可执行的目标程序投入运行，以获取程序处理的结果。如果程序的运行结果不正确，可重新回到第一步，对程序进行编辑、编译和运行。与编译、链接不同的是，运行程序可以脱离语言处理环境。因为它是对一个可执行程序进行操作，与 C 语言本身已经没有联系了，所以可以在语言开发环境下运行，也可直接在操作系统下运行。使用 C 语言程序求解问题的过程如图 1-5 所示。

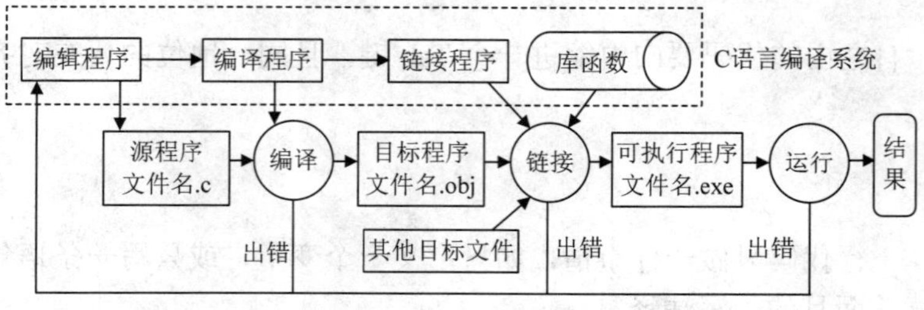

图 1-5 使用 C 语言程序求解问题的过程

1.6.2 使用 Microsoft Visual C++ 2010 学习版开发简单的 C 程序

目前，使用的 C 程序的 IDE 大多数是 C++的 IDE，它们兼容 C 程序的开发功能，并提供包含编辑、编译、链接、调试等一系列功能的工具软件。C/C++集成开发工具的种类很多，例如，基于 Windows 平台的 Visual Studio 系列、Code::Blocks、DEV C++等，基于 Linux 平台 GCC 和 LLVM Clang 等，以及基于 iOS 平台的 Xcode 等。Microsoft Visual C++ 2010 学习版是 Microsoft Visual C++ 2010 系列中一个学习版的 C/C++集成开发工具，是免费的，功能相对简单，主要供初学者使用。它既可以开发 C++程序，又可以开发 C 程序；既可以开发简单的 C 程序，又可以进行更复杂的可视化编程。下面以 Microsoft Visual C++ 2010 学习版为例，简单介绍开发 C 程序的操作步骤。

1. 创建项目

运行并打开 Microsoft Visual C++ 2010 学习版，其主界面如图 1-6 所示。在菜单栏中依次选择“文件”→“新建”→“项目”命令，或者直接单击起始页中的“新建项目”图标，在弹出的“新建项目”对话框中选择“Win32”→“Win32 控制台应用程序”选项，在“名称”文本框中输入项目名称（如 ex1），选择项目保存的位置（或者使用默认位置），如图 1-7（a）所示，自动生成与该项目同名的项目解决方案；单击“确定”按钮，再单击“下一步”按钮，出现“应用程序设置”页面，如图 1-7（b）所示，接下来在“应用程序设置”页面中，选择“附加选项”为“空项目”，最后单击“完成”按钮。

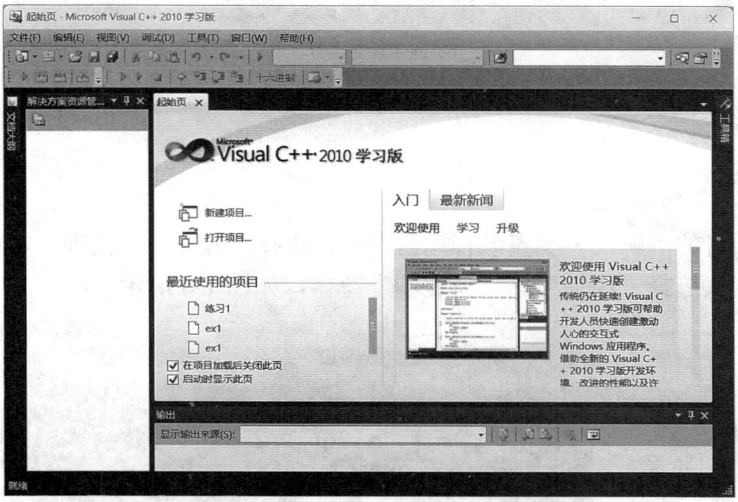

图 1-6　Microsoft Visual C++ 2010 学习版主界面

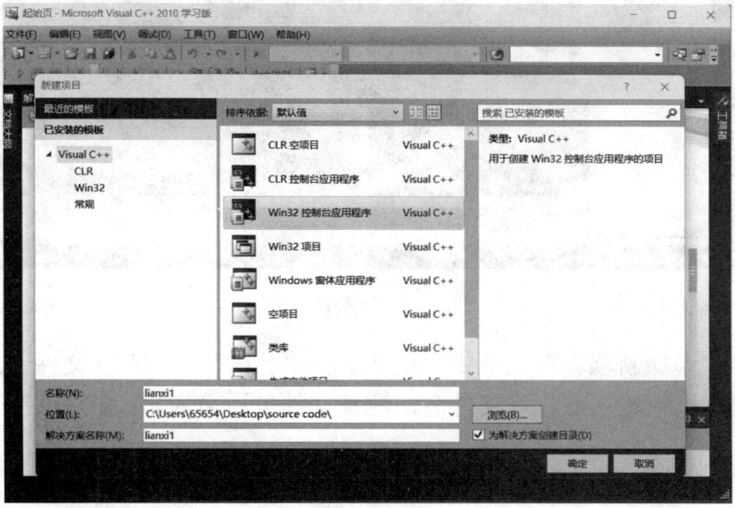

（a）保存项目

图 1-7　创建项目的过程

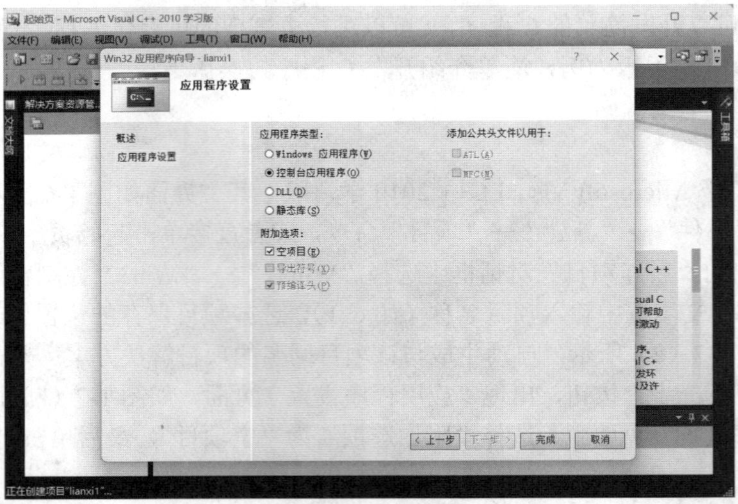

（b）应用程序设置窗口

图 1-7（续）

2. 添加源程序

在新建项目的“解决方案资源管理器”中，选择“源文件”选项，右击，在弹出的快捷菜单中依次选择“添加”→“新建项”命令，如图 1-8 所示。

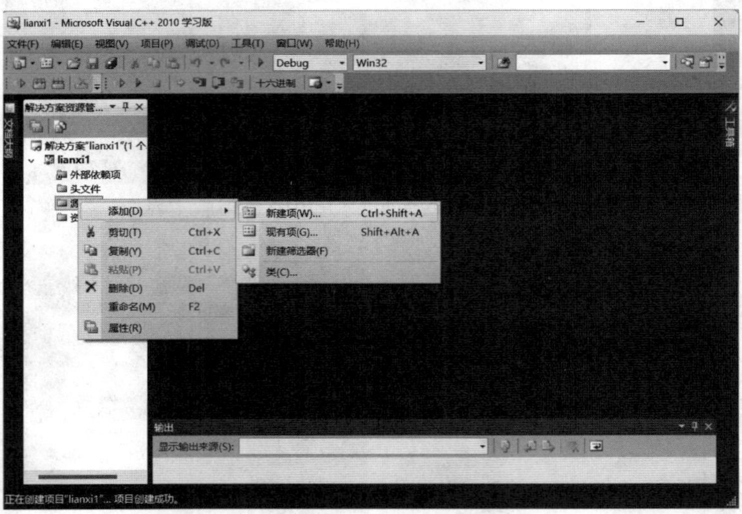

图 1-8　资源管理器

在弹出的“添加新项”对话框中，依次选择“代码”→“C++文件（.cpp）”选项，在“名称”文本框中输入源程序文件名，注意文件扩展名为.c，文件可任意命名。

3. 编写代码

Microsoft Visual C++ 2010 学习版窗口主要由三部分组成：程序代码编辑窗口、解决方案资源管理器窗口和输出窗口。在程序代码编辑窗口输入准备好的一个简单程序。

接下来，依次选择“生成”→“编译”命令，编译这个源程序文件，若没有错误，则会生成一个同名的.obj 文件；依次选择“生成”→“仅用于项目”→“仅链接”命令，若没有错误，则会生成一个与源程序文件同名的.exe 可执行文件。

4. 运行程序

执行上述操作步骤就可以运行程序，检查是否存在错误。依次选择“调试”→“开始执行（不调试）”命令，就可以看到执行结果。这个 C 程序的执行结果是以字符界面出现的。

1.6.3　开发 C 程序的常见问题

初学者使用 Microsoft Visual C++ 2010 学习版开发 C 程序时经常会遇到一些问题，下面列举三个常见问题进行说明。

1）打开 Microsoft Visual C++ 2010 学习版主界面，执行“启动调试”命令（按 F5 键），运行程序时会出现“程序运行”窗口一闪而过、不能停下来让人们仔细观察执行结果的现象，解决办法是执行“开始执行（不调试）”命令，此命令在发现程序没有编译、链接时，会自动进行编译和链接，然后运行程序，并且停在执行界面，供程序设计人员或使用者查看运行结果。

“开始执行（不调试）”命令不是主界面中的必备命令项，可以将其添加到主界面的工具栏中。在菜单栏的空白处右击，在弹出的快捷菜单中选择“调试”命令，然后再右击，在弹出的快捷菜单中再选择“自定义”命令，如图 1-9 所示。在弹出的“自定义”对话框中选择“命令”标签页中的“工具栏”单选按钮，单击其右侧的下拉按钮，选择“调试”选项，可以看到目前“调试”菜单中使用的命令项，如图 1-10 所示。单击“添加命令”按钮，弹出“添加命令”对话框。在该对话框中选择“调试”类别，右边会显示“调试”工具栏中可以添加的命令，找到“开始执行（不调试）”选项，单击“确定”

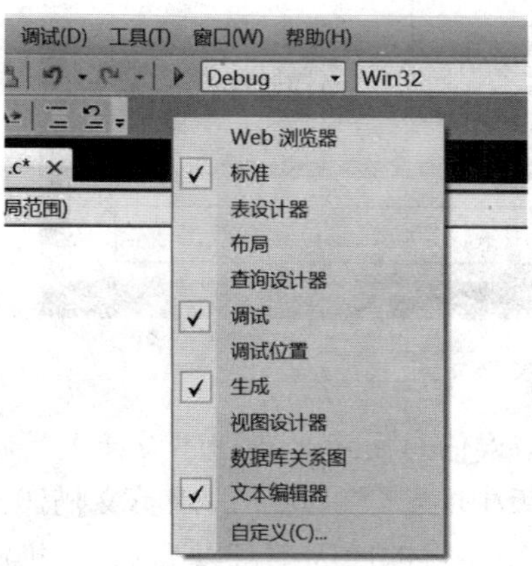

图 1-9　弹出菜单

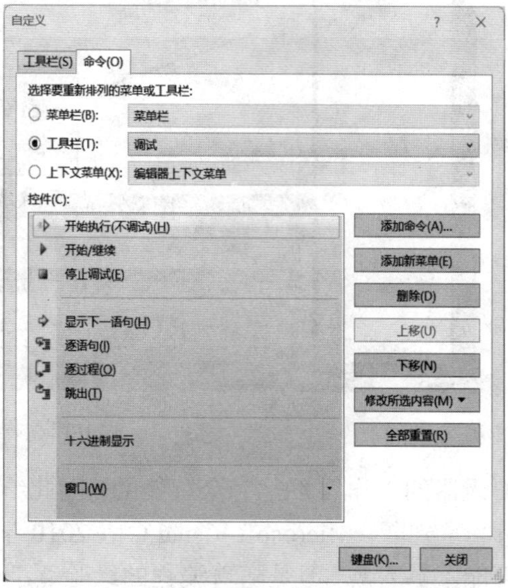

图 1-10　自定义窗口

按钮，就可以将该命令添加到窗口的“调试”工具栏中（图 1-11），以后就可以在需要运行程序时使用此命令了。

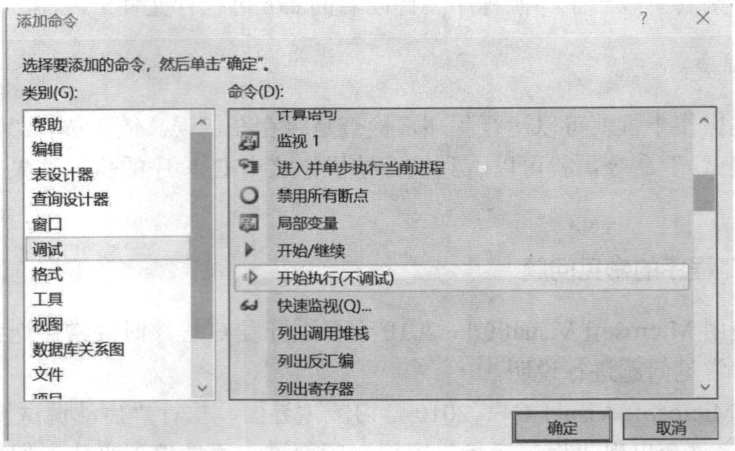

图 1-11　添加命令

2）如何查看错误并快速定位。源程序编译后，若有语法错误，则会在输出窗口中显示错误信息。滑动该区域的滚动条，即可查看所有的错误信息；双击其中一个错误信息，编辑区就会显示对应的代码段，并由一个蓝色箭头指示该错误的位置，如图 1-12 所示。

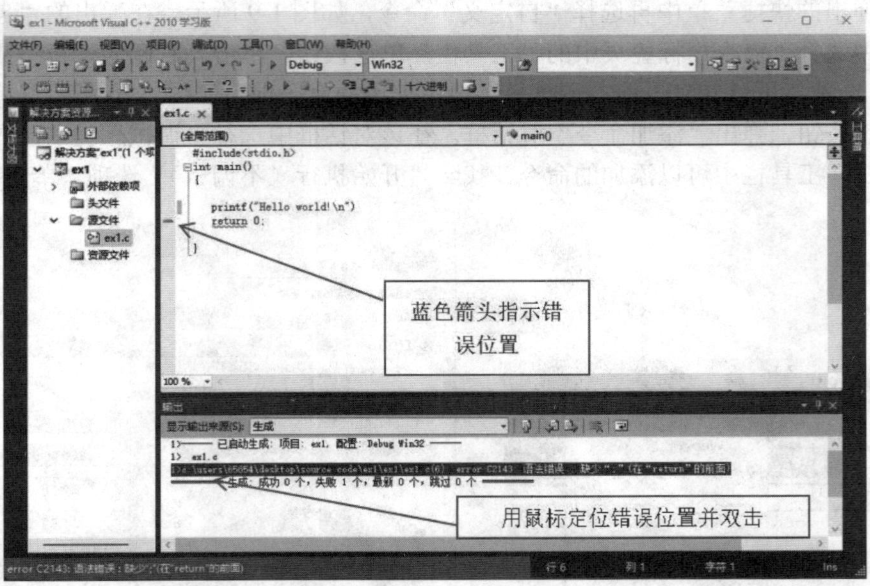

图 1-12　程序窗口

编译器的工作并不是完全智能的，因此给出错误信息后还需要程序设计人员做进一步的分析、判断。Microsoft Visual C++ 2010 学习版中的错误信息一般用英文描述，有些描述可能不够直观，但是随着编程的经验逐渐丰富，错误的原因都可以准确地判断出来。错误信息指示的代码位置有时并不一定精确，需要仔细分析和判断。若错误较多，则建议从前往后修改程序代码，并随时重新编译程序，因为有些错误是其他错误连锁导致的，并不是真的错误。

3）如何建立新的源程序文件。Microsoft Visual C++ 2010 学习版在编译源程序时会自动建立与源程序文件同名的文件夹，也称为项目空间。一个项目中有多个文件夹，分门别类地管理着在程序调试过程中产生的各种文件，不是只有.c、.obj 和.exe 文件。

当需要编写新的程序时，若不关闭项目空间，则编译时新建立的源程序文件会自动添加到原有的项目中，很容易造成后续的链接错误。

前面讲过，main()函数是 C 程序运行的入口。当项目空间中存在多个源程序文件，且每个源程序文件都有一个 main()函数时，试想应该运行哪个 main()函数呢？此时将无从选择。这时会出现编译正确但是链接失败的提示，如图 1-13 所示。

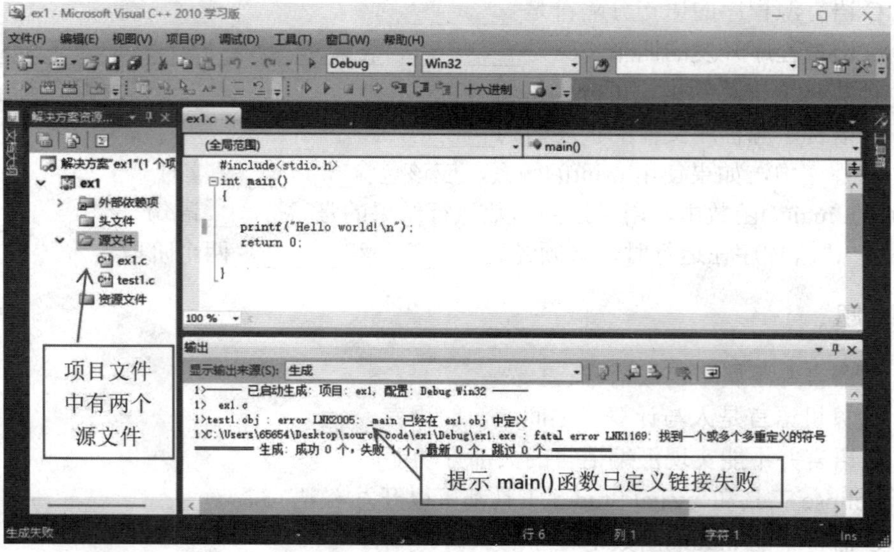

图 1-13　程序窗口

解决上述问题有两个方法：一是通过“文件”菜单关闭当前项目，再重新新建项目，将新的源程序写入；二是将不需要的源程序文件从当前项目中移除。移除不需要的源程序文件的方法：选择要移除的源程序文件，右击，在弹出的快捷菜单中选择“移除”命令。移除的文件仍然在存储器中保存，只是不再属于当前项目。关于 Microsoft Visual C++ 2010 学习版的用法和技巧还有很多，此处不做一一介绍，如有疑问，可以参考相关书籍。

本章小结

本章主要介绍了计算机语言的发展历程及 C 语言的基础知识，包括 C 语言的发展、认识 C 语言程序、C 语言程序基本结构、C 语言程序编写规范、C 语言开发流程及开发环境。

习　　题

一、填空题

1. 一个 C 语言程序有且仅有一个________函数。
2. 一个 C 语言程序有________个其他函数。
3. C 语言程序的执行是从________开始的。
4. C 语言源程序文件扩展名是________，经编译后生成文件的扩展名是________，经链接后生成文件的扩展名是________。
5. C 语言源程序的语句分隔符是________。
6. C 语言程序开发的四个步骤是________、________、________、________。
7. 计算机语言总的来说可分为机器语言、________、________三大类。
8. C 语言中源程序文件的扩展名为________。
9. 在程序中，如果使用 printf()函数，应该包含________头文件。
10. 在 main()函数中，用于返回函数执行结果的是________语句。
11. C 语言程序在运行时，必须经过________和________两个阶段。

二、判断题

1. C 语言并不属于高级语言。（　　）
2. 计算机语言是人与计算机之间通信的语言。（　　）
3. C 语言并不能实现汇编语言的大部分功能。（　　）
4. Eclipse 工具和 Visual Studio 工具都可以开发 C 语言。（　　）
5. C 语言中的 main()函数是程序的入口。（　　）

三、选择题

1. 一个 C 语言程序的执行从（　　）。
   A. main()函数开始，直到 main()函数结束
   B. 第一个函数开始，直到最后一个函数结束
   C. 第一条语句开始，直到最后一条语句结束
   D. main()函数开始，直到最后一个函数结束
2. 在 C 语言程序中，main()函数的位置（　　）。
   A. 必须作为第一个函数　　B. 必须作为最后一个函数
   C. 任意　　D．必须放在它所调用的函数之后
3. 一个 C 语言程序由（　　）。
   A. 一个主程序和若干个子程序组成　　B. 一个或多个函数组成
   C. 若干个过程组成　　D. 若干个子程序组成
4. C 语言源程序的基本单位是（　　）。
   A. 过程　　B. 函数　　C. 子程序　　D. 标识符

5. 编辑程序的功能是（　　）。
   A. 建立并修改程序　　　　B. 将 C 语言源程序编译成目标程序
   C. 调试程序　　　　D. 命令计算机执行指定的操作

6. C 编译程序是（　　）。
   A. C 语言程序的机器语言版本
   B. 一组机器语言指令
   C. 将 C 语言源程序编译成目标程序的程序
   D. 由制造厂家提供的一套应用软件

四、编程题

编写一个 C 语言程序，输出以下信息。

```
**************************
*    WELCOME TO CHINA    *
**************************
```

第 2 章　数据类型、运算符和表达式

本章介绍的知识是编写 C 程序的基础。程序设计的核心是数据运算，常量和变量是用来存储数据的。本章将介绍变量和常量的定义方法及 C 语言的基本数据类型，同时将详细介绍 C 语言运算符和运算表达式。

本章重点内容如下。

- 标识符的定义。
- 常量、变量、关键字。
- 基本数据类型。
- 算术运算符与算术表达式等。

2.1　C 语言中的字符集和标识符

2.1.1　字符集

字符集是 C 语言中使用的字符的集合，包含字母、数字、空白符、标点和特殊字符等。具体说明如下。

- 字母：小写英文字母 a～z 和大写英文字母 A～Z。
- 数字：阿拉伯数字 0～9。
- 空白符：空格符、制表符（Tab 键）、换行符等统称为空白符。当空白符出现在字符常量和字符串常量中时，按其各自的含义理解并起作用；当空白符出现在程序的其他位置时，通常只起间隔的作用，编译程序时可以忽略不计。
- 标点和特殊字符：如加号（+）、减号（−）、分号（;）、逗号（,）等，具体可参考美国信息交换标准代码（American Standard Code for Information Interchange，ASCII）表。

2.1.2　标识符与关键字

标识符用来标识源程序中某个对象的名称，这些对象可以是语句、数据类型、函数、变量、常量、数组等。C 语言中书写标识符的规定如下。

- 标识符由字母、数字和下划线组成。
- 标识符的起始字符必须是字母或下划线。以下划线开头的标识符通常是编译系统专用的，因而在编写 C 程序时，最好不要使用以下划线开头的标识符。
- 标识符应区分大小写英文字母。C 语言对大小写英文字母十分敏感，书写时要注意区分大小写英文字母。例如，MAX 和 max 是两个完全不同的标识符。
- 标识符的长度不要超过 32 个字符。尽管 C 语言规定标识符的最大长度可达 255 个字符，但在实际编译时，只有前面 32 个字符能够被正确识别。

C 语言的标识符可分为关键字、预定义标识符和用户标识符三类。

① 关键字。C 语言中规定了一些标识符在程序中代表特定的含义，这些被保留而不作他用的标识符称为关键字。在编写程序时，不能将关键字作为用户标识符使用。标准 C 语言有 32 个关键字，具体如表 2-1 所示。

表 2-1　标准 C 语言的 32 个关键字

数据类型关键字 （12 个）	char：声明字符型变量或函数 double：声明双精度浮点型变量或函数 enum：声明枚举类型 float：声明单精度浮点型变量或函数 int：声明整型变量或函数 long：声明长整型变量或函数 short：声明短整型变量或函数 signed：声明有符号类型变量或函数 struct：声明结构体变量或函数 union：声明共用体（联合）类型 unsigned：声明无符号类型变量或函数 void：声明函数无返回值或无参数，声明无类型指针
控制语句关键字 （12 个）	① 循环语句 for：循环语句 do：循环语句的循环体 while：循环语句的循环条件 break：跳出当前循环 continue：结束当前循环，开始下一轮循环 ② 条件语句 if：条件语句 else：条件语句否定分支（与 if 连用） goto：无条件跳转语句 ③ 开关语句 switch：用于开关语句 case：开关语句分支 default：开关语句中的其他分支 ④ 返回语句 return：子程序返回语句（可以带参数，也可以不带参数）
存储类型关键字 （4 个）	auto：声明自动变量 extern：声明变量是在其他文件中声明的 register：声明寄存器变量 static：声明静态变量
其他关键字 （4 个）	const：声明只读变量 sizeof：计算数据类型长度 typedef：为数据类型取别名 volatile：说明变量在程序运行过程中可被隐含地改变

② 预定义标识符。预定义标识符是 C 语言中系统预先定义的标识符，如系统类库名、系统常量名、系统函数名。例如，C 语言中常使用的输入、输出库函数 scanf()和 printf()，即为预定义标识符。预定义标识符虽然可以用作用户标识符，但会失去系统规定的原意，并且容易在使用中产生歧义，建议用户标识符不要与预定义标识符同名。

③ 用户标识符。用户标识符是由用户根据需要定义的标识符。命名用户标识符时，

要遵循标识符的命名规则，不能与关键字同名，并应尽量做到见名知义。

- 以下是合法的用户标识符。

MAX　　a1 _123　　Else　　Int　　Li_ming

_n　　If _22A　　sum_1　　age3　　xyz8

- 以下是不合法的用户标识符。

int　　-min　　sina.com　　x-i-a-o　　2_5mm

While　　3+5　　jack&mike　　$50　　3ab

2.2　数据类型概述

数据是程序处理的基本对象。在 C 语言中，为了确保数据的有效处理，规定所有数据在使用前都必须明确指定其数据类型。数据类型不仅定义了数据在计算机内存中的存储方式，还限定了数据的取值范围及可以对数据执行的操作。在程序设计过程中，每个数据项都需要根据其特定的用途被赋予合适的数据类型，且每个数据项只能有一个确定的数据类型。

C 语言中的数据类型主要分为基本数据类型、构造数据类型（派生类型）、枚举类型和空类型，如图 2-1 所示。

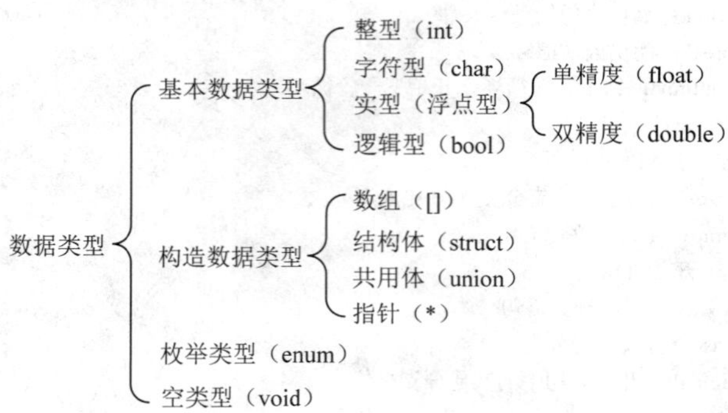

图 2-1　C 语言数据类型

1）基本数据类型。基本数据类型最主要的特点是，其值不可以再分解为其他类型。也就是说，基本数据类型是自我说明的。

2）构造数据类型。构造数据类型是根据已定义的一个或多个数据类型用构造的方法来定义的。也就是说，一个构造数据类型的值可以分解成若干个“成员”或“元素”。每个“成员”都是一个基本数据类型或又是一个构造数据类型。

3）枚举类型：C 语言中的枚举类型（enum）是一种用户自定义的数据类型，用于定义一组命名的整数常量。

4）空类型：在调用函数时，通常应向调用者返回一个函数值。这个返回的函数值是具有一定数据类型的，应在函数定义及函数说明中给予说明。例如，在 max()函数定义中，函数头为“int max(int a,int b);”其中“int”类型说明符即表示该函数的返回值为整型量。又如库函数 sin()，由于系统规定其返回值为双精度浮点型，因此在赋值语句

“s=sin (x);”中，s 也必须是双精度浮点型，以便与 sin()函数的返回值一致。因此在说明部分，把 s 说明为双精度浮点型。但是，也有一类函数，调用后并不需要向调用者返回函数值，这种函数可以定义为“空类型”，其类型说明符为 void。

本章主要介绍基本数据类型中的整型、浮点型和字符型，其余类型在后续各章节中陆续介绍。

C 语言的基本数据类型有三种：整型、字符型和浮点型（实型），如表 2-2 所示。其他数据类型都是在这三种基本数据类型的基础上构造出来的。

表 2-2 C 语言基本数据类型

类别	类型名称	类型说明符	数据长度/位	取值范围
整型	[有符号]短整型	short[int]	16	−32768～32767
	[有符号]整型	int	32	−2147483648～2147483647
	[有符号]长整型	long[int]	32	−2147483648～2147483647
	[有符号]长长整型	long long[int]	64	-2^{63}～$2^{63}-1$
	无符号短整型	unsigned short[int]	16	0～65536
	无符号整型	unsigned[int]	32	0～4294967295
	无符号长整型	unsigned long[int]	32	0～4294967295
	无符号长长整型	unsigned long long[int]	64	0～$2^{64}-1$
字符型	[有符号]字符型	char	8	−128～127
	无符号字符型	unsigned char	8	0～255
浮点型（实型）	单精度浮点型	float	32	±(3.4E−38～3.4E+38)
	双精度浮点型	double	64	±(1.79E−308～1.79E+308)
	长双精度浮点型	long double	128	±(1.2E−4932～1.2E+4932)

每种数据类型在具体表示时又可大致分为常量和变量两种形式。

2.3 常量和变量

在 C 语言中，基本数据类型根据其值是否可变，可以分为常量和变量两大类。

常量是在程序执行过程中其值不会发生变化的量，而变量的值可以在程序运行期间被修改。这两类量可以与具体的数据类型相结合，形成整型常量、整型变量、浮点常量、浮点变量、字符常量、字符变量、枚举常量和枚举变量等。

2.3.1 常量

在程序运行过程中，其值不发生改变的量称为常量。常量又可分为直接常量、符号常量和 const 常量。

1）直接常量：每种基本类型都有其对应的常量。举例如下。

整型常量：123。

浮点型常量：−34.6。

字符常量：'A'。

字符串常量："Good"。

【说明】字符常量中的单引号和字符串常量中的双引号是用于界定常量边界的界限符，不属于常量的一部分。

① 整型常量。整型常量就是整常数。在 C 语言中，使用的整常数有十进制、八进制和十六进制。

- 十进制整常数没有前缀，其数码为 0～9。

以下各数是合法的十进制整常数：237、-568、65535、1627。

以下各数不是合法的十进制整常数：023（不能有前导 0）、23D（含有非十进制数码）。

C 程序中是根据前缀来区分各种进制数的，因此书写常数时不要把前缀弄错以免造成结果不正确。

- 八进制整常数必须以 0 开头，即以 0 作为八进制数的前缀，其数码取值为 0～7。八进制数通常是无符号数。

以下各数是合法的八进制数：015（十进制为 13）、0101（十进制为 65）、0177777（十进制为 65535）。

以下各数不是合法的八进制数：256（无前缀 0）、03A2（包含非八进制数码）、-0127（出现了负号）。

- 十六进制整常数的前缀为 0X 或 0x，其数码取值为 0～9、A～F 或 a～f。

以下各数是合法的十六进制整常数：0X2A（十进制为 42）、0XA0（十进制为 160）、0XFFFF（十进制为 65535）。

以下各数不是合法的十六进制整常数：5A（无前缀 0X）、0X3H（含有非十六进制数码）。

整型常数的后缀：在 16 位字长的机器上，基本整型的长度也为 16 位，因此表示的数的范围也是有限定的。十进制无符号整常数的范围为 0～65535，有符号数为-32768～+32767。八进制无符号数的表示范围为 0～0177777。十六进制无符号数的表示范围为 0X0～0XFFFF 或 0x0～0xFFFF。如果使用的数超过了上述范围，就必须用长整型数来表示。长整型数是用后缀 L 或 l 来表示的。

例如：

十进制长整常数：158L（十进制为 158）、358000L（十进制为 358000）。

八进制长整常数：012L（十进制为 10）、077L（十进制为 63）、0200000L（十进制为 65536）。

十六进制长整常数：0X15L（十进制为 21）、0XA5L（十进制为 165）、0X10000L（十进制为 65536）。

长整数 158L 和基本整常数 158 在数值上并无区别。但对于 158L，因为是长整型量，C 编译系统将为它分配 4 字节的存储空间；而对于 158，因为是基本整型，只分配 2 字节的存储空间。因此在运算和输出格式上要予以注意，避免出错。

无符号数也可以用后缀来表示，整型常数的无符号数的后缀为 U 或 u。例如，358u、0x38Au、235Lu 均为无符号数。

前缀、后缀可同时使用以表示各种类型的数。例如，0XA5Lu 表示十六进制无符号长整数 A5，其十进制为 165。

② 浮点常量。浮点常量就是浮点数。浮点型也称为实型，因此浮点数也称为实数

或者实型常量。在 C 语言中，实数只采用十进制。它有两种形式：十进制小数形式和十进制指数形式。

- 十进制小数形式：由数码 0～9 和小数点组成。

例如，0.0、25.0、5.789、0.13、5.0、300.、-267.8230 等均为合法的十进制小数形式。注意必须有小数点。

- 十进制指数形式：由十进制数，加阶码标志 e 或 E 及阶码（只能为整数，可以带符号）组成，其一般形式为 a E n（a 为十进制数，n 为十进制整数），其值为 $a\times10^n$。

例如，2.1E5（等于 2.1×10^5）、3.7E-2（等于 3.7×10^{-2}）、0.5E7（等于 0.5×10^7）、-2.8E-2（等于 -2.8×10^{-2}）等均为合法的十进制指数形式。

又如，345（无小数点）、E7（阶码标志 E 之前无数字）、-5（无阶码标志）、53.-E3（负号位置不对）、2.7E（无阶码）等均为不合法的十进制指数形式。

标准 C 语句允许浮点数使用后缀，其后缀为 f 或 F。例如，356f 和 356.是等价的。

③ 字符常量：用单引号括起来的一个字符。例如，'a'、'b'、'='、'+'、'?'都是合法的字符常量。

在 C 语言中，字符常量有以下特点。

- 字符常量只能用单引号括起来，不能用双引号或其他括号括起来。
- 字符常量只能是单个字符，不能是字符串。
- 字符可以是字符集中的任意字符，但数字被定义为字符型之后就不能再参与数值运算了。例如，'5'和 5 是不同的，'5'是字符常量，不能参与运算。
- 此外，还有一种特殊的字符常量——转义字符。转义字符以反斜线“\”开头，后跟一个或几个字符。转义字符具有特定的含义，不同于字符原有的意义，故称“转义”字符。例如，printf()函数的格式串中用到的“\n”就是转义字符，其意义是“回车换行”。

④ 字符串常量：指由一对双引号括起的字符序列。例如，"CHINA"、"C program"和"$12.5" 等都是合法的字符串常量。

字符串常量和字符常量是不同的量。它们之间主要有以下区别。

- 字符常量由单引号括起来，字符串常量由双引号括起来。
- 字符常量只能是单个字符，字符串常量则可以包含一个或多个字符。
- 可以把一个字符常量赋予一个字符变量，但不能把一个字符串常量赋予一个字符变量。在 C 语言中没有相应的字符串变量，但是可以用一个字符数组来存放一个字符串常量。后面在对数组进行讲解时会对其予以介绍。
- 字符常量占一个字节的内存空间。字符串常量占的内存字节数等于字符串中的字节数加 1。增加的一个字节中存放字符'\0'（ASCII 值为 0）。这是字符串结束的标志。

2）符号常量：用标识符表示的常量形式，使用预处理指令#define 来定义，必须先定义再使用，其格式如下：

```
#define 标识符 常量
```

例如，#define PI 3.14。

【说明】符号常量通过预处理指令来定义，它不是 C 语句，故在其后没有分号。定义好符号常量后，在程序中所有出现该标识符的位置均用该常量值替代。使用符号常量的好处是“含义清晰，一改都改”。为了与变量相区分，一般符号常量采用大写英文字母形式，而变量采用小写英文字母形式，这是一种良好的编程习惯，但并不具备强制性。

3）const 常量：使用关键字 const 定义的常量称为 const 常量，它是只读常量，其一般定义形式如下：

```
const 类型标识符 变量标识符=初始化数据;
类型标识符 const 变量标识符=初始化数据;
```

const 常量只能在定义时初始化，不能进行赋值，只能读取数据。这里只对常量进行简单介绍，后续部分将会做详细的介绍。

【例 2.1】 const 常量的定义和使用。

【程序代码】

```
#include <stdio.h>
void main()
{
    float l,area;
    const  float  PI=3.14;     //float 类型的常量
    int  const  R=5;           //int 类型的常量
    PI=3.14159;                //此语句有错误，const 常量 PI 不能被赋值
    l=2*PI*R;
    area=PI*R*R;
    printf("l=%f, area=%f\n",l,area); //输出
}
```

学习提示：const 常量有数据类型，编译系统将对其进行语法检查。

【运行结果】

编译不通过。

【程序分析】

“const float PI=3.14;”和“int const R=5;”这两行代码定义了两个常量 PI 和 R，并且类型分别是 float 和 int。const 关键字表示这些变量一旦被初始化就不能再被修改。

“PI=3.14159;”这一行代码试图改变 PI 的值，这是不允许的，因为 PI 已经被声明为 const 类型。因此，这一行代码会引发编译错误。

“l= 2*PI*R;”和“area =PI*R*R;”这两行代码计算圆的周长和面积。l 和 area 应该也声明为 float 类型，因为它们可能包含小数部分。

2.3.2 变量

在程序运行过程中，其值可以改变的量称为变量。变量的值存储在内存中，当引用变量的值时，实际上是在访问其对应的内存单元。内存单元通过地址进行访问，而这些地址是以二进制形式表示的，直接使用不太方便。因此，通常会将变量名与内存单元的地址进行映射，这样可以通过变量名来访问内存单元。关于变量的三个基本概念如下。

- 变量的值：变量的值存储在内存的某个特定位置，即内存单元中。
- 内存地址：每个内存单元都有一个唯一的地址，以二进制形式表示。
- 变量名：变量名是程序员为内存单元指定的一个符号名称，通过变量名可以方

便地访问和操作内存单元中的数据。

变量必须先定义再使用。定义变量就是先分配一个可用的内存单元，有了这个内存单元才可以写入数据，变量的值才有位置存放。变量实质上代表的是内存单元，变量名是访问这个内存单元的依据，变量的值是这个内存单元中存放的数据。

变量的一般定义形式如下：

```
类型说明符 变量名;
```

例如：

```
int m;          //先定义整型变量 m
m=10;           //再为变量 m 赋值 10
```

变量名和变量的值之间的关系如图 2-2 所示。

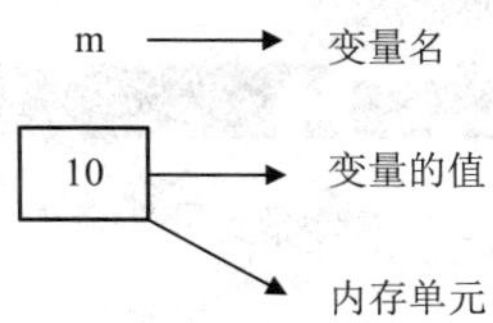

图 2-2　变量名和变量的值之间的关系

以上两条语句也可以改写为

```
int m=10;      //定义整型变量 m 并赋值 10，即将 m 初始化为 10
```

这种在定义变量的同时赋值的写法称为变量的初始化。

1. 变量命名规则

变量命名必须遵守标识符的规则。所谓标识符，就是在 C 语言中对变量、符号常量、函数、数组、构造类型等对象命名的有效字符序列。C 语言规定标识符只能由字母、数字和下划线三种字符组成，而且第一个字符必须为字母或下划线。变量名不能使用 C 语言的保留字（即关键字）。

以下变量名都是合法的变量名：max、min、a、b3、_total、Student、_1_2_3 和 w_3。

以下变量名都是不合法的变量名：3abc、M.D.John、!eer、abc?d、a>b、int、float、if 和 while。

学习提示：变量命名应该尽量做到见名知义，以提高程序的可读性。

【例 2.2】 定义变量。

【程序代码】

```
void main()
{
    int a,b;            //定义两个整型变量 a、b
    float f1,f2;        //定义两个单精度实型变量 f1、f2
    double d1,d2;       //定义两个双精度实型变量 d1、d2
    char c1,c2;         //定义两个字符型变量 c1、c2
}
```

【程序分析】

上述程序定义了八个变量，而没有进行其他操作，因此程序运行后看不到任何结果。在生成解决方案（按 F7 键）成功后，逐过程（按 F10 键）追踪执行程序。每按一次 F10

键，程序继续运行下一行。如图 2-3 所示，可以在 Microsoft Visual C++ 2010 界面中的“局部变量”窗口观察变量初值的情况。因为变量未赋值，所以变量的初值为无意义的数据。

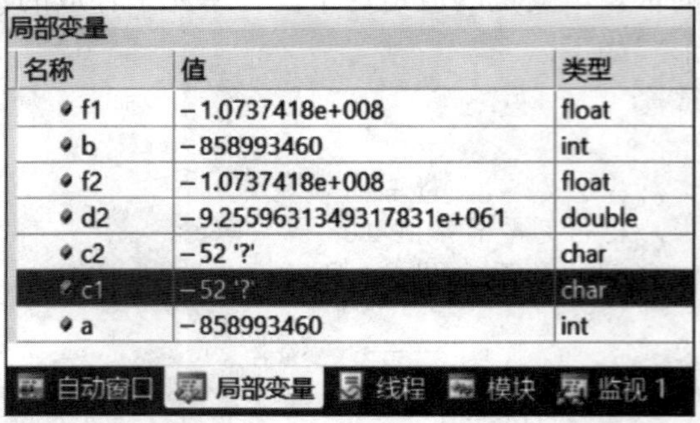

图 2-3 “局部变量”窗口

2. 为变量赋初值

赋初值就是让变量获得初值。如果变量未赋初值，那么其值为无意义的数据。变量没有赋值就参与运算，会得到错误的结果。给变量赋初值有以下两种方法。

1）在定义变量的同时给变量赋初值，也称为初始化。

【例 2.3】 对变量进行初始化。

【程序代码】

```
void main()
{
    int a=3,b=4;
    float f1=4.5,f2=9;
    double d1=100.8,d2=10.09;
}
```

【程序分析】

a 被声明为整型变量，并被初始化为 3。b 同样被声明为整型变量，并被初始化为 4。f1 被声明为单精度浮点型变量，并被初始化为 4.5。f2 同样被声明为单精度浮点型变量，并被初始化为 9。d1 被声明为双精度浮点型变量，并被初始化为 100.8。d2 同样被声明为双精度浮点型变量，并被初始化为 10.09。

2）在定义变量后，再进行赋初值。

【例 2.4】 先定义所需要的变量，再通过赋值语句给变量赋初值。

【程序代码】

```
void main()
{
    int a,b;
    float f1,f2;
    double d1,d2;
    a=3;b=4;        //赋值
    f1=4.5;f2=9;
```

```
        d1=100.8;
        d2=10.09;
    }
```

【程序分析】

变量声明部分：a 被声明为整型变量，b 被声明为整型变量，f1 被声明为浮点型变量，f2 被声明为浮点型变量，d1 被声明为双精度浮点型变量，d2 被声明为双精度浮点型变量。

变量赋值部分：整型变量赋值，“a=3;”将整数值 3 赋给变量 a，“b=4;”将整数值 4 赋给变量 b；浮点型变量赋值，“f1=4.5;”将浮点数值 4.5 赋给变量 f1，“f2=9;”将浮点数值 9 赋给变量 f2；双精度浮点型变量赋值，“d1=100.8;”将双精度浮点数值 100.8 赋给变量 d1，“d2=10.09;”将双精度浮点数值 10.09 赋给变量 d2。

2.4 整 数 类 型

2.4.1 整型数据的分类

C 标准中没有具体规定各种数据类型所占用的存储单元的长度，这由各编译系统自行规定，要注意各种不同的编译系统对同一数据类型的规定也可能不同，本书以 Microsoft Visual C++ 2010 为主要编译系统进行介绍。

基本整型（int）：不同的编译系统对基本整型分配的字节数不完全一致。C++中的基本整型为 4 字节。

短整型（short int 或 short）：2 字节。

长整型（long int 或 long）：4 字节。

长长整型（long long int 或 long long）：8 字节。

【说明】在 Microsoft Visual C++ 2010 中，基本整型和长整型都是 4 字节；在 Turbo C 2.0 中，基本整型为 2 字节，长整型为 4 字节。

长长整型（long long int）是 C99 标准中新增的类型，一般为 8 字节。有些支持 C89 标准的编译系统（如 Turbo C 2.0、Visual C++ 6.0 等）不支持该数据类型。

2.4.2 整型数据的表示

整型数据使用定点整数格式，其机器数采用补码表示形式。

- 正数：最高位为符号位 0，数值部分为其二进制数形式。
- 负数：最高位为符号位 1，数值部分将其二进制数形式按位求反并在最低位加 1，即负数的补码形式。

例如，5 的表示如图 2-4 所示。

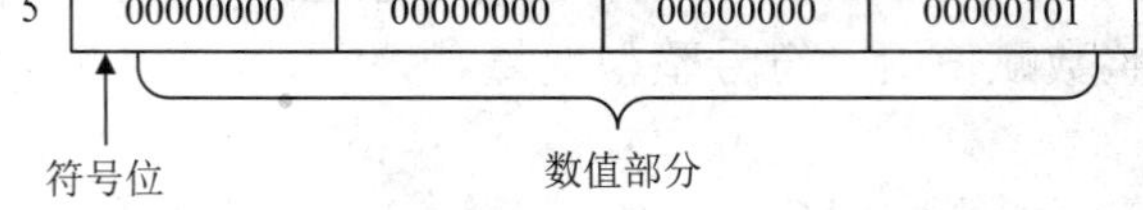

图 2-4 5 的表示

例如，-5 的补码可以按照原码→反码→补码的顺序转换得到，如图 2-5 所示。

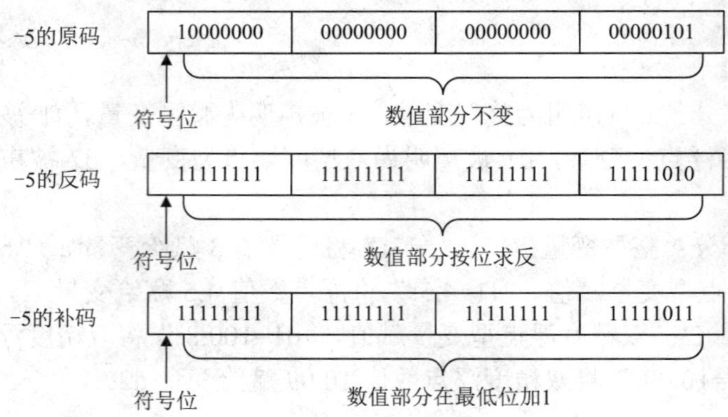

图 2-5　-5 的表示

在定义整型数据时还可以加上符号属性，其关键字为 signed（有符号）和 unsigned（无符号）。当不加符号属性关键字时，默认为 signed（有符号）。无符号整型在表示时没有最高位的符号位，其存储的二进制位都是数值，即都是非负数。

加上符号属性后，整型数据可以细化为八种类型。同时，由于整型数据所占内存单元的字节数是固定的，根据前面介绍的整型数据的表示可以得出每种类型的关键字及其取值范围，如表 2-3 所示。

表 2-3　整型数据的表示范围

类型名称	类型说明符	字节数	取值范围
[有符号]基本整型	[signed]int	4	-2147483648～2147483647，即-2^{31}～$2^{31}-1$
[有符号]短整型	[signed]short [int]	2	-32768～32767，即-2^{15}～$2^{15}-1$
[有符号]长整型	[signed]long [int]	4	-2147483648～2147483647，即-2^{31}～$2^{31}-1$
[有符号]长长整型	[signed]long long [int]	8	-9223372036854775808～9223372036854775807，即-2^{63}～$2^{63}-1$
无符号基本整型	unsigned [int]	4	0～4294967295，即 0～$2^{32}-1$
无符号短整型	unsigned short [int]	2	0～65535，即 0～$2^{16}-1$
无符号长整型	unsigned long [int]	4	0～4294967295，即 0～$2^{32}-1$
无符号长长整型	unsigned long long [int]	8	0～18446744073709551615，即 0～$2^{64}-1$

【说明】由于+0 和-0 的补码表示相同，因此会产生多出一个编码的情况，在具体处理时会将其规定为一个负数。例如，[有符号]短整型将 10000000 00000000 当作-32768 来使用，这就是在有符号数的范围中负数比正数要多一个的原因。

C语言中数据类型不仅决定数据所占内存空间的大小，还决定其以什么格式被识别、读取。对整型数据来说，[有符号]整型和无符号整型在相互赋值时要特别注意。

【例 2.5】 负整数赋值给无符号整型变量。

【程序代码】

```
#include <stdio.h>
int main()
```

```
{
    unsigned int a;
    a=-1;
    printf("a=%u\n",a);
    return 0;
}
```

【运行结果】

```
a=4294967295
请按任意键继续. . .
```

【程序分析】

-1 是负整数，以补码形式存储，其形式是全 1 的组合形式，其最高位 1 表示符号为负。变量 a 是无符号整型，在接收了-1 的二进制存储数据后，将以无符号整型的格式解读其值，这时最高位 1 不再表示符号，而是数值的一部分，于是读成了正数 4294967295，如图 2-6 所示。最后，printf()函数以%u（无符号整型）格式输出变量 a 的值，就出现了屏幕显示的运行结果。

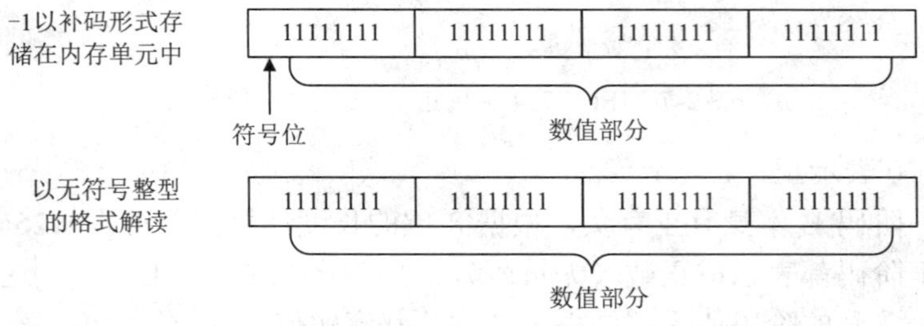

图 2-6　无符号整型变量读取-1 后的结果

2.4.3　整型常量

整型常量若无附加前缀和后缀，则其类型为基本整型（int），即有符号的 4 字节整型，如 123。整型常量既可以附加前缀表示八进制数或十六进制数，又可以附加后缀表示不同的整数类型。

2.5　实 数 类 型

2.5.1　实型数据的分类

实型也称为浮点型，用来表示带有小数部分的数。C 标准中定义了以下几种实型。

- 单精度型（float）：在 Microsoft Visual C++ 2010 中分配 4 字节。
- 双精度型（double）：在 Microsoft Visual C++ 2010 中分配 8 字节。
- 长双精度型（long double）：在 Microsoft Visual C++ 2010 中与 double 型一样处理，分配 8 字节。

【说明】long double 型是 C99 标准新增的类型，在 C99 及后续的规范中，对于该类型的规定并不详细，只要求 long double 型在精度上不低于 double 型的精度。于是就导致有的编译器不支持 long double 型，而支持的编译器在实现上也有所区别，long double 型可能是 8 字节、10 字节、12 字节或 16 字节。虽然 Microsoft Visual C++ 2010 编译器支持 C99 标准，但其对 long double 型和 double 型的实现相同，均分配 8 字节。

2.5.2 实型数据的表示

实型之所以也称为浮点型，是因为其在计算机的存储单元中以浮点表示法存储表示。浮点表示法将一个实数表示成类似科学记数法的形式，即 $1.M\times b^E$ 的形式（规格化形式），其中 M 称为尾数，E 称为阶码，b 是进制对应的基数（如二进制数为 2）。

浮点表示法在具体实现时，从所分配的存储单元中分出两个部分，分别存储尾数和阶码。其中，尾数采用定点小数形式表示，而阶码采用定点整数形式表示。以 float 型为例，其所占的 4 字节一共 32 位（bit），IEEE 754 中规定 float 型的存储格式如图 2-7 所示。

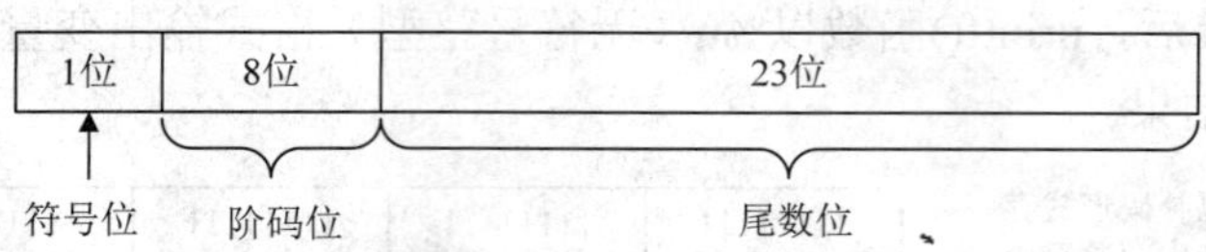

图 2-7　IEEE 754 中规定 float 型的存储格式

符号位：0 表示正，1 表示负。

阶码位：阶码 E 本身有正有负，根据 8 位的长度计算其范围为-126～127。但为了便于比较，把阶码都表示成正数（无符号），对应 0～255，即 E+127，这种表示法称为移码。因此，看到的阶码值需要减去 127 才是其真实值。

【说明】8 位移码（无符号）的取值范围为 0～255，去除 0 和 255 这两种特殊情况，那么阶码 E 的取值范围就是-126（1-127）～127（254-127）。两种特殊情况如下：若阶码 E=0 且尾数 M 是 0，则这个数的真实值为±0（正负号和符号位有关）。若阶码 E=255 且尾数 M 全是 0，则这个数的真实值为±∞（正负号和符号位有关）。

尾数位：float 型的尾数 M 占 23 位，这里有一个隐藏的整数位 1（IEEE 754 约定，其不占用存储位，真实值是 1.M），因此相当于用 24 位二进制数来表示十进制数。十进制数每增加 1 位有效数字需要约 3.3（$\log_2 10$）位二进制数来达到相近的精度，故其对应的十进制数的有效位数是 7 位。

【说明】由于十进制数的基数 10 不是 2 的整数次幂，因此二进制数和十进制数并不能实现整数 10 位的对齐。例如，10 位二进制数（无符号）对应的整数范围为 0～1023（$2^{10}-1$），可以精确表示所有 3 位十进制整数和部分 4 位十进制整数。float 型有 24 位表示尾数，$2^{24}-1=16777215$，即其对应的十进制数最多能有 8 位有效数字，可以保证 7 位有效数字。同时，当有效数字为 7 位时，说明一个十进制数不超过 7 位，该数有可能被精确表示，但不是所有数字都能被精确表示，如 0.2（其二进制数是无限循环的）。这是由于浮点数表示的并不是连续的数，而是离散的数。

例如：float 型实数 $(50.125)_{10}=(110010.001)_2$ 的存储表示。

首先，对 110010.001 进行规格化表示为 1.10010001×2^5。

符号位为 0 表示正数。

阶码需要加 127 表示，即 5+127=132，表示成二进制数为 1000 0100。

尾数只表示小数部分，即 100 1000 1000 0000 0000 0000。

最后，数据在内存中的存储格式如图 2-8 所示。

0	1000 0100	100 1000 1000 0000 0000 0000

图 2-8 float 型实数 50.125 在内存中的存储格式

【例 2.6】 float 型数据存储格式验证。

【程序代码】

```
#include <stdio.h>
int main()
{
    float n=50.125;
    int *p;
    p=(int *)(&n);
    printf("n 的十六进制数存储形式为 0x%x\n",*p);
    return 0;
}
```

【运行结果】

```
n 的十六进制数存储形式为 0x42488000
请按任意键继续. . .
```

【程序分析】

本程序使用了指针语法，这是后续章节中的语法内容，这里只简单解释该程序的含义。程序中定义了一个 float 型变量 n 并赋值 50.125；然后通过整型指针 p 接收 n 的地址并以整数格式显示出来。为方便验证，以十六进制数形式显示整数，结果是 0x42488000，将其转换为二进制数，可以发现与之前的分析是吻合的。

采用浮点表示法，实型数据的表示范围比整型数据的表示范围要大得多，缺点是运算复杂、精度有限。各种类型实型数据的范围及有效位数如表 2-4 所示。

表 2-4 实型数据的范围及有效位数

类型名称	类型说明符	字节数	有效位数	取值范围（绝对值）
单精度型	float	4	7	0 及 1.2×10^{-38}～3.4×10^{38}
双精度型	double	8	15	0 及 2.3×10^{-308}～1.7×10^{308}

【说明】由于浮点数用有限的二进制数来表示实数，因此其数值不可能十分精确。例如，float 型能存储的最小正数是 1.2×10^{-38}，不能存放小于此值的正数。float 型数据的范围推导如下。

实型数据有效位数测试。

```c
#include <stdio.h>
int main()
{
   float   fx;
   double  dx;
   fx=2.123456789;
   dx=2.123456789;
   printf("%.9f\n",fx);
   printf("%.9f\n",dx);
   return  0;
}
```

```c
#include <stdio.h>
int main()
{
   float   fx;
   double  dx;
   fx=4.123456789;
   dx=4.123456789;
   printf("%.9f\n",fx);
   printf("%.9f\n",dx);
   return  0;
}
```

【运行结果】

```
2.123456717
2.123456789
请按任意键继续...
```

```
4.123456955
4.123456789
请按任意键继续...
```

【程序分析】

在这两段程序中定义了单精度型变量 fx 和双精度型变量 dx，并分别赋值 2.123456789 和 4.123456789，printf()函数中%.9f 的含义是显示结果的小数点后 9 位有效数字。观察结果的有效数字（整数和小数的准确数字位数）：第 1 段程序的 float 型变量 fx 显示不精确，只保证了 8 位有效数字；第 2 段程序的 float 型变量 fx 显示仍然不精确，而且只保证了 7 位有效数字，这与前面分析的 float 型 7～8 位的有效数字是一致的。但是，无论是第 1 段程序还是第 2 段程序，double 型变量 dx 均可以保证 15 位有效数字，因而都能准确显示出来。

2.5.3 实型常量

实型常量有两种表示形式：小数和指数，小数形式如 0.12，指数形式如 1.3e−2。指数表示法采用科学记数法表示形式，在尾数和阶码之间以字母 e 或 E 间隔，如 6.67e−3，表示 6.67×10^{-3}=0.067。指数表示需要注意以下两点。

1）尾数的整数部分或小数部分若为 0，则可以省略（小数点不能省略），但不能省略整个尾数。例如，−.1e−3 表示-0.1×10^{-3}，1.e2 表示 1.0×10^{2}，e3 是错误的写法，.e3 也是错误的写法。

2）阶码不能为小数，例如，2.1e1.5 是错误的写法。若阶码不是整数，则不能通过移动小数点来实现数的表示，如 9.0e0.5 实际上需要进行开方运算。

小数形式的实型常量也可添加后缀，若无附加后缀，则规定其类型为 double 型。实型常量可加的后缀包括如下两种。

1）后缀字母 f 或 F：表示 float 型，如 2.14f。

2）后缀字母 l 或 L：表示 long double 型，如 3.56L。

2.6 字 符 类 型

2.6.1 字符常量

1. 普通的字符常量

普通的字符常量是用单引号（'）括起来的一个字符，如 a'、'b'、'='、'+'、'?'等都为字符常量。字符常量只能是一个字符，但并不是用单引号括起来的任意一个字符程序都能识别。例如，代表圆周率的 π 在程序中是不能识别的，只能使用系统的字符集中的字符，目前大多数系统采用 ASCII 字符集中的字符。

字符常量是以整数形式（字符的 ASCII 值）存放在内存单元中的。例如，大写字母'A'的 ASCII 值是十进制数 65，其二进制形式为 1000001。数字字符'1'的 ASCII 值是十进制数 49，其二进制形式为 0110001。

需要注意的是，字符'1'和整数 1 是不同的概念。字符'1'在内存中以 ASCII 形式存储，占 1 字节，如图 2-9 左图所示；而整数 1 是以二进制补码的形式存储，占 4 字节，如图 2-9 右图所示。

字符'1'（ASCII值为49）

00110001

整数1

00000000	00000000	00000000	00000001

图 2-9 字符'1'和整数 1 在内存中的存储形式

因此整数运算 1+1 等于整数 2，但字符'1'+'1'并不等于整数 2 或字符'2'。

2. 特殊的字符常量——转义字符

转义字符是以字符'\'开头，后跟一个或几个字符的字符序列，通常用来表示键盘上的控制符或特殊符号。ASCII 字符集中不可显示的字符可以用转义字符来表示。例如，退格符（以'\b'表示）、Enter 符号（以'\r'表示）等。转义字符是可以用于控制等的特殊符号，不同于字符原有的意义，故称“转义”字符。例如，在前面各例题中 printf()函数中用到的'\n'就是一个转义字符，其意义是“换行”。转义字符及其作用如表 2-5 所示。

表 2-5 转义字符及其作用

转义字符	作用	ASCII 值（十进制数）
\0	空字符（NULL）	0
\a	响铃，不改变当前位置	7
\b	退格，将当前位置前移一列	8
\t	水平制表，当前位置跳到下一个 Tab 位置	9
\n	换行，将当前位置移到下一行开头	10
\v	垂直制表，当前位置跳到下一个垂直制表位	11
\f	换页，将当前位置移到下页开头	12

续表

转义字符	作用	ASCII 值（十进制数）
\r	回车，将当前位置移到本行开头	13
\"	代表一个双引号"	34
\'	代表一个单引号'	39
\\	代表一个反斜杠\	92
\ooo	1～3 位的八进制数所对应的 ASCII 字符	
\xhh	1～2 位的十六进制数所对应的 ASCII 字符	

广义地讲，C 语言字符集中的任何一个字符均可用转义字符来表示。表 2-5 中的\ooo 和\xhh 正是为此而提出的。例如，'\101'代表八进制数 101 对应的 ASCII 字符；'\012'代表八进制数 12 对应的 ASCII 字符，表示“换行”符；'\x0A'代表十六进制数 A 对应的 ASCII 字符，也表示“换行”。使用转义字符时需要注意以下问题。

- 转义字符中只能使用小写字母，每个转义字符只能看作一个字符。
- 在 C 程序中，使用不可打印字符时，通常用转义字符表示。
- '\v'垂直制表符和'\f'换页符对屏幕没有任何影响，但会影响打印机执行相应操作。
- 转义字符'\0'表示空字符 NULL，它的值是 0，而字符'0'的 ASCII 值为 48。因此，空字符'\0'不是字符'0'。另外，空字符不等于空格字符，空格字符的 ASCII 值为 32。
- 转义字符也可以出现在字符串中，但只作为一个字符看待。
- 如果'\'之后的字符和它不构成转义字符，则'\'不起转义作用将被忽略。

【例 2.7】 转义字符的应用。

【程序代码】

```
#include <stdio.h>
int main()
{
    printf("C\tC++\tJava\n\"C\" first appeared!\n");
    return 0;
}
```

【运行结果】

```
C       C++     Java
"C" first appeared!
请按任意键继续. . .
```

3. 字符串常量

字符串常量是用一对双引号括起来的若干字符序列，如"a"、"How do you do!"、"456"、"\"Hello\""等。

（1）字符串常量的长度

字符串中字符的个数称为字符串长度。例如，"a"的长度为 1，"How do you do!"的长度为 14（空格也是一个字符），"456"的长度为 3，"\"Hello\""的长度为 7（转义字符'\"'代表一个字符），"ab\123c\n4\\14\tk\bw\xa"的长度为 14（其中有多个转义字符，分别为'\123'、'\n'、'\\'、'\t'、'\b'、'\xa'）等。

> **注意**　""（一对紧连的双引号）和" "（中间有一个空格）的区别是，前者长度为 0，也称空串；后者长度为 1，空格也是一个字符。

（2）字符串常量在内存中的存储

系统在存放字符串时，会在字符串的结尾自动添加一个字符串结束标志'\0'，因此，字符串在内存中所占的字节数=字符串的实际长度+1，加的 1 字节用于存放'\0'。

需要说明的是，系统根据字符串结束标志判断字符串是否结束。系统自动在每个字符串常量的结尾处添加字符串结束标志，用户在书写字符串时不必刻意添加。'\0'是一个 ASCII 值为 0 的字符，ASCII 值为 0 的字符是空操作字符 NULL，即它不引起任何控制动作，也不是一个可显示的字符，因此在输出字符串时不显示字符串结束标志。例如，"abc"在内存中占 4 字节，其存储格式如图 2-10 所示。

a	b	c	'\0'

图 2-10　"abc"在内存中的存储格式

2.6.2　字符变量

字符变量用来存储字符常量。将一个字符常量存储到一个字符变量中，实际上是将该字符的 ASCII 值（无符号整数）存储到了内存单元中。字符变量的定义形式为“char c1,c2;”，表示 c1 和 c2 为字符型变量，分别可以存放一个字符，因此可以用语句“c1='a';c2='b';”为 c1、c2 赋值。

在 C 语言中，通常使用 1 字节的存储空间来存放一个字符，即一个字符变量在内存中占用 1 字节的存储空间。由于字符数据在内存中是以 ASCII 值的形式存储的，与整数的存储形式相似，因此 C 语言中的字符型数据和整型数据可以通用。这意味着，一个字符数据既可以以字符形式输出，也可以以整数形式输出。

当以字符形式输出时，需要将存储单元中的 ASCII 值转换成相应的字符。

当以整数形式输出时，直接将存储单元中的 ASCII 值作为整数输出。

【例 2.8】　字符变量的字符形式输出和整数形式输出。

【程序代码】

```
#include <stdio.h>
void main()
{
    char c1,c2; //定义两个字符型变量 c1、c2，此时这两个变量是随机值
    c1='a';
    c2='b'; //使用赋值语句给两个变量赋值
    printf("c1=%c,c2=%c\n",c1,c2);//%c 是输出字符的格式符
    printf("c1=%d,c2=%d\n",c1,c2);//%d 是输出整数的格式符，输出字符的ASCII 值
}
```

【运行结果】

```
c1=a,c2=b
c1=97,c2=98
请按任意键继续. . .
```

字符数据可以进行算术运算，即对它们的 ASCII 值进行算术运算。

【程序分析】

变量声明部分：代码中声明了两个字符型变量 c1 和 c2。变量赋值部分：每个变量都被赋予了一个字符值。输出部分：通过 printf()函数输出字符及其对应的 ASCII 值。

【例 2.9】 字符大小写的转换。

【程序代码】

```
#include <stdio.h>
void main()
{
    char c1,c2;
    c1='a';
    c2='B';
    printf("c1=%c,c2=%c\n",c1-32,c2+32);
}
```

【运行结果】

```
c1=A,c2=b
请按任意键继续. . .
```

【程序分析】

上述程序的功能是将小写字母 a 转换成大写字母 A，将大写字母 B 转换成小写字母 b。字母 a 的 ASCII 值为 97，字母 A 的 ASCII 值为 65，因此通过算术运算 c1-32 可以将小写字母 a 转换成大写字母 A。字母 B 的 ASCII 值为 66，字母 b 的 ASCII 值为 98，同理，通过算术运算 c2+32 可以将大写字母 B 转换成小写字母 b。

注意 前面讲述了字符串常量，但未曾提到字符串变量。可以通过关键字 char 来定义字符变量，但 C/C++语言中没有用于定义字符串变量的关键字，字符串变量的定义需要借助数组实现，这会在后面进行讲述。

2.6.3 字符数据在内存中的存储形式及其使用

C 语言中的字符型数据使用的是 ASCII 字符集，字符型数据存储在内存中只能是二进制数形式，即它们对应的 ASCII 值的二进制数形式，占 1 字节。例如，'a'的 ASCII 值是 97，转换成二进制数是 01100001，在内存中的存储格式如图 2-11 所示。

0	1	1	0	0	0	0	1

图 2-11 'a'的 ASCII 值在内存中的存储格式

字符型数据对应的 ASCII 值如果按照整数格式读取出来就是一个整数；反之，整型数据如果按字符格式读取，则理解为以该整数值作为编码的字符。因此，也可以把字符型数据看成 1 字节的整型数据，在不产生溢出的情况下，字符型和整型是等价的。

【例 2.10】 按两种格式分别对字符型数据和整型数据进行输出。

【程序代码】

```
#include <stdio.h>
int main()
{
    char c='A';                    //定义字符型变量 c，并赋值'A'
    int x=66;                      //定义整型变量 x，并赋值 66
    printf("%c,%d\n",c,c);    //分别以字符格式和整数格式输出变量 c 的值
    printf("%d,%c\n",x,x);    //分别以整数格式和字符格式输出变量 x 的值
    return 0;
}
```

【运行结果】

```
A,65
66,B
请按任意键继续. . .
```

【程序分析】

printf()函数中的%c 是字符型数据的格式说明符，可以指定变量以字符格式输出。字符型变量 c 以字符格式输出是'A'，以整数格式输出是字符的 ASCII 值 65。字符型变量 x 以整数格式输出其值是 66，以字符格式输出就是以 66 为编码的字符'B'。由于字符型数据和整型数据在内存中存放的都是一个整数，因此两者在某种程度上是可以通用的。两者的主要区别在于所占用的内存空间的大小，字符型数据占 1 字节，整型数据占 4 字节。字符型数据也可以进行算术运算，即将其编码值作为整数进行运算。

2.7　不同数据类型之间的转换

2.7.1　自动类型转换

前面介绍了常用的基本数据类型，不同数据类型的数据之间可以进行混合运算，系统遵循的原则是先转换类型，再进行运算。转换类型的方式又分为两类：自动转换和强制转换。自动转换在进行算术运算和赋值运算时发生，下面分别进行介绍。

1. 算术运算

当表达式中运算对象的数据类型不同时，系统会进行类型的自动转换。转换的基本原则：自动将精度低、表示范围小的运算对象类型向精度高、表示范围大的运算对象类型转换。自动类型转换规则如图 2-12 所示，图中的横向箭头表示必定的转换，如 float

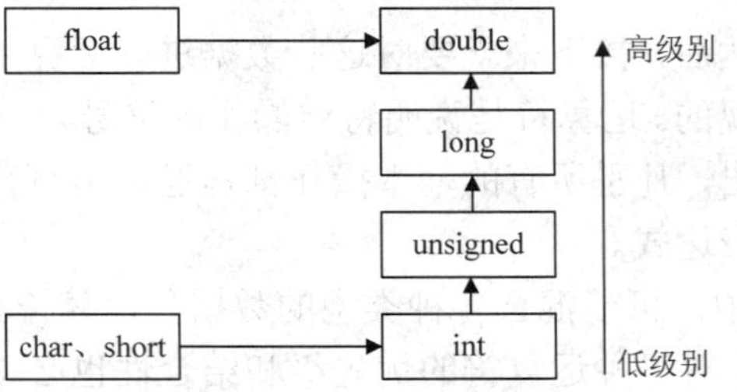

图 2-12　自动类型转换规则

型数据在运算时一律转换成 double 型数据，char、short 型数据一律转换为 int 型数据，以提高运算精度。纵向的箭头表示当运算对象为不同类型时的转换方向。例如，int 型与 double 型数据进行运算，先将 int 型数据转换成 double 型数据，然后再对两个同类型（double 型）数据进行运算，结果为 double 型数据。

> **注意** 箭头方向只表示数据类型级别的高低，由低级别向高级别转换，不要理解为 int 型数据先转换成 unsigned 型数据，再转换成 long 型数据，最后转换成 double 型数据。如果一个 int 型数据与一个 double 型数据进行运算，可直接将 int 型数据转换成 double 型数据。同理，如果一个 int 型数据与一个 long 型数据进行运算，则直接将 int 型数据转换成 long 型数据。

2. 赋值运算

赋值运算时的类型转换主要出现在赋值表达式中，不管赋值运算符右边的运算对象是什么类型，都要将其转换成赋值运算符左边运算对象的类型。若赋值运算符右边运算对象的值表示的范围更大，则左边运算对象得到的值将失去右边数据的精度。

2.7.2 强制类型转换

C/C++语言提供了强制类型转换运算符，以实现强制类型转换，其一般形式如下：

```
(类型)表达式//或类型(表达式)
```

C 语言只支持第一种格式；C++语言支持两种格式，常用第二种格式。下面选择第一种格式来举例说明。

```
float a=1.2;            //定义一个单精度实型变量 a，并赋初值 1.2
printf("%d",(int)a);    //强制将 a 从实型转换成整型进行输出，输出为 1
```

【说明】在定义变量的同时为其赋初值，这称为变量的初始化。在进行类型转换时，运算对象的值不发生变化，如上述例子中 a 的值仍是 1.2。在从实型数据向整型数据转换时，不遵循四舍五入的原则，而是直接舍去小数部分。

再如：

```
(int)(x+y);             //将表达式 x+y 的值转换为 int 类型
(int)x+y;               //将 x 的值转换为 int 类型，再与 y 相加
```

【说明】类型转换不仅可以转换变量，还可以转换表达式。

2.8 运算符与表达式

有了基本的数据表达后，接下来就要对这些数据进行运算了。在 C 语言中，各种运算都是通过运算符来实现的。运算符是说明特定操作的符号，C 语言的运算符非常丰富，除了控制语句和输入输出，几乎所有的基本操作都是通过运算符实现的。数据和运算符共同构成了各种形式的表达式。

在 C 语言的表达式中，可能混合各种类型的数据和运算符。读者在学习运算符时，除了理解运算符的含义，对每种运算符的优先级和结合性也必须有清晰的认识，否则无法做到对表达式的正确解读。

1. 优先级

C 语言的运算符按优先级分为 15 级，第 1 级最高，第 15 级最低。在计算表达式时，优先级高的先运算，优先级低的后运算，优先级相同的按结合性顺序计算。

2. 结合性

相同优先级的运算符按结合性顺序计算。C 语言中大部分运算符是左结合的，即从左向右进行计算。少部分运算符是右结合的，即从右向左进行计算，如单目运算符、条件运算符和赋值运算符。

2.8.1 算术运算符与算术表达式

C 语言中的算术运算符有以下五种。

- +：加法运算符，也可以用作正号运算符（此时为单目运算符）。
- −：减法运算符，也可以用作负号运算符（此时为单目运算符）。
- *：乘法运算符。
- /：除法运算符。
- %：取余运算符，计算两数相除的余数。

【说明】乘法和除法运算分别用“*”和“/”表示，而不是“×”和“÷”，因为“×”和“÷”无法通过键盘直接输入。

两个整数相除，其结果也为整数，如 1/2 结果为 0。两个实数相除结果为实数，如 1.0/2.0 结果为 0.5。整数和实数相除结果为实数，参考后面的类型转换语法。

取余运算只能对整数运算，不能对实数运算。若不同符号的整数相余，则其结果的正负取决于被余数的符号。例如，13%−2 结果为 1，−15%2 结果为−1。

除法运算和取余运算应避免除数为 0，否则会导致数据溢出。

除了以上五种算术运算符，其他算术运算（如乘方、开方等）都是通过算术函数实现的。

利用整数相除结果为整数的特性，再结合取余运算可以实现整数取位数字的算法。

表 2-6 所示为运算符的结合性含义。

表 2-6 运算符的结合性含义

<table>
<tr><th>类别</th><th>运算符</th><th>含义</th><th>备注</th></tr>
<tr><td rowspan="5">双目运算符</td><td>+</td><td>加</td><td rowspan="4">自左向右结合</td></tr>
<tr><td>−</td><td>减</td></tr>
<tr><td>*</td><td>乘</td></tr>
<tr><td>/</td><td>除</td></tr>
<tr><td>%</td><td>求余数</td><td>运算对象必须是整数，自左向右结合</td></tr>
<tr><td rowspan="4">单目运算符</td><td>++</td><td>自增 1</td><td rowspan="2">运算对象必须是变量，自右向左结合</td></tr>
<tr><td>−−</td><td>自减 1</td></tr>
<tr><td>+</td><td>取正</td><td rowspan="2">自右向左结合</td></tr>
<tr><td>−</td><td>取负</td></tr>
</table>

【说明】

1）除法运算符“/”：当运算对象均为整型时，结果为整型，舍去小数。如果运算对象中有一个为实型，则运算结果为实型。例如，5/3=1，5.0/2=2.500000。

2）取正“+”和取负“-”运算符：运算时不改变运算对象的值。例如，b=-a，a 的值不会改变，仍然是原值。

3）自增、自减运算符：只能用于变量，不能把它强制加给常量和表达式，如 2++、(x+y)++都是不合法的。注意区分自增（++）和自减（--）运算符在表达式与表达式语句中的应用，下面分别进行介绍。

① 在表达式中的应用。

++a 先使变量 a 的值加 1，再使用 a。

--a 先使变量 a 的值减 1，再使用 a。

a++先使用变量 a 的值，再使 a 的值加 1。

a--先使用变量 a 的值，再使 a 的值减 1。

例如：

```
int a=3,b=5; //初始化两个整型变量 a 和 b
```

以下四个表达式的值有所不同。

```
(a++)+b //表达式的结果为 8，a 的值为 4，b 的值不变
(++a)+b //表达式的结果为 9，a 的值为 4，b 的值不变
(a--)-b //表达式的结果为-2，a 的值为 2，b 的值不变
(--a)-b //表达式的结果为-3，a 的值为 2，b 的值不变
```

② 在表达式语句中的应用。例如：

```
int x=2;x=x+1; //普通语句，执行后 x 的值为 3
```

可以写作：

```
++x; //表达式语句，执行后 x 的值为 3
```

也可以写作：

```
x++; //表达式语句，执行后 x 的值也是 3
```

可见，在表达式语句中，自增或自减的运算对象无论在前还是在后，结果都一样。

【例 2.11】 赋值语句程序实例。

【程序代码】

```
#include "stdio.h"
int main(void)
{
    int a,b,c;
    a=b=c=9;
    printf("a =%d,b =%d,c = %d\n",a,b,c);
    a=(b=4)+(c=6);
    printf("a =%d,b=%d,c=%d\n",a,b,c);
    a+= b+c;
    printf("a=%d,b =%d,c =%d\n",a,b,c);
    a+=a-=a*=a;
    a+=a-=a+a;
    printf("a=%d\n",a);
    return 0;
}
```

【运行结果】

```
a =9,b =9,c = 9
a =10,b=4,c=6
a=20,b =4,c =6
a=0
请按任意键继续. . .
```

【程序分析】

变量声明与初始化部分：声明了三个整型变量，并给它们赋初值。输出初始值部分：输出初始化后的变量值。重新赋值部分：修改 b 和 c 的值，并将它们的和赋给 a。再次输出部分：输出修改后的变量值。累加操作部分：将 b 和 c 的和累加到 a 上。第三次输出部分：输出累加后的变量值。复杂算术操作部分：执行一系列复杂的算术操作，最终 a 的值变为 0。第四次输出部分：输出最终的 a 的值。

2.8.2 赋值运算符与赋值表达式

赋值运算符包括基本赋值运算符和复合赋值运算符。赋值运算符加上运算对象就构成了赋值表达式。

1. 基本赋值表达式

格式：

```
变量标识符=常量//或常量表达式
```

功能：将赋值运算符“=”右侧的常量或常量表达式的值赋给左侧的变量。

结合方向：自右向左。

例如，表达式“a=b=c=10”等价于“a=(b=(c=10))”，即首先将常量 10 赋给变量 c，然后将 10 赋给变量 b，最后将 10 赋给变量 a。

需要注意的是，上例中的表达式在程序中构成了一条赋值表达式语句“a=b=c=10;”，是正确的；但如果在程序中构成一条初始化语句“int a=b=c=10;”则是错误的，应该写成“int a=10,b=10,c=10;”。虽然三个变量都是整型，前面也讲过，同属一种类型的变量在定义时可以一起定义，只需用逗号分隔开，如“int a,b,c;”。但如果在定义的同时用同一个值进行赋值，即进行初始化，则系统仍要求分别赋值。

2. 复合赋值表达式

在赋值符“=”之前加上其他双目运算符就可以构成复合赋值运算符，其一般格式如下：

```
变量 双目运算符= 表达式
```

其中，“双目运算符=”是复合赋值运算符，且两者之间不允许有空格，等价于：

```
变量=变量 双目运算符 表达式
```

例如：

```
a+=1       //等价于 a=a+1
x*=y+2     //等价于 x=x*(y+2)，注意不是等价于 x=x*y+2
z%=3       //等价于 z=z%3
```

表 2-7 所示为复合赋值运算的运算符及其功能。

表 2-7　复合赋值运算的运算符及其功能

运算符	功能	运算对象个数
+=	加赋值，如 a+=100，即 a=a+100	双目
-=	减赋值，如 a-=100，即 a=a-100	双目
*=	乘赋值，如 a*=100，即 a=a*100	双目
/=	除赋值，如 a/=100，即 a=a/100	双目
%=	取模赋值，如 a%=100，即 a=a%100	双目
&=	按位与赋值，如 a&=100，即 a=a&100	双目
|=	按位或赋值，如 a|=100，即 a=a|100	双目
^=	按位异或赋值，如 a^=100，即 a=a^100	双目
<<=	向左移位赋值，如 a<<=2，即 a=a<<2	双目
>>=	向右移位赋值，如 a>>=3，即 a=a>>3	双目

【例 2.12】 求下列表达式的值。

```
a=b=c=3              //赋值表达式值为 3，a、b、c 的值均为 3
a=6+(b=2)            //表达式的值为 8，a 的值为 8，b 的值为 2
a=(b=4)+(c=6)        //表达式的值为 10，a 的值为 10，b 等于 4，c 等于 6
```

a+=a-=a*a 也是一个赋值表达式。如果 a 的初值为 4，则此赋值表达式的求解步骤如下。

1）先进行“a-=a*a”的运算，它相当于 a=a-a*a，即 a=4-16=-12。

2）再进行“a+=-12”的运算，它相当于 a=a+(-12)，即 a=-12-12=-24。

2.8.3　条件运算符与条件表达式

以上介绍的都是单目运算符或双目运算符，最后介绍一个三目运算符，也是 C 语言中唯一的三目运算符，即条件运算符“?:”，它由“?”和“:”两个符号构成。条件运算符的优先级在所有运算符中排倒数第三，结合性由右至左。由条件运算符构成的条件表达式的一般形式如下：

```
表达式 1? 表达式 2: 表达式 3
```

其中，三个表达式均可为任意合法的表达式，其含义是先求解表达式 1，看表达式 1 的结果是否为真。如果为真，则执行表达式 2，并将表达式 2 的结果作为整个条件表达式的结果；如果为假，则执行表达式 3，并将表达式 3 的结果作为整个条件表达式的结果。

例如，假设有变量定义“int a=10,b=20;”，则条件表达式 a>b?a:b 的结果就是 20。

从条件运算符的含义可以看出，表达式 2 和表达式 3 只能执行一个，即条件表达式的结果不是表达式 2 的值就是表达式 3 的值。

2.8.4　逗号运算符与逗号表达式

逗号在程序书写时一般作为分隔符来使用，但在 C 语言中，逗号也是一个运算符，可以构造逗号表达式。逗号表达式的形式一般为“E1, E2, E3, …, En”。

【说明】

- E1, E2, E3, …, En 可以是其他各种形式的表达式。
- 其功能是从左往右顺序执行每一项，且以最后一项的值作为整个逗号表达式的值。
- 逗号运算符是优先级最低的运算符。

逗号表达式用法示例如下：

```
a=3*5,a*4      //a=3*5 是逗号表达式的第一项，整个逗号表达式的值为 a*4，即 60
b=(a=3,6*3)  //赋值表达式，将逗号表达式(a=3,6*3)的值 18 赋值给变量 b
```

需要注意，逗号在变量声明语句、函数调用中是作为分隔符使用的。例如：

```
int a,b,c;     //同时定义多个变量，用逗号分隔
scanf("%f%f%f",&f1,&f2,&f3); //函数的各个参数之间用逗号分隔
```

2.9 案 例 举 例

【案例 2.1】 求三角形面积。

已知一个三角形的三条边长分别为 a、b、c，利用海伦公式求三角形面积。当利用海伦公式求三角形面积时，首先要求出半周长 p，然后再求 p(p−a)(p−b)(p−c)的算术平方根。

【解题思路】

① 先定义五个变量，分别用于表示三角形的三条边长、半周长和面积。

② 输入三条边长的值。

③ 计算半周长 p。

④ 求 p(p−a)(p−b)(p−c)的算术平方根。

⑤ 输出三角形面积。

三角形的三条边长不一定都是整数，有可能是小数，半周长也不一定是整数，p(p−a)(p−b)(p−c)的算术平方根就更不一定是整数了，所以本题中的数据应该用实型来表示。

求算术平方根的函数是 sqrt()函数，一般使用形式为“sqrt(表达式)”，表达式可以为变量或常量，函数返回结果为大于或等于 0 的实数，如 sqrt(100)的返回值为 10.0。

【程序代码】

```
#include "stdio.h"
#include "math.h"
int main(void)
{
    float a,b,c,p,s;
    printf("请输入三角形的三条边长:\n");
    scanf("%f %f %f",&a,&b,&c);
    p=(a+b+c)/2;
    s=sqrt(p*(p-a)*(p-b)*(p-c));
    printf("s=%f",s);
    return 0;
}
```

【运行结果】

```
请输入三角形的三条边长:
3 4 5
s=6.000000请按任意键继续. . . .
```

【程序分析】

包含头文件：“#include "stdio.h"”和“#include "math.h"”这两行代码分别包含了 stdio.h 和 math.h 头文件。stdio.h 提供了输入输出功能，如 printf()和 scanf()函数；math.h 则提供了数学函数支持，如 sqrt()函数用于计算平方根。

主函数声明：“int main(void)”这行代码声明了 main()函数，其返回值类型为 int，表示程序正常结束时返回 0。

变量声明：“float a, b, c, p, s;”这行代码声明了五个浮点型变量 a、b、c、p、s，分别用于存储三角形的三条边长、半周长及面积。

用户输入提示：“printf("请输入三角形的三条边长:\n");”这行代码使用 printf()函数向用户显示提示信息，要求用户输入三角形的三条边长。

读取用户输入：“scanf("%f %f %f", &a, &b, &c);”这行代码使用 scanf()函数从标准输入读取三个浮点数，并将其分别赋值给变量 a、b、c。需要注意的是，输入的数值之间需要用空格分隔。

计算半周长：“p=(a+b+c)/2;”这行代码计算了三角形的半周长 p。

计算面积：“s=sqrt(p*(p−a)*(p−b)*(p−c));”这行代码根据海伦公式计算了三角形的面积 s。

输出结果：“printf("s=%f\n", s);”这行代码输出了计算得到的三角形面积 s。

结束程序：“return 0;”这行代码表示程序正常结束，返回 0 给操作系统。

【案例 2.2】 编写一个 C 语言程序，计算并输出三个数的平均值。

【程序代码】

```
#include <stdio.h>
int main() { //声明变量
    float num1,num2,num3,average;
    //输入三个数
    printf("请输入第一个数: ");
    scanf("%f", &num1);
    printf("请输入第二个数: ");
    scanf("%f", &num2);
    printf("请输入第三个数: ");
    scanf("%f", &num3);
    //计算平均值
    average=(num1+num2+num3)/3.0;
    printf("三个数的平均值是: %.2f\n", average);    //输出平均值
    return 0;
}
```

【运行结果】

假设输入的三个数分别为 5.0、10.0 和 15.0，则程序的运行结果如下：

```
请输入第一个数: 5.0
请输入第二个数: 10.0
请输入第三个数: 15.0
三个数的平均值是: 10.00
```

【程序分析】

包含头文件："#include <stdio.h>"这行代码包含了标准输入输出库，使人们可以使用 printf()和 scanf()函数。

主函数：int main()，main()函数是程序的入口点，程序从这里开始执行。

声明变量："float num1, num2, num3, average;"这行代码声明了四个浮点型变量，分别用于存储三个输入的数和计算得到的平均值。"printf("请输入第一个数: ");""scanf("%f", &num1);""printf("请输入第二个数: ");""scanf("%f", &num2);""printf("请输入第三个数: ");""scanf("%f", &num3);"这几行代码使用 printf()函数提示用户输入数据，使用 scanf()函数读取用户输入的浮点数。%f 是浮点数的格式说明符，&num1 表示 num1 的地址，scanf 会将输入的值存储到该地址处。

计算平均值："average = (num1+num2+num3) / 3.0;"这行代码计算三个数的总和，然后除以 3.0（注意使用 3.0 而不是 3，以确保结果是浮点数）。

输出平均值："printf("三个数的平均值是: %.2f\n", average);"这行代码使用 printf()函数输出计算得到的平均值。%.2f 表示输出浮点数并保留两位小数。

返回值："return 0;"这行代码表示 main()函数的返回值为 0，代表程序正常结束。

本章小结

本章主要介绍了关键字和标识符，整型常量、实型常量、字符常量和字符串常量，整型变量、实型变量和字符变量，以及算术运算符、条件运算符、赋值运算符、逗号运算符等。

习　题

一、填空题

1. 在 C 语言中，用于定义一个整数的常见数据类型是________。

2. 用于定义可以存储带小数点数值的数据类型是________。

3. 用于定义一个字符的数据类型是________。

4. 表达式 10+5 的结果是________。表达式 20-10 的结果是________。表达式 10*5 的结果是________。表达式 20/5 的结果是________（假设 20 和 5 都是整型）。表达式 10%3 的结果是________。

5. 设 x=10，表达式++x 执行后，x 的值是________。设 x=10，表达式 x++执行后，x 的值是________。设 x=10，表达式--x 执行后，x 的值是________。设 x=10，表达式 x--执行后，x 的值是________。

6. 设 x=10，表达式 x+=x−=x*x 执行后，x 的值是________。设 x=10，表达式 x*=x+=5 执行后，x 的值是________。

二、判断题

1. 执行语句“++i; i=3;”后，变量 i 的值为 4。（ ）
2. 隐式类型转换是指将取值范围大的数据类型转换为数据取值范围小的数据类型。（ ）
3. C 语言中的逻辑值“真”用 1 表示，“假”用 0 表示。（ ）
4. C 语言中赋值运算符比关系运算符的优先级高。（ ）
5. 位运算符是专门针对数字 0 和 1 进行操作的。（ ）

三、选择题

1. 以下选项中，属于 C 语言的合法关键字的是（ ）。
   A．integer　B．float　C．Char　D．Signed
2. 以下用户标识符中，合法的是（ ）。
   A．dat　B．long　C．_2Test　D．3Dmax
3. 以下不能作为 C 语言常量的是（ ）。
   A．0593　B．0XB3　C．3e2　D．2.5e−2
4. 以下可以正确表示字符常量的是（ ）。
   A．"c"　B．"\n"　C．"\t"　D．'\167'
5. 以下字符串常量中，正确的是（ ）。
   A．'abc'　B．China　C．""　D．"\\\"
6. 以下选项中，正确的定义语句是（ ）。
   A．double,a,b;　B．double a;b;　C．double a=b=7;　D. double a=7,b=7;
7. 设有说明语句“char c='\101';”，则变量 c（ ）。
   A．包含 1 个字符　B．包含 2 个字符　C．包含 3 个字符　D．不合法
8. 在 C 语言中，下列关于运算符优先级的描述正确的是（ ）。
   A．逻辑运算符高于算术运算符，算术运算符高于关系运算符
   B．算术运算符高于关系运算符，关系运算符高于逻辑运算符
   C．算术运算符高于逻辑运算符，逻辑运算符高于关系运算符
   D．关系运算符高于逻辑运算符，逻辑运算符高于算术运算符
9. 以下标识符中可以用作 C 语言变量名的是（ ）。
   A. 2abc　B. int　C. _myVar　D. my var
10. 以下选项中，属于 C 语言关键字的是（ ）。
   A. if　B. while　C. for　D. 所有选项都是

四、编程题

1. 已知梯形的上底为 a，下底为 b，高为 h，请用程序实现求梯形的面积。
2. 编写一个程序，实现两个变量 a、b 值的交换。

第 3 章　数据的输入输出与顺序结构

本章将介绍 C 语言输入输出函数的用法及顺序结构程序设计，其他两种结构将在后续章节做详细介绍。顺序结构是三种基本程序结构中最简单的一种。它是按照程序代码书写的先后顺序来执行的，程序自始至终只沿着一个方向执行。顺序结构由于程序流程过于单一，无法实现复杂的算法，一般只用于编写一些不需要对流程进行控制的简单程序。

本章重点内容如下。

- 数据的输入输出函数。
- 顺序结构举例。

3.1　单个字符的输入输出

在 C 标准库函数中，getchar()函数和 putchar()函数专门用来输入和输出单个字符。

3.1.1　getchar()函数

getchar()函数的功能是接收用户从键盘输入的单个字符。调用 getchar()函数前，必须使用如下文件包含指令：

```
#include <stdio.h>        //或者“#include "stdio.h"”
```

getchar()函数的一般使用形式如下：

```
变量=getchar();
```

例如：

```
char ch=getchar();
```

该条语句的功能是，从键盘输入单个字符，并将该字符存储到变量 ch 中。值得注意的是，当调用 getchar()函数时，用户从键盘输入的字符会先暂时存放到一个输入缓冲区中（不论用户输入多少个字符，都按输入顺序存放到这个输入缓冲区中），直到用户输入回车符为止；同时回车符也会被存放到这个输入缓冲区中。getchar()函数在用户输入结束后（用户按回车键后）才从该输入缓冲区中读取一个字符，即输入缓冲区中的第一个字符。若多次调用 getchar()函数，则依次从该输入缓冲区中读取一个字符。

例如，在语句“char ch=getchar();”中，若用户从键盘依次输入字符'a'、'b'、'c'及回车符，则变量 ch 中存储的是字符'a'；若用户直接从键盘输入回车符，则变量 ch 中存储的是回车符。

又如，有如下语句：

```
char ch1=getchar();
char ch2=getchar();
char ch3=getchar();
```

在程序运行时，若用户从键盘依次输入字符'a'、'b'、'c'及回车符，则变量 ch1、ch2、

ch3 中依次存储字符'a'、'b'、'c'。若用户从键盘依次输入字符'a'、'b'及回车符，则变量 ch1、ch2、ch3 中依次存储字符'a'、'b'、回车符。

3.1.2 putchar()函数

putchar()函数的功能是输出单个字符到屏幕当前光标位置。同样，在调用 putchar()函数前，也必须使用以下文件包含指令：

```
#include <stdio.h>   //或者“#include "stdio.h"”
```

putchar()函数的一般使用形式如下。

```
putchar(字符型变量);   //输出变量对应的字符
putchar(字符常量);     //注意字符常量包括用单引号括起来的单个字符和转义字符
```

例如：

```
char ch='a';
putchar(ch);          //输出字符'a'，不包括单引号
putchar('\n');        //换行
```

【例 3.1】 写出下列程序的运行结果。

【程序代码】

```
#include "stdio.h"
void main()
{
    char ch='a';
    putchar(ch);
    putchar('\t');
    putchar(ch+1);
    putchar('\n');
}
```

【运行结果】

```
a       b
请按任意键继续. . .
```

【程序分析】

第一个 putchar()函数输出字符'a'；第二个 putchar()函数中的'\t'表示水平制表位，即光标从当前位置移动到下一个输出区（通常一个输出区宽带默认为 8）；第三个 putchar()函数输出字符'a'后面的一个字符，即字符'b'；最后一个 putchar()函数中的'\n'表示换行，即光标从当前位置移动到下一行。

【例 3.2】 从键盘上输入一个小写英文字母，输出其对应的大写英文字母。

【程序代码】

```
#include "stdio.h"
int main()
{
    char ch;
    printf("Please input a character\n");
    ch=getchar();
    putchar(ch-32);
    putchar('\n');
}
```

【运行结果】

```
Please input a character
g
G
请按任意键继续. . .
```

【程序分析】

程序运行时，首先输入小写英文字母 g，接着通过调用 putchar()函数，输出对应的大写英文字母 G；小写英文字母转换为大写英文字母即将其 ASCII 值减去 32；最后换行。

3.2 数据的格式化输出和输入

getchar()和 putchar()函数是 C 标准函数库中专门用于处理单个字符的输入和输出函数。在 C 标准函数库中同时也提供了标准输出函数 printf()和标准输入函数 scanf()。通过这两个函数，C 语言为用户提供了丰富的输入和输出方式。在调用 printf()和 scanf()函数前，都必须使用以下文件包含指令：

```
#include <stdio.h>   //或者“#include "stdio.h"”
```

3.2.1 数据的格式化输出

printf()函数又称为格式化输出函数，可以将指定数据按照用户指定的格式输出到屏幕上。

1. 使用 printf()函数直接输出字符串

printf()函数的一般使用形式如下：

```
printf(字符串);
```

使用这种形式可以直接输出字符串，即直接输出双引号中的字符串内容（不包括双引号）。该函数主要用来输出程序中的提示信息。

例如：

```
printf("Please input a character\n");
```

直接输出双引号中的字符串内容，最后的转义字符'\n'直接转换为换行，将光标从当前位置移动到下一行。

【例 3.3】 写出下列程序的运行结果。

【程序代码】

```
#include "stdio.h"
void main()
{
   printf("xyz");
   printf("456\n");
   printf("mn\t");
   printf("78");
}
```

【运行结果】

```
xyz456
mn      78请按任意键继续. . .
```

【程序分析】

第一个 printf()函数直接输出"xyz"，并且该字符串末尾没有添加任何转义字符。第二个 printf()函数紧接着输出"456"，但是由于第二个字符串"456\n"包含一个转义字符'\n'，因此光标从当前位置跳转到下一行起始处，也就是第二行开始的位置。第三个 printf()函数输出"mn"，同样因为第三个字符串"mn\t"中包含一个转义字符'\t'，所以光标从当前位置跳转到下一个输出区。第四个 printf()函数输出"78"，注意此处并没有换行。

2. 使用 printf()函数按照指定格式输出字符串

printf()函数的一般使用形式如下：

```
printf("格式控制字符串",输出表列);
```

使用这种形式可以将“输出表列”中的数据按照“格式控制字符串”的要求输出到屏幕上。

（1）格式控制字符串

格式控制字符串是使用双引号括起来的字符串，用来指定输出形式。格式控制字符串通常由格式说明符和普通字符组成。其中格式说明符以%开头，以普通字符结束，用来指定数据的输出格式。常用的格式说明符及其含义如表 3-1 所示。

表 3-1 常用的格式说明符及其含义

选项		含义
格式说明符	d	以十进制形式输出整数
	o	以八进制形式输出无符号整数
	x 或 X	以十六进制形式输出无符号整数
	u	以十进制形式输出无符号整数
	f	以小数形式输出浮点数
	e 或 E	以指数形式输出浮点数
	g 或 G	显示 f 和 e 中较短者
	c	输出字符
	s	输出字符串
	%	输出%
表示	-	输出左对齐（默认为右对齐）
	+	正数输出带“+”
	#	输出以 0 开头的八进制数，输出以 0x 或 0X 开头的十六进制数，保留以格式 g 或 G 输出数据的尾数 0
最小字段宽度和精度	m	%md：以宽度 m 输出整型数据，当数据宽度不足 m 时，左侧补空格 %ms：以宽度 m 输出字符串，当字符串宽度不足 m 时，左侧补空格
	0m	%0md：以宽度 m 输出整型数据，当数据宽度不足 m 时，左侧补 0 %0ms：以宽度 m 输出字符串，当字符串宽度不足 m 时，左侧补 0
	m.n	%m.nd：以宽度 m 输出整型数据，当数据宽度不足 m 时，左侧补空格，数据一定要有 n 和精度列，当不足时前面补 0，当超过时不做处理

续表

选项		含义
最小字段宽度和精度	m.n	%m.nf：以宽度 m 输出浮点型小数，保留 n 位小数。如果只有小数点%m.f，则精度为 0 %m.ns：以宽度 m 输出字符串，n 表示取字符串前 n 个字符输出到 m 列的右侧，当 n<m 时，左侧补空格，当 n≥m 时，不做处理
	*	如果宽度或精度为*，则表示宽度或精度由输出项指明
格式说明	h	修饰格式说明符为 d、o、x、X、u，表示短整型
	l	修饰格式说明符为 d、o、x、X、u，表示长整型
	ll	修饰格式说明符为 d、o、x、X、u，表示长长整型
	L	修饰格式说明符为 d、o、x、X、u，表示长双精度型

在输出时，根据 printf()函数中的格式控制字符串将输出表列中的数据按照格式说明符的指定形式输出；而格式控制字符串中的普通字符则原样输出。其中普通字符指字符常量，包括字母、数字、标点符号、转义字符等。普通字符通常用于给出提示信息等。

（2）输出表列

输出表列是需要输出的数据项的列表。输出数据项可以是常数、变量，也可以是表达式。在输出表列中可以包含多个数据项，多个数据项之间使用逗号分隔。值得注意的是，数据项在数量和类型上必须与格式说明符一一对应。

例如：

```
printf("%d",a);                //以十进制整数形式输出整型变量 a 的值
printf("sum=%d\n",a+b);        //普通字符 sum= 原样输出
                               //以十进制整数形式输出表达式 a+b 的和
                               //转义字符'\n'，输出换行
printf("%c,%d,%f",a,b,c);      //多个数据项之间使用逗号分隔
```

【例 3.4】 写出下列程序的运行结果。

【程序代码】

```
#include "stdio.h"
void main()
{
   int a=3,b=4;
   printf("%d%d\n",a,b);
   printf("%d,%d\n",a,b);
   printf("%d\t%d\n",a,b);
   printf("%d+%d=%d\n",a,b,a+b);
}
```

【运行结果】

```
34
3,4
3       4
3+4=7
请按任意键继续. . .
```

【程序分析】

在本例中，定义了两个整型变量 a 和 b，并且分别赋初值 3 和 4。第一个 printf()函

数依次输出变量 a 和变量 b 的值，因为格式控制字符串"%d%d\n"中两个%d 之间不包含普通字符，所以变量 a 和变量 b 的值连续输出，并且输出变量 b 的值后需要换行。第二个 printf()函数的格式控制字符串"%d, %d\n"中两个%d 之间有普通字符','，所以在输出变量 a 的值 3 后，原样输出逗号，再输出变量 b 的值，然后换行。同理第三个 printf()函数，由于两个%d 之间有转义字符'\t'，因此在输出变量 a 的值后，光标从当前位置跳转到下一个输出区，然后输出变量 b 的值，接着换行。第四个 printf()函数的格式控制字符串中第一个'%d'指定按照十进制整数形式输出变量 a 的值，'+'为普通字符原样输出，第二个'%d'指定按照十进制整数形式输出变量 b 的值，'='为普通字符原样输出，第三个'%d'指定按照十进制整数形式输出表达式 a+b 的值，最后换行。

【例 3.5】 写出下列程序的运行结果。

【程序代码】

```
#include "stdio.h"
void main()
{
    int a=65;
    char ch=a+32;
    printf("%d,%d\n",a,ch);
    printf("%c,%c\n",a,ch);
}
```

【运行结果】

```
65,97
A,a
请按任意键继续. . .
```

【程序分析】

在本例中，定义一个值为 65 的整型变量 a，以及一个字符型变量 ch，其值为 a+32（65+32=97）。第一个 printf()函数指定按照十进制整数形式分别输出变量 a 和变量 ch 的值，并使用逗号分隔；由于 ch 为字符型变量，因此这里输出 ch 的 ASCII 值为 97。第二个 printf()函数按照指定字符形式输出变量 a 和变量 ch 的值，使用逗号分隔；由于 a 为整型变量，将 a 的值看成对应字符的 ASCII 值 65，也就是'A'的 ASCII 值，因此输出'A'。

3.2.2 数据的格式化输入

scanf()函数又称为格式化输入函数，该函数可以让用户按照指定格式输入数据并将数据存储到指定变量中。

scanf()函数的一般使用形式如下：

```
scanf("格式控制字符串",变量地址表列);
```

1. 格式控制字符串

在输入时，根据 scanf()函数“格式控制字符串”中的指定形式输入数据，并将数据一一存储到对应的变量地址中。在 scanf()函数的格式控制字符串中也可以包含普通字符，普通字符与 printf()函数中处理的方法一样，按照原样输入；但是此处建议在使用

scanf()函数输入数据时不添加普通字符，以免输入格式错误，影响输入数据的正确性。表 3-2 所示为 C 语言中的输入输出格式说明。

表 3-2 C 语言中的输入输出格式说明

格式字符	格式符含义	举例	输入数据	输出结果

d 或 D	输入有符号十进制整数	`int a;`
		`scanf("%d",&a);`
		`printf("%d\n",a);`
			123	123

u 或 U	输入无符号十进制整数	`unsigned a;`
		`scanf("%u",&a);`
		`printf("%u\n",a);`
			123	123

o 或 O	输入无符号八进制整数	`int a;`
		`scanf("%o",&a);`
		`printf("%o,%d\n",a,a);`
			10	10,8

x 或 X	输入无符号十六进制整数	`int a`
		`scanf("%x",&a);`
		`printf("%x,%d\n",a,a);`
			f	f,15

f	以小数形式输入带符号的单精度数	`float f;`
		`scanf("%f",&f);`
		`printf("%f",f);`
			12.6	12.600000

lf	以小数形式输入带符号的双精度数	`double f;`
		`scanf("%lf ",&f);`
		`printf("%f ",f);`
		`//或 printf("%lf ",f);`
			12.6	12.600000

c	输入一个字符	`char a;`
		`scanf("%c",&a);`
		`printf("%c\n",a);`
			d	d

s	输入一个字符串	`char str[20];`
		`scanf("%s",str);`
		`printf("%s\n",str)`
			China!	China!

e 或 E	输入指数形式的浮点数	`float f;`
		`scanf("%e",&f);`
		``printf("`%e\n",f);``
			123 或 1.23e2	1.230000e+002

2. 变量地址表列

变量地址表列是由若干个变量的地址组成的列表，地址与地址之间使用逗号分隔。变量地址由地址运算符&和变量名组成，如&a 表示变量 a 的地址。值得注意的是，格式控制字符串中的格式说明符必须与变量地址一一对应，即格式相同，类型匹配。

【例 3.6】 写出下列程序的运行结果。

【程序代码】

```
#include "stdio.h"
void main()
{
    int a;
    printf("请输入整数 a: ");
    scanf("%d",&a);
    printf("a=%d\n",a);
```

```
    printf("a 的相反数为: %d\n",-a);
}
```

【运行结果】

```
请输入整数 a: 9
a=9
a 的相反数为: -9
请按任意键继续. . .
```

【程序分析】

在本例中，定义一个整型变量 a。第一个 printf()函数输出字符串"请输入整数 a："，提示用户输入数据。scanf 语句指定用户输入一个十进制整数，并将其值存储到变量 a 中；当程序运行到 scanf 语句时，当前位置会有一个光标闪动，等待用户从键盘输入数据。当用户输入整数 9 并按回车键（9+回车符）后，输入结束。程序继续执行，第二个 printf()函数按照指定格式输出 a 的值；第三个 printf()函数按照指定格式输出 a 的相反数，其中 a 的相反数使用表达式−a 求解。值得注意的是，当使用 scanf 语句输入数据时，遇到以下三种情况都认为输入结束。

- 第一种情况，遇到回车符、Tab 符或空格符。因此在例 3.6 中，用户输入 9+回车符、9+空格符、9+Tab 符均可。

【例 3.7】 写出下列程序的运行结果。

【程序代码】

```
#include "stdio.h"
void main()
{
    int a,b;
    printf("请输入整数 a 和 b: ");
    scanf("%d%d",&a,&b);
    printf("a+b=%d\n",a+b);
    printf("a-b=%d\n",a-b);
    printf("a*b=%d\n",a*b);
    printf("平均值=%.2f\n",(a+b)/2.0);
}
```

【运行结果】

```
请输入整数 a 和 b: 13 28
a+b=41
a-b=-15
a*b=364
平均值=20.50
请按任意键继续. . .
```

【程序分析】

在本例中，定义两个整型变量 a 和 b。第一个 printf()函数提示用户输入两个整型变量的值。在 scanf 语句中，使用"%d%d"指定输入两个整型变量，并将其值存储到变量 a 和变量 b 中。由于两个%d 之间没有普通字符，因此在 13 和 28 之间可以使用回车符、空格符或 Tab 符进行分隔。

本例中用户输入“13 空格符 28 回车符”，输入完毕后 a=13，b=28。接下来按照指定格式输出 a+b、a−b、a*b 的结果。最后一个 printf()函数要求按照%.2f 的格式输出变量 a 和变量 b 的平均值，即要求输出平均值并且只输出 2 位小数。

- 第二种情况，达到指定输入宽度。

【例 3.8】 写出下列程序的运行结果。

【程序代码】

```
#include "stdio.h"
void main()
{
    int a,b;
    printf("请输入两个数据：");
    scanf("%2d%2d",&a,&b);
    printf("a=%d,b=%d\n",a,b);
}
```

【运行结果】

```
请输入两个数据：123456
a=12,b=34
请按任意键继续. . .
```

【程序分析】

scanf 语句可以使用%md 控制输入数据的宽度，即在输入数据时，自动按照指定宽度从输入数据中截取所需数据。在本例中，使用%2d 指定输入宽度，即截取 2 位整数。因此 a=12，b=34。

- 第三种情况，遇到非法输入。

【例 3.9】 写出下列程序的运行结果。

【程序代码】

```
#include "stdio.h"
void main()
{
    int a,b;
    printf("请输入两个数据：");
    scanf("%d%d",&a,&b);
    printf("a=%d,b=%d\n",a,b);
}
```

【运行结果】

```
请输入两个数据：18 9b
a=18,b=9
请按任意键继续. . .
```

【程序分析】

在本例中，要求输入两个数，若输入“18 空格符 9b 回车符”，则程序运行结果为“a=18,b=9”。

3.3 顺序结构程序举例

顺序结构是程序设计三种控制结构中最简单的一种。使用顺序结构执行程序时，按照语句书写顺序，从上到下依次执行。顺序结构可以用来解决生活中简单的应用问题，如求长方形的周长等。在使用顺序结构解决实际问题时，只需按照解决问题的基本步骤依次写出对应语句。顺序结构大致可以分为定义变量、输入、计算和输出四个步骤。在定义变量步骤中，需要考虑变量的类型及个数。在输入步骤中，通常输入实际问题中的“已知值”，此处需要正确使用 scanf()或 getchar()函数。在计算步骤中，可以使用各种算法和标准库函数快速、便捷地解决实际问题。在输出步骤中，需要正确使用 print()或 putchar()函数，以清晰地输出结果。

【案例 3.1】 从键盘输入长方形的长和宽，输出长方形的面积。

【程序代码】

```
#include "stdio.h"
void main()
{
    int a,b,s;                              //定义变量
    printf("请输入长方形的长和宽：");
    scanf("%d%d",&a,&b);                    //输入
    s=a*b;                                  //计算
    printf("s=%d\n",s);                     //输出
}
```

【运行结果】

```
请输入长方形的长和宽: 4 8
s=32
请按任意键继续. . .
```

【程序分析】

在本例中，要求输入长方形的长和宽并输出其面积，一共涉及三个数据：长、宽、面积。其中，长和宽由键盘输入，可以视为“已知量”；面积需要求解，视为“未知量”。在对问题进行基本分析后，按照顺序结构程序设计的基本步骤解决问题，依次写出语句。第一步定义变量，即定义长、宽和面积。第二步输入，使用 scanf 语句正确输入“已知量”（长和宽）的值；在 scanf 语句之前可以使用 printf 语句输出必要的提示。第三步计算，根据长方形面积公式计算面积。第四步输出，使用 printf 语句正确输出结果。

【案例 3.2】 定义两个 int 型的变量 a 和 b。从键盘输入两个整数为变量 a、b 赋值，交换变量 a 和 b 的值，并将交换后的 a、b 变量的值输出到控制台。

【程序代码】

```
#include "stdio.h"
void main()
{
    int  a,b,temp;
```

```
    printf("please input a and b\n");
    scanf("%d,%d",&a,&b);
    temp=a;
    a=b;
    b=temp;
    printf("a=%d b=%d\n",a,b);
}
```

【运行结果】

```
please input a and b
3,4
a=4 b=3
请按任意键继续. . .
```

【程序分析】

#include "stdio.h"：这是一条预处理指令，用来包含标准输入输出头文件 stdio.h，这样人们就可以使用类似 printf()和 scanf()这样的输入输出函数了。

void main()：这是一个函数定义。

main()：main()函数是 C 程序的入口点。这里声明的是一个不返回任何值的 main()函数（实际上，标准 C 要求 main()函数应该返回一个 int 型的值给操作系统，以表明程序是否成功执行）。在这个函数内部执行所有的代码。

"int a, b, temp;"：声明了三个整型变量 a、b 和 temp。

"printf("please input a and b\n");"：输出提示信息，让用户输入两个整数。

"scanf("%d,%d", &a, &b);"：从用户那里接收两个整数值，并将它们分别赋值给 a 和 b。注意这里的格式是%d,%d，意味着输入应该以逗号分隔。

"temp=a;"：将 a 的值赋给 temp 作为临时存储。

"a=b;"：将 b 的值赋给 a。

"b=temp;"：将存储在 temp 中的 a 的旧值赋给 b，从而完成 a 和 b 值的交换。

"printf("a=%d b=%d\n", a, b);"：打印出交换后的 a 和 b 的值。

【案例 3.3】 编写程序，将华氏温度转换为摄氏温度。华氏温度到摄氏温度的转换公式为 5 (F−32) /9。

【程序代码】

```
#include <stdio.h>
int main()
{
    float fahrenheit, celsius;
    // 提示用户输入华氏温度
    printf("请输入华氏温度：");
    scanf("%f", &fahrenheit);
    // 计算摄氏温度
    celsius=(fahrenheit-32)*5.0/9.0;
    // 显示转换后的摄氏温度
    printf("对应的摄氏温度为：%.2f\n", celsius);
    return 0;
}
```

【运行结果】

```
请输入华氏温度: 90
对应的摄氏温度为: 32.22
请按任意键继续. . .
```

【程序分析】

#include <stdio.h>：引入标准输入输出库，使人们可以使用 printf()和 scanf()函数。

int main()：main()函数是程序的入口点。返回一个整型值给操作系统，以表明程序是否成功执行。

“float fahrenheit, celsius;”：声明了两个 float 型变量 fahrenheit 和 celsius，分别用于存储华氏温度和计算得到的摄氏温度。

“printf("请输入华氏温度:");”和“scanf("%f",&fahrenheit);”：使用 printf 语句提示用户输入华氏温度，并通过 scanf 语句获取输入的值。

“celsius=(fahrenheit−32)*5.0/9.0;”：根据华氏温度到摄氏温度的转换公式计算摄氏温度。

“printf("对应的摄氏温度为:%.2f\n",celsius);”：使用 printf 语句输出转换后的摄氏温度，保留两位小数。

“return 0;”：表示程序正常退出。

本章小结

本章主要讲解了字符、字符串数据的输入输出方法；详细说明了格式化输入输出函数的使用方法；介绍了顺序结构程序的写法，并给出了顺序结构的案例以供初学者参考。

习　题

一、填空题

1. 若要接收一个整数输入，应该使用的格式控制符是________。
2. 若要接收一个浮点数输入，应该使用的格式控制符是________。
3. 若要输出一个整数，应该使用的格式控制符是________。
4. 顺序结构是指程序按照________依次执行每一行代码。
5. 若要定义一个整型变量 num 并初始化为 10，应该使用的语句是________。

二、判断题

1. 数字不能作为标识符开头。（　）
2. C 语言中的标识符不区分大小写。（　）
3. 字符常量使用英文状态下的单引号界定。（　）
4. C 语言中使用零值表示假，使用非零值表示真。（　）

5．若有定义“int num = 1.2;”，则 num 的值为 1.2。（ ）

6．printf()函数中的“-”符号可以让数据以左对齐方式输出。（ ）

7．scanf()函数是一个不安全的函数。（ ）

三、选择题

1. 以下函数中，可以向标准输出设备（通常是屏幕）输出数据的是（ ）。

A. scanf() B. printf() C. getc() D. input()

2. 若要从键盘接收一个整数并存储在一个名为 num 的变量中，正确的语句是（ ）。

A. scanf("%d", num); B. scanf("%d", &num);
C. scanf("%f", &num); D. scanf("%s", num);

3. 若要输出一个字符串 "Hello World!"，以下语句中正确的是（ ）

A. printf("Hello World!"); B. printf("%s", "Hello World!");
C. printf("%s", Hello World!); D. printf("%d", "Hello World!");

4. 在使用 printf() 函数输出浮点数时，如果希望保留两位小数，正确的格式符是（ ）。

A. %f B. %.2f C. %2f D. %d

5. 若要输出一个字符变量 ch 的值，以下语句中正确的是（ ）。

A. printf("%c", ch); B. printf("%d", ch);
C. printf("%s", ch); D. printf("%f", ch);

6. 若要接收一个整数和一个小数，并分别存储在 int x 和 double y 中，以下语句中正确的是（ ）。

A. scanf("%d%f", x, y); B. scanf("%d%lf", &x, &y);
C. scanf("%d%f", &x, &y); D. scanf("%lf%d", &x, &y);

7. 以下对 printf()函数的说法中，正确的是（ ）。

A. 可以一次输出多个数据
B. 不可以一次输出多个数据
C. 只能输出一个数据
D. 必须使用多个 printf()函数一次输出多个数据

四、编程题

1. 求圆的面积：编写一个程序，根据用户输入的圆的半径，计算并输出圆的面积。

2. 编写一个程序，根据用户输入的两个数，计算并输出这两个数的和。

3. 计算 BMI 指数：编写一个程序，要求用户输入身高（米）和体重（千克），然后计算并输出用户的 BMI 指数。

$$BMI = 体重/（身高 \times 身高）$$

4. 要求用户输入出生年份，然后计算并输出用户的年龄。

5. 从键盘输入一个三位数 153，获取其个位、十位和百位的值。

第4章 选择结构

选择结构是C程序设计的三大基本结构之一。使用选择结构可以方便、有效地解决生活中的很多问题，如学生考试不及格需要补考等。

选择结构需要判断给定的条件，并且根据判断条件的真假来控制程序的流程。使用选择结构语句时，通常使用条件表达式来描述判断条件。条件表达式通常是关系表达式和逻辑表达式。因此，本章将先介绍关系运算和逻辑运算。

本章重点内容如下。

- 关系运算及关系表达式。
- 逻辑运算及逻辑表达式。
- 分支结构语句。

4.1 关系运算

4.1.1 C语言的逻辑值

关系表达式和逻辑表达式的运算结果都会得到一个逻辑值。逻辑值只有两个，分别用“真”和“假”来表示。在C语言中，没有专门的“逻辑值”，而是用非0表示“真”，用0表示“假”。因此，对于任意一个表达式，若其值为0，则代表一个“假”值；若其值为非0，则无论是正数还是负数，都代表一个“真”值。在输出逻辑值时，一般用“1”表示“真”，用“0”表示“假”。

4.1.2 关系运算符

在程序中经常需要比较两个量的大小，以决定程序下一步的流程。比较两个量的运算符称为关系运算符。C语言中六种关系运算符如表4-1所示。

表4-1 C语言中六种关系运算符

运算符	名称	示例	功能
<	小于	a<b	当a小于b时，返回真；否则返回假
<=	小于等于	a<=b	当a小于或等于b时，返回真；否则返回假
>	大于	a>b	当a大于b时，返回真；否则返回假
>=	大于等于	a>=b	当a大于或等于b时，返回真；否则返回假
==	等于	a==b	当a等于b时，返回真；否则返回假
!=	不等于	a!=b	当a不等于b时，返回真；否则返回假

关系运算符是双目运算符，具有自左至右的结合性。关系运算符的优先级低于算术运算符，高于赋值运算符。在六种关系运算符中，<、<=、>、>=的优先级相同并且高

于==和!=的优先级。例如，有定义“int a=3, b=2, c=1;”，则

```
a<b+c          //等价于 a<(b+c)（关系运算符的优先级低于算术运算符）
a==b==c        //等价于(a==b)==c（关系运算符具有自左至右的结合性）
f=a>b          //等价于 f=(a>b)（关系运算符的优先级高于赋值运算符）
a>b==c         //等价于(a>b)==c（大于运算符的优先级高于等于运算符）
```

4.1.3 关系表达式

用关系运算符将两个表达式连接起来的式子称为关系表达式。关系表达式的一般形式如下：

```
表达式 关系运算符 表达式
```

例如：

```
int x=2; double y=1.25;
x!=y;          //表达式成立，值为 1
x==0 ;         //表达式不成立，值为 0
x++>=3;        //表达式不成立，值为 0
y+10<y*10;     //表达式成立，值为 1
'a'>'b';       //表达式不成立，值为 0
```

关系表达式中的表达式也可以是关系表达式，从而构成关系表达式的嵌套。

例如，a>(b>c)、a!=(c==d)等都是合法的关系表达式。

【例 4.1】 写出以下程序的运行结果。

【程序代码】

```
#include <stdio.h>
int main()
{
    int x=2, y=3, z;
    z=3-1>=x+1<=y+2;
    printf("z=%d\n",z);
    return 0;
}
```

【运行结果】

```
z=1
请按任意键继续. . .
```

【程序分析】

对于表达式 z=3-1>=x+1<=y+2，先计算其中的算术表达式，得到 z=2>=3<=5。由于赋值运算符的运算级别很低，因此先计算关系表达式 2>=3<=5，关系运算的顺序是自左至右，先计算 2>=3，结果为 0，用 0 替代 2>=3，即计算 0<=5，显然结果为 1，最后将 1 赋给变量 z。

【例 4.2】 写出以下程序的运行结果。

【程序代码】

```
#include <stdio.h>
int main()
{
    char c='k';
```

```
    printf("%d,%d\n",c>0,c+2=='m');
    printf("%d,%d\n",c<100,c-'K');
    return 0;
}
```

【运行结果】

```
1,1
0,32
请按任意键继续. . .
```

【程序分析】

字符数据按 ASCII 值的大小进行比较，c 的值为'k'，它的 ASCII 值为 107，大于 0，结果为 1。c+2 的值为 109，'m'的 ASCII 值为 109，表达式 c+2=='m'成立，值为 1。'k'的 ASCII 值为 107，不小于 100，表达式 c<100 的值为 0。'K'的 ASCII 值为 75，c−'K'等于 32，小写英文字母与大写英文字母之间的 ASCII 值均相差 32。

【例 4.3】 实数之间进行比较。

【程序代码】

```
#include "stdio.h"
int main()
{
    float a;a=0.667;
    printf("%d\n",a*100-65.7==1.0);
    return 0;
}
```

【运行结果】

```
0
请按任意键继续. . .
```

【程序分析】

按道理 0.667×100=66.7，66.7−65.7 等于 1，1 与 1.0 是相等的，可结果显示 0，表示 a×100−65.7 的结果不等于 1，为什么呢？这是因为实数在内存中存放位数受限，不能完全表示出小数点后所有的数据，会有一定的误差，所以很难比较它们是否相等。对实数进行大于或小于的比较不会出错，但应避免对实数进行相等或不相等的判断。若一定要进行比较，则可以用它们的差的绝对值与一个很小的误差值（如 10^{-6}）相比，若小于此数，则认为它们是相等的。

【例 4.4】 写出以下程序的运行结果。

【程序代码】

```
#include "stdio.h"
int main()
{
    int x=4;
    printf("%d\n",5>x>3);
    printf("%d\n",x=7);
    printf("%d\n",x==7);
```

```
        return 0;
    }
```

【运行结果】

```
0
7
1
请按任意键继续. . .
```

【程序分析】

关系表达式 5>x>3，先进行 5 与 x 的比较，结果为 1，再进行 1 与 3 的比较，结果为 0。它与数学表达式不同，数学表达式 5>x>3，表示 x 的值大于 3 并且小于 5。在 C 语言中要表示“x 的值大于 3 并且小于 5”，必须用逻辑表达式“x>3&&x<5”来表示。当一个表达式中含有多个关系运算符时，一定要注意它与数学表达式的区别。这种关系表达式应该按照 C 语言的语法来计算，不能与数学中的不等式混为一谈。注意区分“=”与“==”。第二条 printf 语句中的 x=7 是对 x 重新赋值 7，因此输出的结果为 7。第三条 printf 语句中的 x==7，是把 x 与 7 进行是否相等的比较，因此输出的结果为 1。

4.2 逻辑运算

4.2.1 逻辑运算符

在程序设计中，有时要求一些条件同时成立，有时要求其中一个条件成立即可，这就要用到逻辑运算符。逻辑运算符用于逻辑运算，C 语言中有三种逻辑运算符：“与”运算符&&、“或”运算符||和“非”运算符!。

表 4-2 所示为 C 语言中的逻辑运算符及其含义。

表 4-2 C 语言中的逻辑运算符及其含义

运算符	名称	示例	功能
&&	“与”运算符	a && b	当 a 和 b 同时为真时，运算结果才为真；否则为假
||	“或”运算符	a || b	当 a 和 b 有一个为真时，运算结果为真；同时为假时结果为假
!	“非”运算符	!a	当 a 为真时，运算结果为假；当 a 为假时，运算结果为真

【说明】&&和||均为双目运算符，具有左结合性。!为单目运算符，具有右结合性。逻辑运算符优先级：!的优先级高于算术运算符；&&和||的优先级低于算术运算符和关系运算符，但是高于赋值运算符。例如，按照运算符的优先顺序可以得出以下结论：

```
a>b&&c>d              //等价于(a>b)&&(c>d)
b>!b==c||d<a          //等价于((!b)==c)||(d<a)
c>a+b>c&&x+y<b        //等价于((a+b)>c)&&((x+y)<b)
```

4.2.2 逻辑表达式

用逻辑运算符将两个关系表达式连接起来就得到一个逻辑表达式。逻辑表达式的一般形式如下：

```
表达式 逻辑运算符 表达式
```

例如，(x>0)&&(x<=100)的结果只能为 1 或 0。逻辑表达式中的表达式也可以是逻辑表达式，从而构成了逻辑表达式的嵌套。

【说明】当编译系统在表示逻辑运算结果时，以数值 1 表示“真”，以 0 表示“假”。但在判断一个量是否为“真”时，以 0 表示“假”，以非 0 表示“真”。注意是将所有非 0 的数值认作“真”。

【例 4.5】 写出下列程序的运行结果。

【程序代码】

```
#include <stdio.h>
int main()
{
    int a=21,b=5,x=12,y=1;
    printf("%d\n", a>b&&x>y);
    printf("%d\n", a==b||x==y);
    printf("%d\n",!a||a>b);
    printf("%d\n",'a'&&3);
    return 0;
}
```

【运行结果】

```
1
0
1
1
请按任意键继续. . .
```

【程序分析】

第一条 printf 语句中，a>b 的值为 1，x>y 的值也为 1，1&&1 的结果为 1。第二条 printf 语句中，a==b 的值为 0，x==y 的值也为 0，0||0 的结果为 0。第三条 printf 语句中，a 的值非 0，!a 的值为 0，a>b 的值为 1，0||1 的结果为 1。第四条 printf 语句中，'a'的值非 0，即为 1，数值 3 也非 0，即为 1，1&&1 的结果为 1。

4.2.3 逻辑表达式短路求值

逻辑运算符的短路求值(short-circuit evaluation)是一种计算逻辑表达式的优化技术。在某些情况下，当已经能够确定整个表达式的结果时，剩余的部分就不必再进行计算了。这种技术在 C 语言中通过逻辑运算符&&和||来实现。

短路求值的基本规则如下。

1）逻辑与（&&）的情况。

当第一个操作数为 false 时，整个表达式的结果就是 false，因此第二个操作数不必计算。

当第一个操作数为 true 时，才需要计算第二个操作数来确定整个表达式的结果。

2）逻辑或（||）的情况。

当第一个操作数为 true 时，整个表达式的结果就是 true，因此第二个操作数不必计算。

当第一个操作数为 false 时，才需要计算第二个操作数来确定整个表达式的结果。

4.3 if语句

4.3.1 单分支 if 语句

单分支 if 语句的一般形式如下：

```
if(表达式)语句;
```

用法解析：若“表达式”值为真，则执行“语句”；否则，跳过“语句”。

图 4-1 给出了单分支 if 语句的流程图。

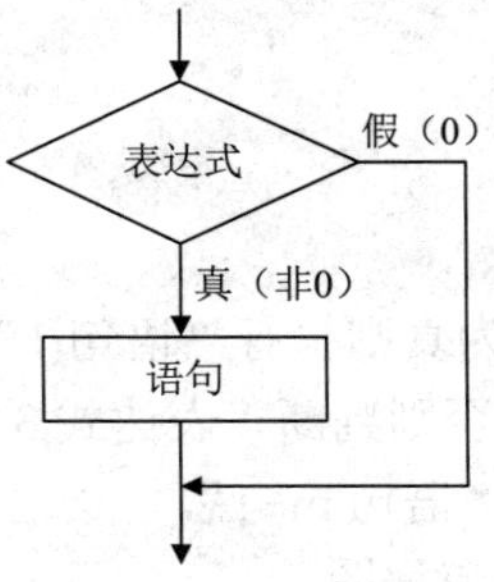

图 4-1 单分支 if 语句的流程图

例如：

```
if(x>y)printf("%d\n",x);
```

4.3.2 双分支 if 语句

双分支 if 语句的一般形式如下：

```
if(表达式)
    语句 1;
else
    语句 2;
```

用法解析：若“表达式”值为真，则执行“语句 1”；否则，执行“语句 2”。

图 4.2 给出了双分支 if 语句的流程图。

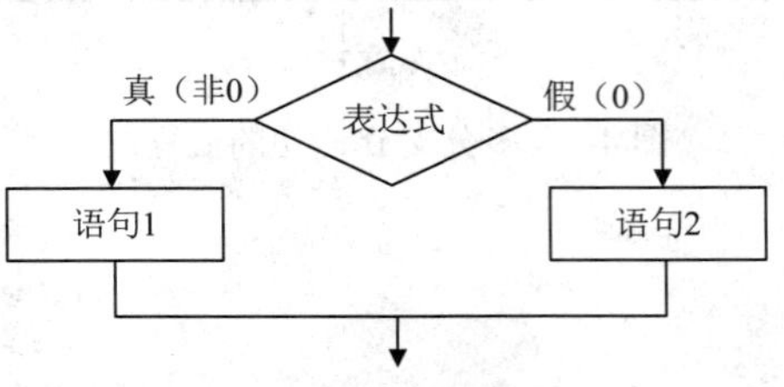

图 4-2 双分支 if 语句的流程图

例如：

```
if(x>y)
    printf("%d\n",x);
```

```
    else
        printf("%d\n",y);
```

4.3.3 多分支 if 语句

多分支 if 语句的一般形式如下：

```
if(表达式 1)
    语句 1
else if(表达式 2)
    语句 2
else if(表达式 3)
    语句 3
    …
else if(表达式 m)
    语句 m
else
    语句 m+1;
```

用法解析：若“表达式 1”值为真则执行“语句 1”，否则判断“表示式 2”；若“表达式 2”值为真则执行“语句 2”，否则判断“表达式 3”；以此类推，若“表达式 m”值为真则执行“语句 m”，否则执行“语句 m+1”。

图 4-3 给出了多分支 if 语句的流程图。

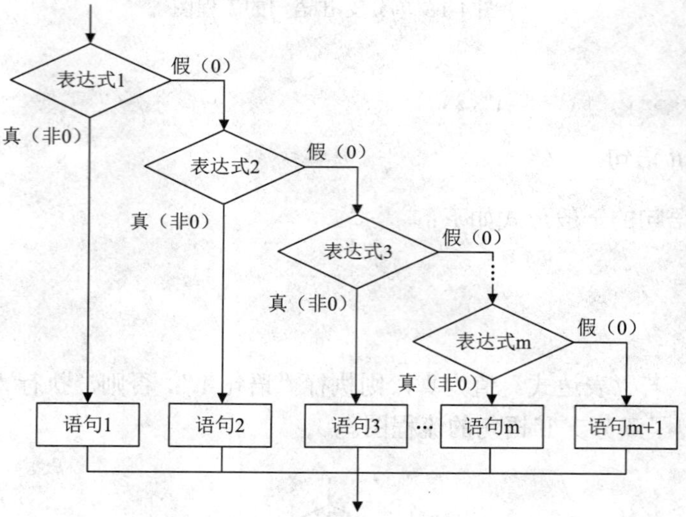

图 4-3 多分支 if 语句的流程图

例如：

```
if(x>5000)
    y=0.3;
else if(x>3000)
    y=0.2;
else if(x>1000)
    y=0.1;
else
    y=0
```

【说明】

1）三种用法的 if 语句均由一个入口进入，经过对“表达式”的判断，分别执行相应的语句，最后归到一个共同的出口。

2）三种用法的 if 语句中，if 后面都有一个用括号括起来的表达式，它是程序编写者要求程序判断的“条件”，一般是逻辑表达式或关系表达式。

3）在 if 和 else 后面可以只含一个内嵌的操作语句（此时可以省略花括号），也可以有多个操作语句，此时必须用花括号将几个语句括起来成为一个复合语句。

4.4 switch 语句

switch 语句是多分支选择语句，用来实现多分支选择结构。它的一般形式如下：

```
switch(表达式)
{
    case 常量表达式 1:语句 1;
    case 常量表达式 2:语句 2;
    ...
    case 常量表达式 n:语句 n;
    default:语句 n+1;
}
```

例如，要求按照四季拼音首字母打印出四季的英文单词，就可以用 switch 语句实现。

```
switch(season)
{
    case 'c': printf("Spring\n");
    case 'x': printf("Summer\n");
    case 'q': printf("Autumn\n");
    case 'd': printf("Winter\n");
    default: printf("Error\n");
}
```

【说明】

1）switch 后面括号内的“表达式”允许为任何类型。

2）当 switch 表达式的值与某一个 case 子句中的常量表达式的值相匹配时，就执行此 case 子句中的内嵌语句，若所有的 case 子句中的常量表达式的值都不能与 switch 表达式的值匹配，就执行 default 子句的内嵌语句。

3）每一个 case 表达式的值必须互不相同，否则就会出现互相矛盾的现象（对表达式的同一个值，有两种或多种执行方案）。

4）各个 case 和 default 的出现次序不影响执行结果。例如，可以先出现“default: ...”，再出现“case 'd': ...”，然后是“case 'q': ...”。

5）执行完一个 case 子句后，流程控制转移到下一个 case 子句处继续执行。“case 常量表达式”只是起语句标号作用，并不是在该处进行条件判断。在执行 switch 语句时，根据 switch 表达式的值找到与之匹配的 case 子句，就从此 case 子句开始执行下去，不再进行判断。例如，上面的例子中，若 season 的值等于'c'，则将输出：

```
Spring
Summer
Autumn
Winter
Error
```

因此，应该在执行一个 case 子句后，使流程跳出 switch 结构，即终止 switch 语句的执行。这可以使用 break 语句实现。可以将上面的 switch 结构改写如下：

```
switch(season)
{
    case 'c': printf("Spring\n");break;
    case 'x': printf("Summer\n");break;
    case 'q': printf("Autumn\n");break;
    case 'd': printf("Winter\n");break;
    default: printf("Error\n");break;
}
```

最后一个子句（default）可以不加 break 语句。如果 season 的值为'x'，则只输出"Summer"。在 case 子句中虽然包含一个以上执行语句，但可以不用花括号括起来，程序会自动顺序执行本 case 子句中所有的执行语句。

6）多个 case 子句可以共用一组执行语句，如下所示：

```
case 'c':
case 'x':
case 'q':
case 'd':
case 's': printf("season\n");break;
```

当 season 的值为'c'、'x'、'q'或'd'时都执行同一组语句。

4.5 选择结构案例

【案例 4.1】 输入三个整数，判断其中最大者并输出。

【程序代码】

```
#include <stdio.h>
int main()
{
    int a,b,c,max;
    printf("please enter a,b,c: ");
    scanf("%d %d %d",&a,&b,&c);
    if(a>b&&a>c)
        max=a;
    else if(b>c&&b>a)
        max=b;
    else
        max=c;
    printf("max=%d\n",max);
}
```

【运行结果】

```
please enter a,b,c: 3 6 8
max=8
请按任意键继续. . .
```

【程序分析】

略。

【案例 4.2】 判断闰年。

闰年是历法中的名词。地球绕太阳运行的周期为 365 天 5 小时 48 分 46 秒(365.24219 天)，也称为一回归年。平年只有 365 天，比回归年少约 0.2422 天，少的 0.2422 天每 4 年累积为一天，在制定历法时，就将这累积的一天添加到第 4 年的 2 月中，因此闰年的 2 月有 29 天，闰年有 366 天。

按照每 4 年有一个闰年计算，平均每年多算约 0.0078 天，经过 400 年就会多出大约 3 天，因此，每 400 年中要减少 3 个闰年，归结起来就是四年一闰，百年不闰，四百年再闰。它的含义如下所示。普通年份：能被 4 整除，但不能被 100 整除，该年为闰年，如 2004 年就是闰年。世纪年份：能被 400 整除，该年为闰年，如 2000 年为闰年，1900 年不是闰年。闰年的计算方式凝结了古人的智慧。

本案例要求编写程序，判断某一年是否为闰年。具体要求如下。

1）从键盘输入一个年份。

2）判断输入的年份是否为闰年，如果是闰年，则输出该年是闰年，否则输出该年不是闰年。

在程序中定义 int 型变量 year，对变量 year 进行以下条件判断。

1）year%4==0&&year%100!=0。

2）year%400==0。若上述两个条件中有一个或两个成立，则 year 表示的年份就是闰年。

【程序代码】

```
#include <stdio.h>
int main()
{
    int year;
    printf("请输入年份：");
    scanf("%d", &year);
    if ((year%4==0&&year%100!=0)||(year%400==0))
    {
        printf("%d 年是闰年\n", year);
    }
    else
    {
        printf("%d 年不是闰年\n", year);
    }
    return 0;
}
```

【运行结果】

```
请输入年份: 2024
2024 年是闰年
请按任意键继续. . .
```

【程序分析】

略。

【案例 4.3】 安全生产。安全生产是我国的一项基本国策，是党和国家在生产建设中一贯坚持的指导思想。对个人来说，安全是最重要、最基本的需求之一，是人的生命与健康的基本保证。对企业来说，安全生产是企业发展的重要保障，是生产经营中需要贯彻的一个重要理念。企业是社会大家庭中的一部分，只有抓好安全生产，才能维持大环境的稳定，进而为企业创造良好的发展环境。

在本案例中，要求为企业编写一个安全监控程序，企业的安全级别系数有 4 个，用 1～4 表示（1：正常；2：警告；3：危险；4：立即停产）。

当程序监测到 1 或 2 时，在屏幕上输出相应信息；当程序监测到 3 时，在屏幕上输出危险信息，并提示工作人员查看；当程序监测到 4 时，自动切断机器的运行，并在屏幕上提示"危险操作!!! 已自动停产"。

【解题思路】

本案例需要根据条件判断结果，输出相应信息，可以使用学习过的 if...else if 语句实现，但当条件过多时，使用 if...else if 语句编写的代码过长，不利于阅读。除了上述语句外，C 语言还提供了另一种选择语句——switch 语句。switch 语句适用于数字或字符的判断，使用 switch 语句完成本案例更合适。

【程序代码】

```c
#include <stdio.h>
int main()
{
    int num;
    printf("请输入安全级别系数: ");
    scanf("%d", &num);
    switch (num)
    {
        case 1:
            printf("生产安全\n");break;
        case 2:
            printf("警告! 请检修设备\n");break;
        case 3:
            printf("危险!! 请立即查看\n");break;
        case 4:
            printf("危险操作!!! 已自动停产\n");break;
        default:
            printf("监控到参数错误\n");break;
    }
    return 0;
}
```

【运行结果】

```
请输入安全级别系数: 4
危险操作! ! ! 已自动停产
请按任意键继续. . .
```

【程序分析】

“#include <stdio.h>”包含了标准输入输出库，允许使用 printf()和 scanf()函数。int main()定义了一个整型变量 num，用于存储用户输入的安全级别系数。使用 printf()函数提示用户输入安全级别系数。使用 scanf()函数从标准输入读取一个整数，并将其存储在 num 变量中。使用 switch 语句根据 num 的值选择执行不同的分支，每个 case 对应一个特定的安全级别系数，并输出相应的警告信息。如果 num 的值不是 1、2、3、4，则执行 default 分支，输出“监控到参数错误”。返回 0 表示程序正常结束。

功能描述：

当用户输入 1 时，程序会输出“生产安全”，表示当前环境是安全的。

当用户输入 2 时，程序会输出“警告！请检修设备”，提示用户需要对设备进行检查和维修。

当用户输入 3 时，程序会输出“危险!! 请立即查看”，表示存在较高的风险，需要立即采取行动。

当用户输入 4 时，程序会输出“危险操作!!! 已自动停产”，表示情况非常危急，系统已经自动停止生产以避免更大的损失。

如果用户输入的数字不在 1～4 之间，程序会输出“监控到参数错误”，提醒用户输入了无效的数据。

【案例 4.4】 录入一个百分制的成绩，编写程序输出其对应的等级。90 分及以上为 A，80～89 分为 B，70～79 分为 C，60～69 分为 D，60 分以下为 E。

【程序代码】

```
#include <stdio.h>
main()
{
    float score;char grade;
    printf("请输入学生成绩: ");
    scanf("%f",&score);
    while(score>100||score<0){
        printf("成绩输入有误,请重输: ");
        scanf("%f",&score);
    }
    switch((int)(score/10))
    {
        case 9:grade='A';break;
        case 8:grade='B';break;
        case 7:grade='C';break;
        case 6:grade='D';break;
```

```
            case 0:grade='E';break;
        }
        printf("成绩是 %f,相应的等级是 %c\n",score,grade);
    }
```

【运行结果】

```
请输入学生成绩: 96.5
成绩是 96.500000,相应的等级是 A
请按任意键继续. . .
```

【程序分析】

用户输入一个成绩（浮点数），程序会先检查这个成绩是否在 0～100 之间。如果不在这个范围内，程序会提示用户重新输入，直到输入一个有效的成绩。

根据成绩的整数部分（成绩除以 10 并取整），程序会将成绩分为以下几个等级。

成绩在 90～100 分之间，等级为 A。

成绩在 80～89 分之间，等级为 B。

成绩在 70～79 分之间，等级为 C。

成绩在 60～69 分之间，等级为 D。

成绩在 0～59 分之间，等级为 E。

本章小结

本章介绍了关系、逻辑运算符及其表达式。关系表达式和逻辑表达式的值均为 0 和 1，因此它们也可以作为操作数参与运算。

选择语句又被称为“分支语句”，主要包括 if 语句和 switch 语句。if 语句又分为单分支 if 语句、双分支 if 语句和多分支 if 语句。if 语句一般用于区间选择的情况，switch 语句一般用于有限选择的情况。在学习 switch 语句时要注意 break 语句的使用。

if 语句和 switch 语句还可以互相嵌套。当出现嵌套时，要注意 if 和 else 的匹配问题。else 总是与在它之前的、离它最近的、还没匹配过的、在同一个语句块的 if 匹配。当出现多个 switch 语句嵌套时，要注意 break 语句只能跳出它所在的 switch 语句。

习　　题

一、填空题

1. 在 C 语言中，________语句用于基于单一条件执行代码块。

2. 当需要根据多个条件执行不同的代码块时，可以使用________语句。

3. 在一个 if 语句之后，可以附加一个________语句来定义当条件不满足时要执行的代码块。

4. switch 语句中的每一个可能的值对应一个________子句。

5. 如果 switch 语句中的表达式没有匹配到任何 case，那么程序将执行________子句中的代码（如果有定义的话）。

6. 通常情况下使用________语句来跳出 switch 语句。

7. 对于 if (a>10||b<5) 这个条件表达式，只要 a>10 或者 b<5 其中一个条件为________，整个表达式就为真。

8. 在 switch 语句中，每个 case 常量表达式的值必须是________，并且不能重复。

9. if 条件语句分为三种语法格式，分别是________、________和________。

10. 假设 int x = 2，三元表达式 x>0?x+1:5 的运算结果是________。

二、判断题

1. 在 C 语言中，if 语句后的条件表达式必须用括号括起来，否则会产生语法错误。（　　）

2. 在一个 switch 语句中，case 后面的值可以是变量。（　　）

3. 在 C 语言的 if ... else 语句中，else 总是与离它最近的 if 相匹配。（　　）

4. 在 C 语言的 switch 语句中，default 分支是必须的。（　　）

5. 只要 if 语句中的条件表达式计算结果为非零，就会执行 if 后面的代码块。（　　）

三、选择题

1. 以下判断结构中，正确的是（　　）。

A．if(i==0)　　B．if(i=0)　　C．if i==0　　D．if i=0

2. 下列表达式中，结果返回错误的是（　　）。

A．!(3<=1)　　B．(4>=4) && (5<=2)

C．("a"=="a") && ("c"!="d")　　D．(2<3)||(3<2)

3. 若有以下程序：

```
#include <stdio.h>
main()
{
    int a=1,b=2,c=3,d=4;
    if((a=2)&&(b=1)) c=2;
    if((c==3)||(d=-1)) a=5;
    printf("%d,%d,%d,%d\n",a,b,c,d);
}
```

则程序的输出结果是（　　）。

A．2,2,2,4　　B．5,1,2,−1　　C．1,2,3,4　　D．2,1,2,−1

4. 如果需要在满足某个条件时执行一段代码，在不满足该条件时执行另一段代码，应该使用关键字（　　）。

A. if...else　　B. if...else if　　C. switch...case　　D. for

5. 下面的代码段的输出结果是（　　）。

```
int x=10;
if (x>5)
    printf("x is greater than 5.");
else
    printf("x is not greater than 5.");
```

A. x is greater than 5. B. x is not greater than 5.

C. ERROR D. 4

6. C语言中的switch语句用来（　　）。

A. 进行条件判断 B. 循环执行一段代码

C. 执行多个条件分支之一 D. 声明变量

7. 在switch语句中，用来处理不匹配任何case的情况的关键字是（　　）。

A. break B. continue C. default D. return

8. 以下代码将会输出（　　）。

```
int y=2;
switch(y) {
    case 1:
        printf("One");
        break;
    case 2:
        printf("Two");
        break;
    default:
        printf("Default");
}
```

A. One B. Two C. Default D. Error

9. 在C语言中，如果一个布尔表达式的结果为非零值，则它会被解释为（　　）。

A. false B. true C. undefined D. Error

四、编程题

1. 简单计算器。编写一个程序，输入两个数字和一个运算符（+、-、*、/），然后计算并输出结果。

2. 编写一个程序，让用户选择是将摄氏度转换为华氏度还是相反，然后根据用户的选择输入相应的温度值并进行转换。

摄氏度转华氏度公式：$\frac{t_F}{℉}=\frac{9t}{5℃}+32$，其中$t_F$表示华氏温度，t表示摄氏温度。

华氏度转摄氏度公式：$\frac{t}{℃}=\frac{5}{9}\left(\frac{t_F}{℉}-32\right)$。

3. 编写一个程序，输入一个1～7之间的数字，输出对应的星期几的文字表示。

1: Monday，2: Tuesday，3: Wednesday，4: Thursday，5: Friday，6: Saturday，7: Sunday。

4. 求最大数。编写一个程序，输入三个整数，找出其中的最大值。

5. 计算折扣。编写一个程序，根据购买的商品总价来计算折扣。规则如下：

总价小于等于100元，无折扣；总价大于100元但小于等于300元，打9折；总价大于300元，打8折。

第 5 章　循 环 结 构

重复执行某个操作的过程称为“循环”。用户可以使用循环告诉程序重复执行某些语句。本章主要介绍循环结构的构成、循环结构要素和 while、do...while 与 for 循环语句，break 与 continue 控制语句，嵌套循环等。

本章重点内容如下。

- 循环结构。
- 循环结构的要素。
- 三种典型循环结构语句。
- 循环结构举例。

5.1　while 语句

在人们的日常生活中，重复行为是一种常见的现象。比如为了记住一首诗，人们会不断朗诵；为了提升英语听力水平，人们会反复聆听同一段材料；甚至在玩电子游戏时，玩家也会不断重复特定的操作，直至任务成功。同样地，在编程领域，当遇到需要多次执行相同代码段的需求时，也会采用一种特殊的控制结构——循环结构。

循环结构的核心在于它定义了两大部分：一是要重复执行的代码块，也就是所谓的“循环体”；二是决定循环是否继续进行的条件，即“循环条件”。以一个具体的例子来说，如果目标是让一段视频连续播放 10 次，那么这里的循环体就是播放视频的动作，而循环条件则是播放次数未达到 10 次。

在 C 语言中，实现这种循环功能的语句设计得非常巧妙，能够清晰地表达上述两个核心组成部分。这意味着，一旦程序员确定了哪些逻辑需要通过循环来实现，以及这些循环应遵循的具体条件，就可以利用 C 语言编写出实际的代码。C 语言提供了三种常用的循环语句来帮助开发者实现这一目标：while 循环、do...while 循环和 for 循环。每种循环都有其独特的使用场景和优势，但它们共同的目标都是使代码能够根据预设的条件自动、高效地重复执行指定的任务。因此，掌握如何正确地运用循环结构，对于任何希望编写高效、可维护代码的程序员来说，都是至关重要的。

首先介绍 while 语句。

while 语句的一般形式如下：

```
while(表达式) 语句
```

循环结构里的表达式决定了循环是否继续执行，而紧随表达式之后的部分则被称为循环体。循环体可以是单一的简单语句、空语句、复合语句，也可以是流程控制语句。当循环体由多个语句组成时，必须使用{}将其封装成一个复合语句，以确保这些语句作为一个整体被执行。这样不仅可以增强代码的可读性和结构化程度，而且保证了循环逻辑的准确性。

while 语句的语法很简单，循环体只写一次，但是会被多次执行。读者可以通过 while 循环流程图（图 5-1）进一步加深对循环结构的理解，便于后续编程。

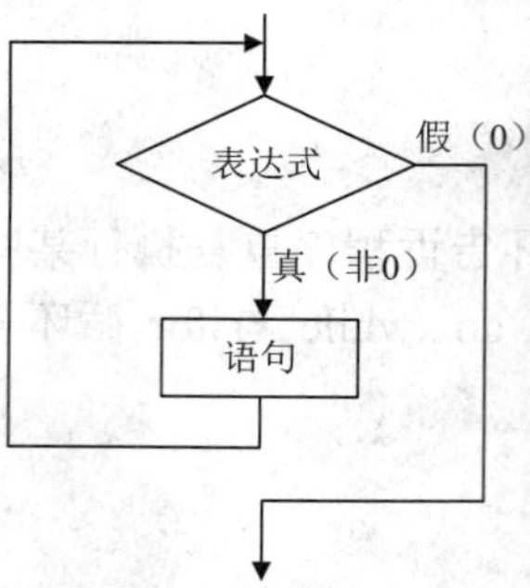

图 5-1　while 循环流程图

由图 5-1 可知，while 循环语句的特点是先计算表达式的值，再决定是否执行循环体语句。表达式取值有可能为假（0），此时循环语句一次也不执行。当循环语句执行完一次后，程序运行流程会返回表达式，再次计算表达式的值，然后执行循环语句，形成一个不断重复的通道，这就是循环。下面将通过一些示例，学习怎么用 while 语句进行循环结构程序设计。

【例 5.1】 某班有 30 名学生，统计每名学生三门课的平均成绩并输出。

分析：这个任务中存在需要重复执行的语句，可以用循环结构来实现。先将第一名学生的三门课成绩输入到变量 s1、s2、s3 中，计算平均成绩并保存到变量 aver 中，然后输出。实现语句如下：

```
scanf("%f,%f,%f",&s1,&s2,&s3);
aver=(s1+s2+s3)/3;
printf("aver=%7.2f",aver);
```

接着输入第二名学生的三门课成绩，计算平均成绩然后输出，也使用这三条语句，以此类推。这样就找到了重复执行的语句，就是以上这三条语句。

循环控制分析：循环过程要有令其结束的条件，否则就是无限循环。由于该班有 30 名学生，这里可以引入一个计数器，每计算一名学生的平均成绩就计数一次。计数器用一个变量来实现，假设计数器变量名为 i，它的起始值可以设为 1，每执行一次循环就加 1，即要执行 i=i+1 操作，当 i 的值超过 30 时，循环结束，那么 i<=30 这个表达式就是循环继续的条件。由于上述原因，循环语句中会增加一条语句“i++;”，也就是依次计数，这样每执行一次循环，i 的值就会递增 1，i 的值会逐渐接近 30，继而超过 30，最后结束循环。

用计数器来控制循环结构的方法，在涉及已知重复执行次数的循环设计中会经常用到，必须掌握。

算法分析完后，画出程序流程图，如图 5-2 所示，然后根据流程图编程。

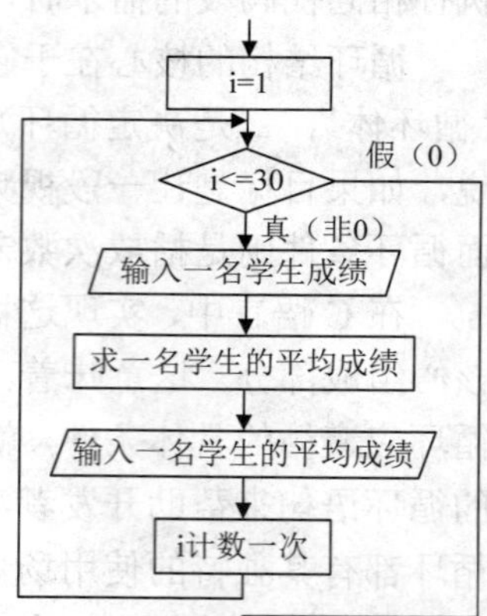

图 5-2　例 5.1 程序流程图

【程序代码】

```
#include <stdio.h>
int main()
{
    int i=1;
    float aver,s1,s2,s3;
    while(i<=30)
    {
        printf("输入第%d 名学生的成绩:\n",i);
```

```
        printf("语文:");
        scanf("%f",&s1);
        printf("数学:");
        scanf("%f",&s2);
        printf("外语:");
        scanf("%f",&s3);
        aver=(s1+s2+s3)/3;
        printf("三门课平均成绩:%f\n",aver);
        i++;
    }
        return 0;
}
```

【运行结果】

略。

【例 5.2】 求 1+2+3+…+100 的和。

分析：这是一个求多项式和的例子，需要反复进行加法运算。加法运算涉及两个对象：加数与和。传统的思路是："加数 1+加数 2=和"，和与加数之间没有后续联系。本例中有多个加数，需要一步步累加运算，因此会产生中间结果，就是中间和，加法运算可以看成"中间和+加数=新的中间和"。

变量是用来保存数据的存储单元，这里设保存中间和的变量为 sum，保存加数的变量为 i，则这两条重复语句可以写作：

```
sum=sum+i;  /*中间和加上加数后，仍保存到中间和变量中，用新值取代旧值。sum 的初
              值为 0*/
i++;        //用旧的加数进行运算后得到新的加数，这就是迭代。加数的初值为 1
```

这里请注意 C 语言的表达式和传统数学表达式的区别。用变量来保存数据以备后用，用赋值语句完成数据的写入，这样后面就可以用这些变量代替数据参与数据处理了，这是编程计算和人为计算的区别之一。

循环控制分析：以上两条语句要重复执行 100 次，也就是加数不能超过 100，也可以理解为加数从 1 变化到 100。用加数的变化范围作为循环控制的条件，即 i<=100。例 5.2 的程序流程图如图 5-3 所示。

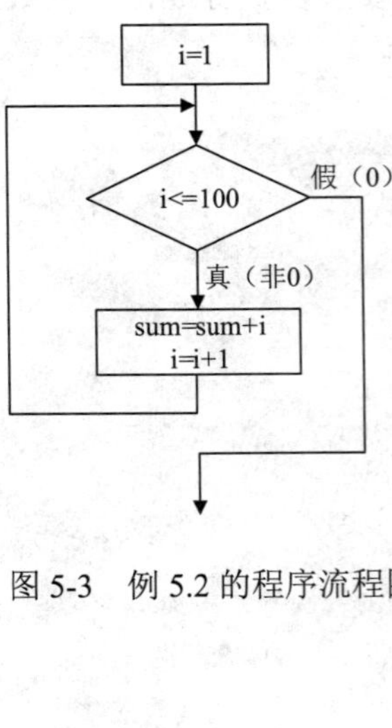

图 5-3　例 5.2 的程序流程图

【程序代码】

```
#include <stdio.h>
int main()
{
    int sum=0, i=1;
    while(i<=100)
    {
        sum+=i;    //sum=sum+i;
        i++;       //i=i+1;
    }
    printf("sum=%d\n",sum);
    return 0 ;
}
```

【运行结果】

```
sum=5050
请按任意键继续. . .
```

【程序分析】

这段代码的作用是计算 1～100 的所有自然数的和，并输出结果。它使用了一个 while 循环来迭代 1～100 的所有整数，并将它们累加到变量 sum 中。最后，使用 printf()函数输出计算结果。

在编程任务中若可以利用现成的数学公式，则直接用数学公式编程，效率更高。但是有些多项式求和任务不一定能简单地用数学公式完成，用刚才讲述的方法，有利于利用这个思路完成其他同类任务。

【例 5.3】 计算 $5!=1\times2\times3\times4\times5$。

分析：这是一个反复进行乘法运算的例子，可以仿照例 5.2 完成。本例重复语句如下：

```
新的中间积=中间积×乘数
乘数增 1
```

用变量 s 保存中间积，用变量 i 保存乘数，上述重复语句的 C 语言形式如下：

```
s=s*i;     //s 的初值为 1。从 s 的旧值推导出新值，该过程称为迭代
i++;       //i 的初值为 1
```

循环条件分析：这两条语句要重复执行 5 次，乘数正好从 1 变化到 5，用乘数的变化（i<=5）作为循环控制的条件。

【程序代码】

```
#include <stdio.h>
int main()
{
    int i=1, s=1;
    while(i<=5)
    {
        s=s*i;
        i++;
    }
    printf("5!=%d\n",s);
    return 0;
}
```

当然在进行程序设计时还要考虑很多东西，如程序适用面问题。上述程序只能求5!，如果求任意正整数的阶乘，那么该如何修改该程序呢？待求阶乘的数据在程序运行期间给出，设置一个变量 n 来保存它。改进的程序如下。

```
#include <stdio.h>
int main()
{
    int i=1, s=1,n;
    printf("Enter n:");
    scanf("%d",&n);
    while(i<=n)
    {
        s=s*i;
        i++;
    }
    printf("%d!=%d\n",n,s);
    return 0;
}
```

【运行结果】

```
Enter n:20
20!=-2102132736
请按任意键继续. . .
```

阶乘结果为负数的主要原因是存放乘积结果的变量被定义为 int 型，程序运行后的结果超过了 int 描述的范围。改进的程序如下：

```
#include <stdio.h>
int main()
{
    int i=1, n;
    double s=1;
    printf("Enter n:");
    scanf("%d",&n);
    while(i<=n)
    {
        s=s*i;
        i++;
    }
    printf("%d!=%.0f\n",n,s);
    return 0;
}
```

【运行结果】

```
Enter n:20
20!=2432902008176640000
请按任意键继续. . .
```

这次的执行结果正确。这个例子说明，进行程序设计时需要为变量选择合适的数据类型。

【例 5.4】 求多项式 $1+2^1+2^2+2^3+\cdots+2^{n-1}$ 的和。

上述求和问题来源于一个古老的数学问题：棋盘麦粒问题。在印度有一个古老的传说：舍罕国王打算奖赏国际象棋的发明人——宰相西萨·班·达依尔。国王问他想要什么，他对国王说："陛下，请您在这个棋盘的第 1 个小格里，赏给我 1 粒麦子，在第 2 个小格里赏给我 2 粒，在第 3 个小格里赏给我 4 粒，以后每个小格里都比前一个小格的麦子数多一倍。请您把摆满棋盘上所有 64 个小格的麦子都赏给我吧!"国王觉得这个要求太容易满足了，就下令给他这些麦子。当人们把一袋又一袋的麦子搬来开始计数时，国王才发现即使把全国的麦子都拿来，也满足不了这位宰相的要求。那么，宰相要求得到的麦子到底有多少呢?

分析：与例 5.2 相比，本例中的加数规律不是加 1，而是乘以 2。重复语句如下：

```
中间和=中间和+加数
加数=加数×2
```

用变量 sum 保存中间和，变量 a 保存加数，上述重复语句可以改写如下：

```
sum=sum+a;    //sum 的初值为 0
a=a*2;        //a 的初值为 1
```

循环控制分析：循环要进行 n 次，可以仿照例 5.1 中设置计数器的方法来控制循环过程，即设置某变量作为计数器，其取值 1～n。

例 5.4 的程序流程图如图 5-4 所示。

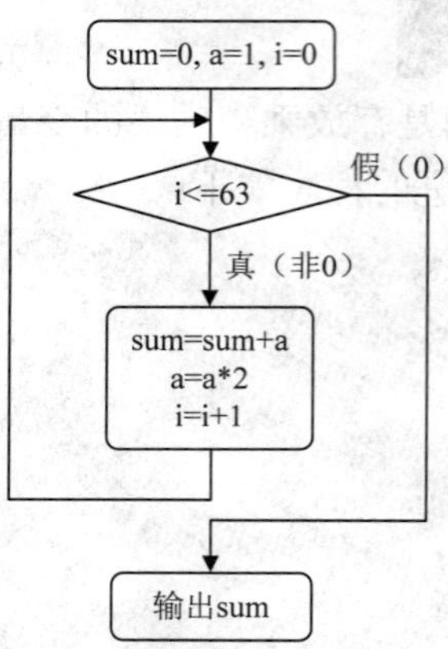

图 5-4　例 5.4 的程序流程图

【程序代码】

```
#include <stdio.h>
int main()
{
    int i=0, n=63;
    double sum=0, a=1;
    while(i<=n)
    {
        sum=sum+a;
        a=a*2;
        i=i+1;
    }
```

```
    printf("sum=%.0lf\n", sum);
    return 0 ;
}
```

【运行结果】

```
sum=18446744073709552000
请按任意键继续. . .
```

【程序分析】

略。

【例 5.5】 从键盘输入若干个字符，统计其中数字、字母和其他符号出现的次数。

从键盘输入一个字符（设保存到字符型变量 ch）有两种实现语句：

```
scanf("%c", &ch);
ch=getchar();
```

显然从键盘输入的若干字符目前只能边输入边计数，因为人们还没有学习一次保存多个字符。先申请三个变量（s1、s2、s3）分别用来保存数字、字母和其他符号的个数。对于每一个字符：若 ch>='0' && ch<='9'取值为真，ch 是数字，则 s1 计数；否则，若 ch>='a' && ch<='z'或者 ch>='A' && ch<='Z'取值为真，ch 是字母，则 s2 计数；否则 s3 计数。

循环控制分析：若输入的字符个数是已知的，如总数为 20，则可以用计数器来控制循环。

【程序代码】

```
#include <stdio.h>
int main()
{
    int i=1,s1,s2,s3 ;
    char ch;s1=s2=s3=0;
    while(i<=20)
    {
        scanf("%c", &ch); //也可以用 ch=getchar()
        if(ch>='0'&&ch<='9')
            s1++;
        else
          if(ch>='a'&&ch<='z'||ch>='A'&&ch<='Z')
              s2++;
          else
              s3++;
          i++;
    }
    printf(" 有%d 个数字\n",s1);
    printf(" 有%d 个字母\n",s2);
    printf(" 有%d 个其他符号\n",s3);
    return 0 ;
}
```

【运行结果】

```
A
V
C
1
2
3
Y
s
d
f
 有3 个数字
 有7 个字母
 有10 个其他符号
请按任意键继续. . .
```

【程序分析】

略。

5.2　do...while 语句

除了 while 语句，C 语言还提供了 do...while 语句来实现循环结构。其一般形式如下：

```
do
    {语句}
while(表达式);
```

其中，“语句”是循环体，“表达式”是循环继续的条件。

do...while 循环流程图如图 5-5 所示。

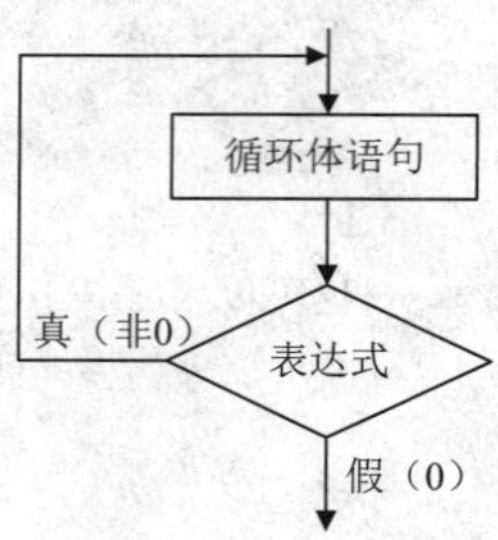

图 5-5　do...while 循环流程图

由图 5-5 可知，do...while 语句的执行特点是：先执行循环体语句，再计算表达式的值，若为真，则继续循环；若为假，则终止循环。因此，do...while 语句至少要执行一次循环体语句。

【例 5.6】 使用 do...while 语句改写例 5.2。

例 5.2 中的重复语句为“sum=sum+i; i++;”，循环继续的条件为“i<=100”。用 do...while 语句改写，需要把循环体语句放在前面，循环继续的条件放在后面。例 5.6 的程序流程图如图 5-6 所示。

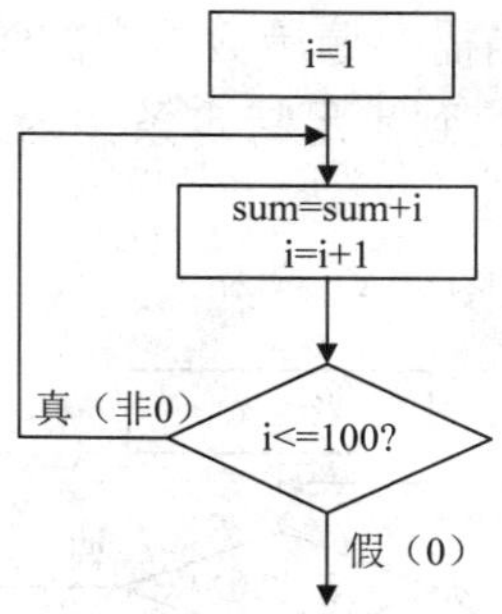

图 5-6 例 5.6 的程序流程图

【程序代码】

```
#include <stdio.h>
int main()
{
    int sum=0, i=1;
    do
    {
        sum+=i;    //等价于“sum=sum+i;”
        i++;       //等价于“i=i+1;”
    } while(i<=100);
    printf("sum=%d\n",sum);
    return 0 ;
}
```

【运行结果】

```
sum=5050
请按任意键继续. . .
```

通过上例可以发现，用 while 语句编写的程序，只需要将循环继续的条件和循环体语句交换位置，就可以改写成用 do...while 语句来实现。

5.3 for 语句

C 语言提供了多种方式来实现循环结构，其中包括 while 语句、do...while 语句及 for 语句。特别是 for 语句，因其灵活性和强大的功能而被广泛应用于循环次数已知或未知的场景中。for 语句的一般格式如下：

```
for(表达式 1;表达式 2;表达式 3)
    循环体语句
```

表达式 1（初始化表达式）：通常用于设置循环变量的初始值，该表达式仅在循环开始前执行一次。

表达式 2（循环条件）：在每次循环迭代前都会检查此条件，只有当条件为真时才会执行循环体。

表达式 3（更新表达式）：在每次循环体执行完毕后执行该表达式，通常用于更新循环变量的值。

for 语句非常适合用于需要精确控制循环次数的场合，同时也足够灵活，能够处理循环次数不确定的情况。例如，当需要遍历数组中的每个元素时，或者在不知道确切结束点的情况下持续执行某些操作直到满足特定条件为止时，for 语句都能提供简洁明了的解决方案。

图 5-7 所示为 for 语句的流程图。

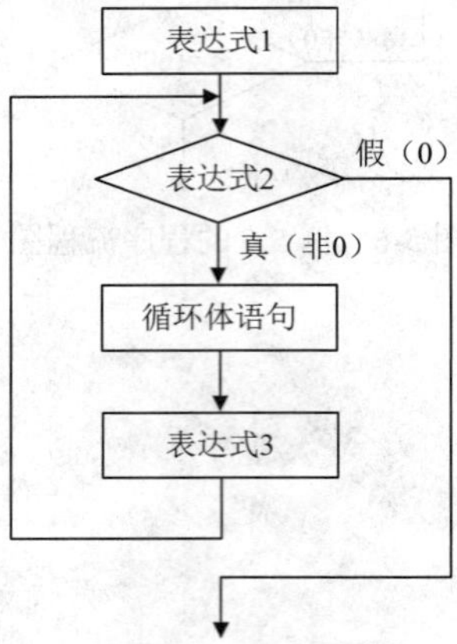

图 5-7　for 语句的流程图

【执行流程】

1）先求解表达式 1。

2）求解表达式 2，若其值为真（非 0），则执行循环体语句，然后进入步骤 3）；若其值为假（0），则结束循环，跳转到步骤 5）。

3）求解表达式 3。

4）跳转回步骤 2），继续从前向后执行 for 语句。

5）循环结束，执行 for 语句后面的语句。

表达式 1：只执行一次，用来对一个或多个变量设置初值。可以没有。

表达式 2：会被重复执行，用来作为 for 语句循环继续的条件。

表达式 3：也会被重复执行，是循环的调整器。

for 语句执行时，先计算表达式 2 的值，再决定是否需要继续循环，与 while 语句执行过程类似，只是表达式和循环体语句放在不同的位置书写而已。for 语句也会因为条件不满足，从而循环一次也不执行。

【例 5.7】 使用 for 语句改写例 5.2 中的 while 语句。

【程序代码】

```
#include <stdio.h>
int main()
{
    int sum=0,i;
    for(i=1;i<=100;i++)
        sum=sum+i;
    printf("sum=%d\n",sum);
    return 0;
}
```

表达式 1：“i=1”用来设置循环控制变量（在这里也作为加数）的初值。

表达式 2:“i<=100”是循环继续的条件。

表达式 3:“i++”用来改变循环控制变量(也是加数)的值。

三种循环语句可以互相改写。试对用三种循环语句实现求和任务的程序段进行比较。

- 用 while 语句实现。

```
i=1;
while(i<=n)
    sum+=i++;
```

- 用 do...while 语句实现。

```
i=1;
do
    {sum+=i++;}
while(i<=n);
```

- 用 for 语句实现。

```
for(i=1;i<=100;i++)
    sum=sum+i;
```

显然用 for 语句编写的循环结构更简单、容易阅读,便于从全局了解循环过程和执行次数。

【说明】

1)for 循环中的“表达式 1”“表达式 2”“表达式 3”都可以省略,但分号(;)不能省略。

2)若省略了“表达式 1”,则表示不在 for 语句中为循环控制变量赋初值。例如:

```
i=1;
for(;i<=100; i++)  //在 for 语句之前为循环变量赋初值
{
    sum=sum+i;
}
```

3)若省略了“表达式 2”,则不做其他处理,便成为无限循环。例如:

```
for(i=1; ;i++) sum=sum+i;
等价于
i=1;
while(1)
{
    sum=sum+i;
    i++;
}
```

4)若省略了“表达式 3”,则不在表达式 3 的位置对循环控制变量,这时可在循环体语句中加入修改循环控制变量的语句。例如:

```
for(i=1;i<=100;)
{
    sum=sum+i;
    i++;
}
```

5)若同时省略了“表达式 1”和“表达式 3”,则 for 语句就相当于 while 语句。例如:

```
i=1;
```

```
for( ;i<=100; )
    { sum=sum+i;i++;}
```

等价于

```
i=1;
while(i<=100)
{
    sum=sum+i;
    i++;
}
```

6）若 3 个表达式均省略，则 for 语句是无循环终止条件的循环。例如：

```
i=1;
for( ; ; )
{
    sum=sum+i;
    i++;
}
```

等价于

```
while(1)
{
    sum=sum+i;
    i++;
}
```

7）表达式 1 可以是设置循环变量初值的赋值表达式，也可以是其他表达式。例如：

```
i=1;
for(sum=0;i<=100;i++)
    sum=sum+i;
```

8）表达式 1 和表达式 3 可以是一个简单表达式，也可以是逗号表达式。特别是在有两个循环变量参与对循环控制的情况下，若表达式 1 和表达式 3 均为逗号表达式，则程序将显得非常清晰。例如：

```
    for(sum=0,i=1;i<=100;i++)
        sum=sum+i;
```

又如：

```
for(i=0,j=100;i<=100;i++,j--)
    k=i+j;
```

9）表达式 2 一般是关系表达式或逻辑表达式，但也可以是数值表达式或字符表达式，只要其值非 0，就执行循环体。例如：

```
for(i=0;(ch=getchar())!='\n'; i+=ch);
```

又如：

```
for( ;(ch=getchar())!='\n';)
    printf("%c",ch);
```

10）循环体也可以为空语句。例如：

将循环体放进表达式 3 中，即

```
for(sum=0,i=1;i<=100;sum+=i,i++);
```

也可以把循环体放进表达式 2 中，即

```
for(sum=0,i=1;sum+=i,i<100;i++);
```

综上所述，for 语句非常方便灵活，关键是掌握它的执行流程。

5.4 循环结构的嵌套

类似于选择结构，循环结构也支持嵌套使用。这意味着在一个循环的内部可以包含另一个完整的循环结构，这种结构称为循环的嵌套。在这种情况下，内部的循环称为内循环，而外部的循环则称为外循环。如果内循环中又包含循环语句，则形成了多重循环。C 语言中的 while、do...while 和 for 三种循环结构可以相互嵌套，以实现复杂的逻辑控制，如图 5-8 所示。

```
(1) while( )          (2) do               (3) for(;;)
    {…                    {…                   {…
     while( )              do                    for(;;)
       {…}                 {…                    {…}
       …                    }while( );           …
    }                     }while( );           }
(4) while( )          (5) for(;;)          (6) do
    {…                    {…                   {…
     do                    while( )              for(;;)
      {…                    {…}                  {…}
      }while( );           …                     …
    }                     }                    }while( );
```

图 5-8 循环嵌套

【例 5.8】 编程输出九九乘法表。

【程序代码】

```
#include <stdio.h>
int main()
{
    int i, j;
    for(i=1;i<=9;i++)                        //外层循环控制行数
    {
        for(j=1;j<=i;j++)                    //内层循环控制列数
        {
            printf("%d*%d=%2d ", i, j, i*j); //输出格式化字符串
        }
        printf("\n");                        //换行
    }
    return 0;
}
```

【运行结果】

```
1 * 1 =  1
1 * 2 =  2 2 * 2 =  4
1 * 3 =  3 2 * 3 =  6 3 * 3 =  9
1 * 4 =  4 2 * 4 =  8 3 * 4 = 12 4 * 4 = 16
1 * 5 =  5 2 * 5 = 10 3 * 5 = 15 4 * 5 = 20 5 * 5 = 25
1 * 6 =  6 2 * 6 = 12 3 * 6 = 18 4 * 6 = 24 5 * 6 = 30 6 * 6 = 36
1 * 7 =  7 2 * 7 = 14 3 * 7 = 21 4 * 7 = 28 5 * 7 = 35 6 * 7 = 42 7 * 7 = 49
1 * 8 =  8 2 * 8 = 16 3 * 8 = 24 4 * 8 = 32 5 * 8 = 40 6 * 8 = 48 7 * 8 = 56 8 * 8 = 64
1 * 9 =  9 2 * 9 = 18 3 * 9 = 27 4 * 9 = 36 5 * 9 = 45 6 * 9 = 54 7 * 9 = 63 8 * 9 = 72 9 * 9 = 81
```

【程序分析】

1）程序启动，进入主函数 main()。

2）声明两个整型变量 i 和 j。

3）外层循环 for (i=1; i<=9; i++)控制行数。

4）对于每一个 i 的值，内层循环 for (j=1; j<=i; j++)控制列数。

5）对于每一对 i 和 j，输出乘法表达式 j*i=i*j。

6）每完成一行的输出后，使用“printf("\n");”进行换行。

7）重复步骤 3）到步骤 6），直到 i 达到 9。

8）程序正常结束，返回 0。

5.5 break 语句和 continue 语句

5.5.1 用 break 语句提前终止循环

break 语句通常用在循环语句和开关语句中。当 break 语句用于开关语句 switch 中时，可使程序跳出 switch 而执行 switch 后面的语句；当 break 语句用于 while、do...while、for 循环语句中时，可以终止当前循环而执行循环后面的语句，通常 break 语句总是与 if 语句放在一起，当满足一定条件时便跳出循环。以 while 循环中用到 break 语句为例，其一般形式如下：

```
while(表达式 1)
{ …if(表达式 2) break;…
}
```

break 语句用在 while 循环中的流程图如图 5-9 所示。

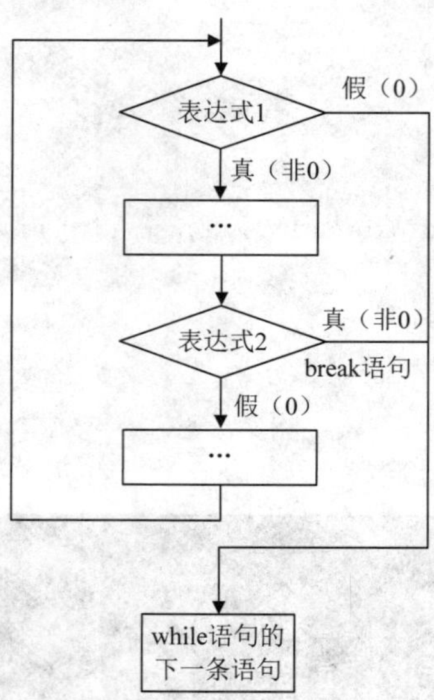

图 5-9 break 语句用在 while 循环中的流程图

从图 5-9 中可以看出，循环有以下两个结束的出口。

- 当表达式 1 取值为假时，循环结束，这是循环的正常出口。
- 当表达式 2 取值为真时，执行 break 语句，循环提前结束，这是一个新的出口。

5.5.2 用 continue 语句提前结束本轮循环

continue 语句的作用是跳过循环体中剩余的语句而强行执行下一次循环。continue 语句只用在 for、while、do...while 等循环体中，常与 if 条件语句一起使用，用来加速循环。以 while 循环中用到的 continue 语句为例，其一般形式如下。

```
while(表达式 1)
{
    …if(表达式 2) continue;
    …
}
```

continue 语句用在 while 循环中的流程图如图 5-10 所示。

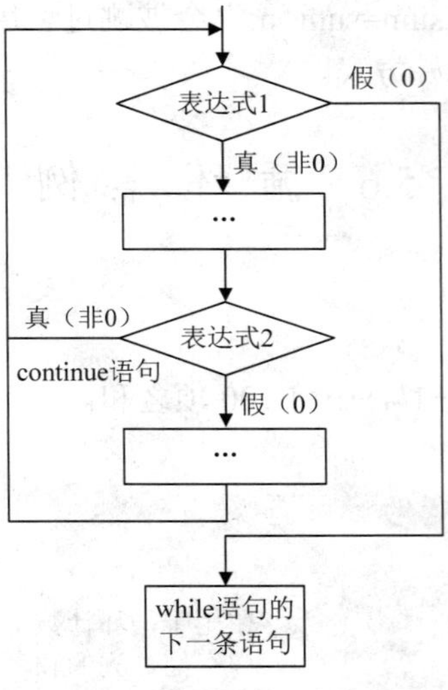

图 5-10 continue 语句用在 while 循环中的流程图

【例 5.9】 从键盘输入 10 个正整数，求输入的正整数之和。

【程序代码】

```
#include <stdio.h>
int main()
{
    int i,n,sum=0;
    for(i=1;i<=10;i++)
    {
        scanf("%d",&n);
        if(n<0)
            continue;
        sum=sum+n;
    }
    printf("SUM=%d\n",sum);
    return 0;
}
```

【运行结果】

```
1
2
3
4
5
6
7
8
9
0
SUM=45
请按任意键继续. . .
```

【程序分析】

在循环体中有一条语句“if(n<0) continue;”，若输入的是一个负数，就会执行 continue 语句，循环体中后续的语句“sum=sum+n;”会被跳过。用 continue 语句可以提前结束本次循环，是加速循环的一种好方式。

5.6 循环案例

5.6.1 数列求和

【案例 5.1】 求 1-1/2+1/3-1/4+…前 100 项之和。

【程序代码】

```c
#include <stdio.h>
int main()
{
    int n;                          //用于循环计数
    double sum=0.0;                 //存储数列的和
    //循环计算前 100 项的和
    for(n=1; n<=100; n++) {
        if(n%2==0) {                //如果 n 是偶数，则减去 1/n
            sum-=1.0/n;
        }
        else{                   //如果 n 是奇数，则加上 1/n
            sum+=1.0/n;
        }
    }

        //输出计算结果
        printf("The sum of the first 100 terms is: %f\n", sum);
        return 0;
}
```

【运行结果】

```
The sum of the first 100 terms is: 0.688172
请按任意键继续. . .
```

【程序分析】

头文件包含："#include <stdio.h>"是为了使用标准输入输出函数，如 printf()和 scanf()。

主函数：int main()是程序的入口点，所有 C 语言程序都从这里开始执行。

变量定义："int n;"用来作为循环中的计数器；"double sum = 0.0;"定义一个双精度浮点数变量 sum 来存储累加的结果，初始化为 0。

循环结构："for (n=1; n<=100; n++)"创建了一个 1～100 的循环，每次迭代 n 的值增加 1。

条件判断：在循环内部，通过 if (n % 2 == 0)判断 n 是否为偶数。如果是偶数，则总和减去 1/n；如果是奇数，则总和加上 1/n。

输出结果：使用 printf()函数打印出计算得到的数列和。

返回值："return 0;"表示程序正常结束。

5.6.2 素数

【案例 5.2】 判断一个正整数是否为素数。

分析： 如果一个正整数 n 除 1 与它本身外再无其他因子，则称这个数为素数。1 既不是素数也不是合数。根据这个定义，可以使用一个循环，在 2 到 n-1 范围内检查是否有 n 的因子，如果有，则 n 不是素数，否则 n 为素数。

【程序代码】

```
#include <stdio.h>
int main()
{
    int i, n;
    scanf("%d", &n);
    for(i=2; i<n; i++)
    {
        if(n%i==0)
        {
            break;
        }
    }
    if(i==n)    /*如果在 2 到 n-1 范围内找不到 n 的因子，则 n 为素数，for 循环正
                常结束，此时 i 和 n 相等*/
    {
        printf("%d 是素数\n", n);
    }
    else
    {
        printf("%d 不是素数\n", n);
    }
    return 0;
}
```

【运行结果】

```
45
45 不是素数
请按任意键继续. . .
```

在上述代码中，我们在 2 到 n−1 范围内寻找 n 的因子，如果 n 为素数，则代码中的循环需要执行 n−2 次才能得出结论，导致程序的运行效率不高。实际上，只需要从 2 到 $\sqrt{n}$ 范围内寻找素数，这样就可以极大地提高程序的运行效率。

【改进代码】

```
#include <stdio.h>
int main()
{
    int i, n;
    scanf("%d", &n);
    for(i=2; i*i<=n; i++)
    {
        if(n%i==0)
        {
            break;
        }
    }
    if (i*i>n&&n!=1)
        {
        printf("%d 是素数\n", n);
        }
    else
        {
        printf("%d 不是素数\n", n);
        }
    return 0;
}
```

【案例 5.3】 找出所有的水仙花数。水仙花数是一个三位数，其各个位数上的数字立方和等于该数本身。

分析：三位数的范围是 100～999，可以使用一个循环检查该范围内的每个数是否符合水仙花数的定义。取出每个三位数的各位数字，比较它们的立方和与该数是否相等。

【程序代码】

```
#include <stdio.h>
int main()
{
    int i, a, b, c;
    for(i=100; i<1000; i++)
    {
        a=i%10;             //i 的个位数
        b=i/10%10;          //i 的十位数
        c=i/100;            //i 的百位数
        if(a*a*a+b*b*b+c*c*c==i)
        {
```

```
            printf("%d\n", i);
        }
    }
    return 0;
}
```

【运行结果】

```
153
370
371
407
请按任意键继续. . .
```

【程序分析】

头文件包含："#include <stdio.h>"包含了标准输入输出库，允许使用 printf()函数。

主函数定义了四个整型变量：i 用于遍历 100～999 之间的所有三位数，a、b 和 c 分别用于存储个位、十位和百位上的数字。

使用一个 for 循环从 100 遍历到 999，检查每一个三位数是否是水仙花数。

在循环内部："a = i % 10;"计算个位上的数字；"b = i / 10 % 10;"计算十位上的数字；"c = i / 100;"计算百位上的数字。

使用 if 语句检查这三个数字的立方和是否等于原数 i。如果条件成立，使用 printf()函数输出该数。

【案例 5.4】 编写程序求斐波那契（Fibonacci）数列的前 20 项，要求每行输出五个斐波那契数。

分析：斐波那契数列的规律是每个数等于前两个数之和。其可以用数学上的递推公式来表示：

$$f_n=\begin{cases}1 & (n=1)\\ 1 & (n=2)\\ f_{n-1}+f_{n-2} & (n>2)\end{cases}$$

【程序代码】

```
#include <stdio.h>
int main()
{
    long f1,f2,f3;
    int k;
    f1=1,f2=1;                        //斐波那契数列的前两个数均为 1
    printf("%10ld%10ld",f1,f2);       //输出斐波那契数列的前两个数
    for(k=3;k<=20;k++)                //循环 18 次求斐波那契数列的后 18 项
    {
        f3=f1+f2;                     //新的斐波那契数的一个数等于前两个数之和
        printf("%10ld",f3);
        f1=f2;                        //迭代，用新的数覆盖旧的数
```

```
            f2=f3;
            if(k%5==0)
                printf("\n");          //每输出五个斐波那契数之后进行换行
        }
        return 0;
    }
```

【运行结果】

```
         1         1         2         3         5
         8        13        21        34        55
        89       144       233       377       610
       987      1597      2584      4181      6765
请按任意键继续. . .
```

【程序分析】

头文件包含：#include <stdio.h>包含了标准输入输出库，允许使用 printf()函数。

主函数定义了三个长整型变量：f1、f2 和 f3，分别用于存储斐波那契数列的前两个数和新生成的数；定义了一个整型变量 k，用于循环计数。

第 6 行语句初始化 f1 和 f2 为 1，表示斐波那契数列的前两个数。

第 7 行语句使用 printf()函数输出斐波那契数列的前两个数。

第 8 行语句使用 for 循环从第 3 项到第 20 项生成并输出斐波那契数列的后续项。

第 10 行语句计算新的斐波那契数 f3 为 f1 和 f2 之和。

第 11 行语句使用 printf()函数输出 f3。

第 12 行、第 13 行语句更新 f1 和 f2，使得 f1 变为原来的 f2，f2 变为新的 f3。

第 14 行、第 15 行语句定义如果当前项数 k 是 5 的倍数，则使用 printf("\n") 进行换行，以便每行输出五个斐波那契数。

5.6.3 穷举

【案例 5.5】 百钱百鸡问题：有 100 钱，去买 100 只鸡。已知公鸡 5 钱一只，母鸡 3 钱一只，小鸡 1 钱 3 只。请问公鸡、母鸡和小鸡各能买几只？

分析：可以通过穷举法来解决。需要找出满足以下条件的所有解：公鸡每只 5 钱，母鸡每只 3 钱，小鸡 3 只 1 钱，即每只小鸡 1/3 钱，总共买了 100 只鸡，花费 100 钱。

假设公鸡的数量为 x，母鸡的数量为 y，小鸡的数量为 z，则有方程组：

$$\begin{cases} x+y+z=100 \\ 5x+3y+\dfrac{1}{3}z=100 \end{cases}$$

可以遍历公鸡的数量 x，对于每个 x 的值，再遍历母鸡的数量 y，然后计算小鸡的数量 z，并检查是否满足第二个方程。

【程序代码】

```
#include <stdio.h>
int main()
{
```

```
    int x, y, z; //分别代表公鸡、母鸡、小鸡的数量
    for (x=0; x<=20; x++)
    { //公鸡最多可能买 20 只（100 钱全部买公鸡）
        for (y=0; y<=33; y++)
        { //母鸡最多可能买 33 只（100 钱全部买母鸡）
          z=100-x-y; //计算小鸡数量
          if (5*x+3*y+z/3.0==100&&z%3==0)
          { //检查是否满足条件
             printf("公鸡：%d, 母鸡：%d, 小鸡：%d\n", x, y, z);
          }
        }
    }
    return 0;
}
```

【运行结果】

```
公鸡: 0, 母鸡: 25, 小鸡: 75
公鸡: 4, 母鸡: 18, 小鸡: 78
公鸡: 8, 母鸡: 11, 小鸡: 81
公鸡: 12, 母鸡: 4, 小鸡: 84
请按任意键继续. . .
```

【程序分析】

"#include <stdio.h>" 包含了标准输入输出库，允许使用 printf()函数。主函数定义了三个整型变量 x、y 和 z，分别表示公鸡、母鸡和小鸡的数量。使用两个嵌套的 for 循环来枚举所有可能的公鸡和母鸡的数量，外层循环 for (x = 0; x <= 20; x++)枚举公鸡的数量，最多 20 只（因为 100 钱最多只能买 20 只公鸡）；内层循环 for (y=0; y<=33; y++) 枚举母鸡的数量，最多 33 只（因为 100 钱最多只能买 33 只母鸡）。计算小鸡的数量 z = 100−x−y，即总数减去公鸡和母鸡的数量。使用 if 语句检查当前组合是否满足以下两个条件：5 * x + 3 * y + z / 3.0 == 100，即总花费恰好为 100 钱；z % 3 == 0，即小鸡的数量必须是 3 的倍数（因为每三只小鸡 1 钱）。如果条件满足，使用 printf()函数输出当前的公鸡、母鸡和小鸡的数量。

本章小结

本章首先介绍了循环语句、循环跳转语句、嵌套循环。循环语句有三种：while 语句、do...while 语句和 for 语句。其中，while 语句最简单、最基本，但 for 语句比较受欢迎。while 语句和 do...while 语句的区别在于，do...while 语句先执行一次循环体再判断循环条件，而 while 语句则是先判断循环条件再执行循环体。循环跳转语句有 break、continue，这两种跳转语句是受限制的。接着介绍了循环嵌套的用法。最后列举了常见的循环案例。

习　　题

一、填空题

1. 如果从键盘上输入-3，则以下程序的运行结果是________。

```
#include <stdio.h>
int main()
{
    int n,a=1,sum=0;
    scanf("%d", &n);
    do
    {
      sum+=1;
      a-=2;
    }  while(a!=n);

    printf("%d\n", sum);
    return 0;
}
```

2. 运行以下程序，语句 m = i + j 执行了________次，m 的最终值为________。

```
#include <stdio.h>
int main()
{
    int i, j, m, k=0;
    for(i=1; i<=5; i++)
        for(j=5; j>=-5; j=j-2)
            m=i+j, k=k+1;
    printf("%d,%d", k, m);
    return 0;
}
```

3. 下面程序的功能是输入 100 以内能被 3 整除且个位数为 6 的所有整数。请填空。

```
#include <stdio.h>
int main()
{
    int i,j;
    for(i=0; __________; i++)
    {
        j=i*10+6;
        if(__________)
            continue;
        printf("%4d", j);
    }
    printf("\n");
    return 0;
}
```

二、判断题

1. 递归调用时必须有结束条件，不然就会陷入无限递归的状态。　　　　(　　)

2. C 语言中不允许嵌套调用函数。 （ ）

3. 在定义函数时，必须指定函数中的参数列表。 （ ）

4. 当函数没有返回值时，其返回值类型必须声明为void。 （ ）

5. 局部变量就是在函数内部声明的变量。 （ ）

三、选择题

1. 下列循环结构中，最适合用于执行固定次数循环的是（ ）。

A. for　　B. while　　C. do…while　　D. 所有选项都可以

2. 下列循环结构中，最适合用于在条件未知的情况下执行至少一次循环的是（ ）。

A. for　　B. while　　C. do…while　　D. 所有选项都可以

3. 下列表达式中，会导致无限循环的是（ ）。

A. for (i = 0; i < 10; i++) {}　　B. while (true) {}

C. do {} while (false);　　D. for (i = 0; i < 10; i--) {}

4. 下列 for 循环中，打印数字 0～9 的是（ ）。

A.
```
for ( i = 0; i <= 10; i++) {
        printf("%d ", i);
}
```
B.
```
for ( i = 0; i < 10; i++) {
        printf("%d ", i);
}
```
C.
```
for ( i = 1; i <= 10; i++) {
        printf("%d ", i);
}
```
D.
```
for ( i = 1; i <= 9; i++) {
        printf("%d ", i);
}
```

5. 假设有程序段“int k = 10; while(k == 0) k = k-1;”，以下描述中，正确的是（ ）。

A. while 循环执行 10 次　　B. while 语句块是无限循环

C. 循环体语句一次也不执行　　D. 循环体语句执行一次

四、编程题

1. 求素数。编写一个程序，输入一个整数 N，然后输出从 2 到 N 之间的所有素数。

2. 求一个数的阶乘。编写一个程序，输入一个正整数 N，然后计算并输出这个数的阶乘。

3. 求 1 到 N 的累加和。编写一个程序，输入一个整数 N，然后计算并输出从 1 到 N 的所有整数的累加和。

4. 编写一个程序，输入一个整数 N，然后计算并输出斐波那契数列的前 N 项。

5. 请通过递归的方式求 1～10 自然数的和。

6. 请编写一个程序来实现两个数的求和操作。

提示：

1）在控制台提示用户输入两个整数，并获取用户输入的这两个数。

2）在 main()函数中定义 num1、num2 变量用于接收用户输入的两个整数。

3）定义 sum()函数来实现两个整数相加。

4）在 main()函数中调用 sum()函数，输出运行结果。

第6章 数 组

通过前面的学习，读者已经熟悉了几种基本数据类型，包括整型、浮点型及字符型。然而，当面临需要表达和操作更为复杂的数据集时，单纯依赖这些基础数据类型则显得不够充分。为了更好地管理和组织数据，C 语言引入了一类称为“构造类型”的高级数据结构，这类结构允许开发者通过定义明确的规则来组合基础类型。

在这些构造类型中，最基本也是最为直观的一种便是数组（array）。数组是一个由多个具有相同数据类型的元素组成的有序集合。这些元素在内存中以连续的方式存储，确保了每个元素都能有效地利用固定大小的内存空间。数组的设计使得人们能够通过结合数组名称与一个独特的索引来定位并访问任意一个元素。

掌握数组的概念及其应用不仅是理解复杂数据管理的第一步，也为将来探索更多高级数据结构和技术打下坚实的理论与实践基础。

本章重点内容如下。

- 一维数组的定义、引用及初始化。
- 二维数组的定义、引用及初始化。
- 字符数组的定义、引用及初始化。
- 数组的基本操作，如初始化、遍历、搜索、排序、插入和删除等。

6.1 一 维 数 组

6.1.1 一维数组的定义

一维数组的一般定义形式如下：

```
类型说明符 数组名[数组长度];
```

其中，类型说明符包括 int、float、double 等基本数据类型的类型说明符，表示该一维数组中每个元素的数据类型。在此再次强调数组中所有元素必须是同一数据类型。在定义数组时，元素的类型已确定。

数组名即为该数组变量的名称，必须是一个合法的标识符。

数组长度，是由中括号（[]）括起来的整型表达式，表示该数组变量能存放的数组元素的个数，作为数组长度的整型表达式必须是编译期常量，如整型常量、常量表达式、符号常量等。但数组长度一定不能是变量。

例如，以下均为合法的一维数组定义：

```
#define P 7         //宏定义符号常量 P 的值为 7
int a[10];          //表示定义了一个有 10 个整型元素的数组
float f[5+1];       //表示定义了一个有 6 个单精度实型元素的数组
char c[P];          //表示定义了一个有 7 个字符型元素的数组
```

又如：

```
int n=8;
int a[n];
//因为变量不能作为数组的长度，所以上述一维数组定义是非法的
```

在定义数组后，系统会根据数组的类型及长度在内存中分配一段连续的存储区域来存放各个元素，并对这些连续区域进行编号，即为数组的下标，每个元素所需的字节数由数组定义时给定的类型所决定。

例如，“int a[6];”即表示在内存中分配 6 个连续的整型空间，假设当前编译器 int 型占 4 字节，数组 a 的起始地址为 2000，其整个数组在内存中的分配形式如图 6-1 所示。一个元素占 4 字节，本数据一共有 6 个元素，即占 24 字节。

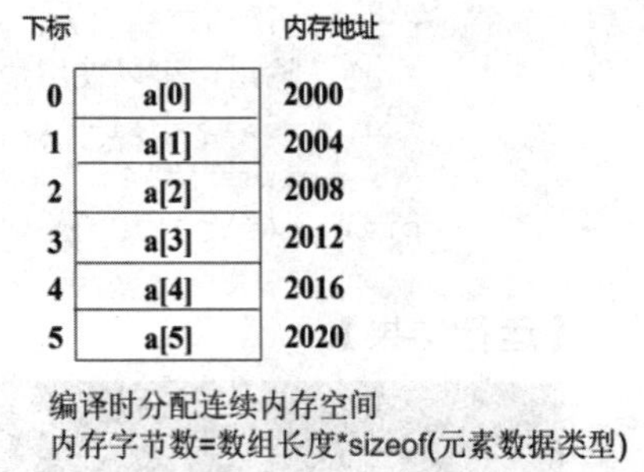

图 6-1 数组元素分配形式

C 语言规定，数组名表示该数组的首地址，即第一个元素的地址。由于数组在定义后，系统已为其分配了对应的存储空间，它是不变的，因此数组名为一个地址常量。

6.1.2 一维数组的引用

数组一经定义，其元素就可以被引用。C 语言规定只能逐个引用数组元素而不能一次引用整个数组。

引用一维数组元素要指定下标，其一般形式如下：

```
数组名 [下标];
```

数组元素由数组名和下标来表示。下标表示该元素在数组中的位置，它可以是整型常量、整型变量或整型表达式，它的合理取值是[0，数组长度-1]。例如，int a[6]表示数组 a 一共有 6 个元素，分别为 a[0]、a[1]、a[2]、a[3]、a[4]和 a[5]，注意在数组 a 中一定不能使用 a[6]元素，其下标已越界。

使用数组元素的方法与同类型的变量完全相同。

例如，以下都是合法的 C 语句。

```
int a[6],n=3;
a[0]=20;
a[n]=2;
a[n+1]=a[0]-3;
scanf("%d",&a[n-1]);
```

数组元素常用于循环结构。循环结构是处理数组的一个常见方式，因为通过循环可以有效地遍历数组中的每一个元素，并对其进行操作。下面将使用循环来处理数组元素。

【例 6.1】 通过键盘输入 6 个数存储到数组中，并将这 6 个数逆序输出。

该程序需要对所有元素进行输入、输出操作，因此应使用循环结构，用数组元素的下标作为循环控制变量，遍历数组对数组元素逐一输入。

【程序代码】

```
#include <stdio.h>
void main()
{
```

```
        int a[6],i;
        printf("请输入 6 个整数：\n");
        for(i=0;i<6;i++)              //使用下标作为循环控制变量，遍历数组
           scanf("%d",&a[i]);
        printf("逆序输出为：\n");
        //逆序输出，可以使用最后一个元素的下标为循环控制变量初值，递减遍历数组
        for(i=5;i>=0;i--)
           printf("%4d",a[i]);
        printf("\n");
    }
```

【运行结果】

```
请输入6个整数:
1 2 3 4 5 6
逆序输出为:
   6   5   4   3   2   1
请按任意键继续. . .
```

6.1.3 一维数组的初始化

一维数组在定义时，可以用初始化列表的方式对其数组元素进行初始化。一维数组初始化的一般形式如下：

```
类型说明符 数组名[常量表达式]={初始化列表};
```

其中，花括号内列表的值依次对应赋给数组的各个元素，列表中值与值之间用逗号分隔开。例如：

```
int a[6]={0,1,2,3,4,5};
```

即表明定义并且初始化了一个由 6 个整型元素组成的一维数组，初始化后，a[0]为 0、a[1]为 1、a[2]为 2、a[3]为 3、a[4]为 4、a[5]为 5。

在数组初始化时，要注意以下几个规定。

1）初值的个数不能超过数组的大小。例如：

```
int a[2]={1,2,3};  //这样的初始化是错误的
```

2）初值的个数可以小于数组的大小（其余后面元素都赋 0）。例如：

```
int a[10]={0,1,2,3,4};
//表示只给 a[0]～a[4]5 个元素依次赋值，另 5 个元素 a[5]～a[9]自动赋 0 值
```

3）在对全部数组元素赋初值时，可不指定数组长度。例如：

```
int a[]={1,2,3,4,5};
```

编译系统根据初值个数确定数组长度，该语句等价于“int a[5]={1,2,3,4,5};”。

4）C 语言无法对数组变量做整体赋值。例如：

```
int  a[5];
a[]={1,2,3,4,5};   //错误
a[5]={1,2,3,4,5};  //错误
```

6.1.4 一维数组的应用

【案例 6.1】 根据摄影作品的品质，由 10 位评委对其评分（采用百分制），去掉一个最高分、一个最低分，剩余评分的平均分为该作品的最后得分，可查看每位评委的具体给分值。

根据分数值，去掉一个最高分、一个最低分，求平均分，在前面章节中已讨论过类似的问题。但在本题中，由于需要查看每位评委的具体给分值，因此需要将每位评委的打分值都存储下来，并可根据编号来查看对应分值。记录 10 个分值，按前面学习的知识，需要设置 10 个基本类型的变量来分别存储对应的分值，显得比较冗余，不好操作。

在本程序中，可以设置一个实型数组来存储它们，数组的长度必须在定义时确定，如果无法确定需要处理的数据数量，至少也要顾及其上限，并以该上限值作为数组长度。

【程序代码】

```
#include <stdio.h>
#include <stdlib.h>
#include <time.h>
void main()
{
    float a[10],sum=0,max=0,min=100;
    int i,n;
    for(i=0;i<10;i++)          //通过循环依次将分数计入数组元素
    {
        printf("请输入评委%d 的评分：", i+1);
        scanf("%f",&a[i]);
    }
    //遍历所有数组元素，求出 10 个评委的总分，并确定最高分及最低分
    for(i=0;i<10;i++)
    {
        sum+=a[i];
        if(a[i]>max)
            max=a[i];
        if(a[i]<min)
            min=a[i];
    }
    printf("该作品的最后得分为：%.2f\n",(sum-max-min)/8);
    //通过输入编号，确定查询评委所打分数对应的数组元素，并输出
    printf("请输入要查询评委的编号：");
    scanf("%d",&n);
    printf("评委%d 的打分为：%.2f\n",n,a[n-1]);
}
```

【运行结果】

```
请输入评委1的评分：78
请输入评委2的评分：65
请输入评委3的评分：90
请输入评委4的评分：96
请输入评委5的评分：77
请输入评委6的评分：83
请输入评委7的评分：91
请输入评委8的评分：81
请输入评委9的评分：88
请输入评委10的评分：79
该作品的最后得分为：83.38
请输入要查询评委的编号：5
评委5的打分为：77.00
请按任意键继续. . .
```

通过本案例，可以发现一维数组是一种基本的数据结构，结构比较简单，也容易理解和实现。由于数组元素在内存中是连续存储的，因此可以方便地通过使用下标来引用数组元素。当需要逐个访问数组中的每个元素时，通常可以使用简单的循环语句（例如 for 循环）来遍历数组。

【案例 6.2】 随机生成一个 10 个元素的数组，找出数组中的最大值及下标。

1）遍历数组，生成随机数组。

在 C 语言中，可以利用 rand()的库函数来随机生成一个整型数字，但是在 rand()函数生成随机数前，需要系统提供的生成随机数序列种子，rand()函数是根据这个种子值来产生一系列随机数的，如果系统提供的种子没有变化，那么 rand()函数生成的随机数都是相同的。srand(unsigned　int seed)函数可以通过更改参数 seed 的值来改变系统提供的种子，从而实现真正意义上的“随机”。通常情况下，可以利用系统的时间来改变系统的种子值，即 srand(time(NULL))。

其中，srand()函数是随机数发生的初始化函数，函数原型为 srand((unsigned int) seed)，在库函数参数中给定一个无符号的整型数字作为随机数产生器的初始值（种子值）；需要引用<stdlib.h>。rand()函数可产生一个随机数，是一个无参函数；需要引用<stdlib.h>。time()函数，用于返回本机的时间；需要引用<time.h>。

在案例中要求产生的随机数是一个两位数，可以将函数生成的随机数和 100 求余即可保证随机数位数固定为两位。

2）遍历数组，通过打擂台方式找出最大值及下标。

首先，需要一个变量来存储最大值。通常情况下，可以将数组的第一个元素作为最大值的初始值。使用 for 循环遍历数组中的每一个元素，将当前元素与已知的最大值进行比较。如果当前元素比已知的最大值大，则更新最大值及下标。

3）输出最大值及下标：遍历完成后，最大值变量中存储的就是数组中的最大值。

【程序代码】

```
#include <stdio.h>
#include <stdlib.h>
#include <time.h>
void main()
{
    int a[10],i,max,maxid;     //定义一维数组及其他变量
    srand((unsigned int)time(NULL));//根据时间参数生成随机种子
    printf("随机数组为：\n");
    for(i=0;i<10;i++)          //遍历数组元素，使用随机数依次对数组元素赋值
    {
        a[i]=rand()%100;       //调用随机函数生成两位数的整数
        printf("%4d",a[i]);
    }
    printf("\n");
    max=a[0],maxid=0;          //初始化最大值为数组的第一个元素
    for(i=1;i<10;i++)          //遍历数组，从第二个元素开始
        if (a[i]> max)         //如果当前元素大于已知的最大值，则更新最大值
```

```
            {
                max=a[i];
                maxid=i;
            }
    printf("数组中的最大值为：%d,其下标为：%d\n", max,maxid);//输出最大值及下标
    }
```

【运行结果】

```
随机数组为:
  15  19  38  87  91  51  27  42  31  47
数组中的最大值为: 91, 其下标为: 4
请按任意键继续. . .
```

【程序分析】

1）引入了三个头文件：<stdio.h>可提供输入输出函数；<stdlib.h>可提供一些标准库函数，如本案例中要使用的 rand()和 srand()函数；<time.h>提供与时间相关的函数，如本例中使用的 time()函数。

2）“srand((unsigned int)time(NULL));”这行代码表示使用当前时间作为随机数生成器的种子，确保每次运行程序时生成的随机数序列不同。

3）通过 for 循环遍历数组 a，从第二个元素开始比较。如果当前元素 a[i]大于已知的最大值 max，则更新最大值及其对应的下标。

【案例 6.3】 假设有一个包含 6 个数字的数组 [64,34,25,12,22,11]，请将该数组升序排列。

对数组元素按某种顺序进行排序是一种很常见的操作。例如，在进行数据分析时，数据通常需要按照一定的维度（如时间、金额、数量等）进行排序，以便进行进一步的统计分析。在体育赛事中，队伍和个人的成绩需要按照得分、时间等指标进行排序，以确定最终的排名，等等。排序算法在计算机科学中是非常基础且重要的，因为许多应用程序都需要对数据进行排序以提高数据检索效率、简化数据分析等。下面介绍几种常见的排序方法。

冒泡排序算法分析：

1）首先将数组 a 初始化为[64,34,25,12,22,11]。

2）冒泡排序（bubble sort）是一种简单的排序算法。它重复地遍历要排序的数列，一次比较两个元素，如果它们的顺序错误就把它们交换过来。遍历数列的工作是重复进行的，直到没有元素再需要交换，也就是说该数列已经排序完成。

冒泡排序的基本思想：

比较相邻元素：从数组的第一个元素开始，比较相邻的两个元素，如果第一个元素比第二个元素大（升序），则交换它们的位置。

遍历整个未排序的数组：每次遍历都会将一个最大的元素移动到正确的位置上。经过第一次遍历后，最大的元素会被放到数组的最后面。

重复步骤：对除最后一个元素以外的所有元素重复上述过程，因为每一轮排序结束后，最大的元素已经被放置到正确的位置，所以下一轮排序可以忽略已经排好序的部分。

具体算法思路：

- 第一轮排序。

比较 64 和 34：因为 64>34，所以交换这两个数。数组变为 [34,64,25,12,22,11]。
比较 64 和 25：因为 64>25，所以交换这两个数。数组变为 [34,25,64,12,22,11]。
比较 64 和 12：因为 64>12，所以交换这两个数。数组变为 [34,25,12,64,22,11]。
比较 64 和 22：因为 64>22，所以交换这两个数。数组变为 [34,25,12,22,64,11]。
比较 64 和 11：因为 64>11，所以交换这两个数。数组变为 [34,25,12,22,11,64]。
经过第一轮排序，数组的最大值 64 移动到了最后一个位置，如图 6-2 所示。

图 6-2 冒泡排序的第一轮

- 第二轮排序。

此时不再考虑最后一个元素 64，因为它是最大值，已经在正确的位置。
比较 34 和 25：因为 34>25，所以交换这两个数。数组变为[25,34,12,22,11,64]。
比较 34 和 12：因为 34>12，所以交换这两个数。数组变为[25,12,34,22,11,64]。
比较 34 和 22：因为 34>22，所以交换这两个数。数组变为[25,12,22,34,11,64]。
比较 34 和 11：因为 34>11，所以交换这两个数。数组变为[25,12,22,11,34,64]。
第二轮排序结束后，数组的第二大值 34 移动到倒数第二个位置，如图 6-3 所示。

以此类推，接下来的每一轮排序都将当前未排序部分的最大值移动到正确的位置，直到所有元素都被正确排序。

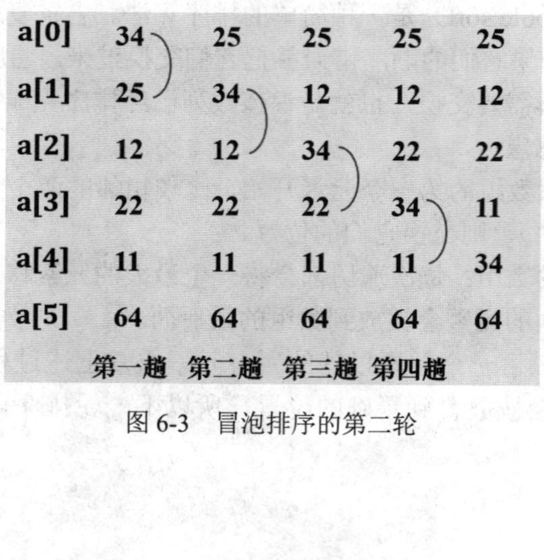

图 6-3 冒泡排序的第二轮

3）通过遍历数组将排序好的数组元素依次输出。

【程序代码】

```
#include <stdio.h>
void main()
{
    int a[6]={64,34,25,12,22,11},i,j,t;
    printf("排序前的数组为：\n");    //依次输出初始化的数据元素
    for(i=0;i<6;i++)
        printf("%4d",a[i]);
    printf("\n");
    //冒泡排序的算法实现
    for(i=0;i<5;i++)                    //控制排序的轮数，共需要5轮排序
        for(j=0;j<5-i;j++)              //每轮排序的次数逐渐减少
            if(a[j]>a[j+1])             //比较相邻元素
            {
                t=a[j];
                a[j]=a[j+1];
                a[j+1]=t;
            }
    printf("排序后的数组为：\n");    //依次输出排序后的数据元素
    for(i=0;i<6;i++)
        printf("%4d",a[i]);
    printf("\n");
}
```

【运行结果】

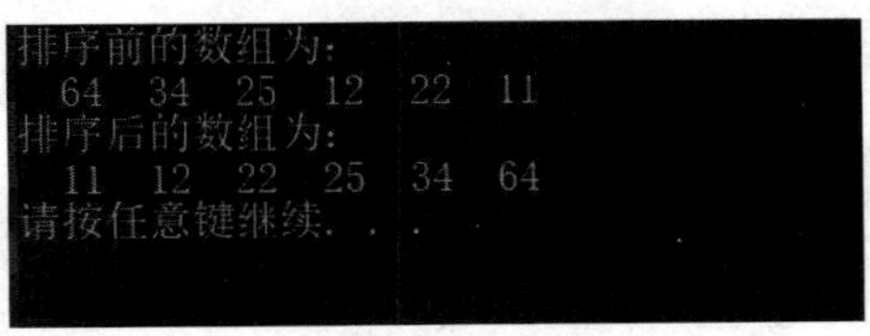

【程序分析】

（1）数组初始化及输出

首先，定义了一个整型数组a，并初始化了6个元素，同时声明了3个整型变量i、j、t，其中i、j作为循环控制变量控制循环，t用来临时存储元素的值以便交换。

然后，使用for循环遍历数组元素依次将其输出。在使用printf()函数时，本例对格式控制符使用了最小宽度为4的修饰符，以使每个元素之间有一定的间隙。

（2）冒泡排序实现

外层循环for(i=0;i<5;i++)控制排序的轮数，因为数组中有6个元素，但是每一轮排序都会将一个最大的元素移动到正确的位置，所以只需要5轮就可以完成排序。

内层循环 for(j=0;j<5-i;j++)控制每轮排序的次数，随着每轮排序的进行，已排序的部分逐渐增加，未排序的部分逐渐减少，因此每次循环的次数也在减少。

if(a[j]>a[j+1])判断当前元素是否大于其后面的元素，如果大于，则可以利用中间变

量t来交换它们的位置。

（3）打印排序后的数组

输出排序后的数组，方法和格式与输出初始数组相同，这里不再赘述。

除了冒泡排序算法，通常还会使用选择排序、快速排序等方法对数组元素进行排序操作。下面仍以以上案例为例，利用选择排序算法来完成数组的排序。

选择排序算法分析：

选择排序（selection sort）是一种简单直观的比较排序算法。其基本思想是在未排序的序列中找到最小的元素，存放到排序序列的起始位置，然后再从剩余未排序的元素中继续寻找最小的元素，然后放到已排序序列的末尾。以此类推，直到所有元素均排序完毕。

具体算法思路：

- 第一轮排序。

i=0，假设min=0。遍历a[1]～a[5]元素，找到最小元素11，更新min=5。因为min!=0，交换a[0]和a[5]，得到[11, 34, 25, 12, 22, 64]。

- 第二轮排序。

i=1，假设min=1。遍历a[2]～a[5]，找到最小元素12，更新min=3。因为min!= 1，交换a[1]和a[3]，得到 [11, 12, 25, 34, 22, 64]。

以此类推，接下来的每一轮都将在未排序部分查找最小值，并将该下标的值与未排序部分最开始的值进行交换，直到所有元素都被排序，如图6-4所示。

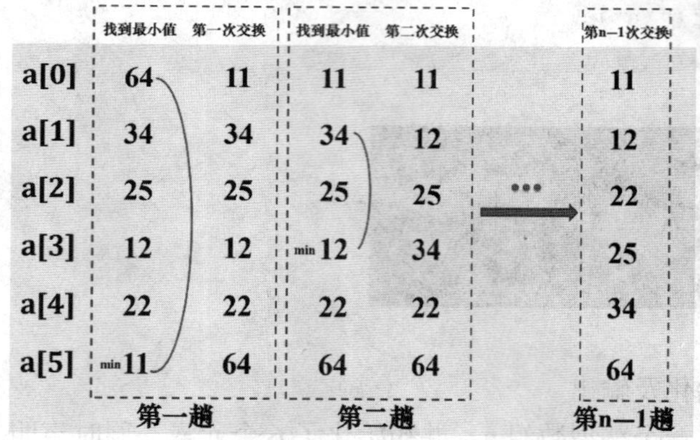

图6-4　选择排序算法

【程序代码】

```
for(i=0;i<n-1;i++)
{
   min=i;                         //假设当前位置 i 为最小元素
   for(j=i+1;j<n;j++)             //查找 [i+1, n) 内的最小元素
       if(arr[j]<arr[min])
          min=j;
   if(min!=i)                     //如果找到的最小元素不是 i，则交换元素
   {
```

```
            temp=arr[i];
            arr[i]=arr[min];
            arr[min]=temp;
        }
    }
```

通过两种排序算法的学习，不难看出冒泡排序算法总共进行的元素比较次数可由下式计算得到：

$$\sum_{i=1}^{n-1}(n-i)=1+2+3+\cdots+n-1=\frac{n(n-1)}{2}$$

因此冒泡排序的时间复杂度为 $O(n^2)$。

选择排序算法总共进行的元素比较次数可由下式计算得到：

$$\sum_{i=1}^{n-1}(n-i)=\frac{n(n-1)}{2}$$

因此选择排序的时间复杂度也为 $O(n^2)$。

冒泡排序和选择排序的时间复杂度并不理想，因此它们都不适合处理大规模数据集。冒泡排序更适合处理小规模数据集或几乎有序的数据集，因为在这种情况下它可以较快地完成排序。选择排序适用于数据规模不大且不需要特别关注排序稳定性的情况。如果需要处理较大的数据集或对排序稳定性有要求，可以考虑使用更高效的排序算法，如快速排序（quicksort）、归并排序（merge sort）或堆排序（heap sort）等。

【案例 6.4】 假设有一个包含 6 个数字的数组 [64,34,25,12,22,11]，输入一个数字，查询该数字是否在数组中。

一维数组的查询算法主要用于查找数组中是否存在某个特定的元素，以及确定该元素的位置。常见的查询算法有两种：线性查找（linear search）和二分查找（binary search）。下面详细介绍这两种算法。

线性查找算法分析：

线性查找是一种最基本且直观的查找算法。它的原理非常简单，即从数组的第一个元素开始，逐个比较目标元素与数组中的每一个元素，直到找到目标元素或遍历完整个数组。

线性查找的具体思路：

1）定义数组 a 包含 6 个元素，并初始化数组元素。定义一个标记变量 flag（初值为 0），输入要查询的变量 n。

2）遍历数组：从数组的第一个元素开始，逐一访问数组中的每一个元素。

3）比较元素：将当前访问的元素与查询的值 n 进行比较。

4）找到目标元素：如果当前元素等于查询变量 n，则将标记变量 flag 赋值为 1。

5）数组遍历完毕后，根据 flag 的值是否为 1，输出结果。

【程序代码】

```
#include <stdio.h>
void main()
{
    int a[6]={64,34,25,12,22,11},i,j,n,flag=0;//依次输出初始化的数组元素
```

```
        printf("当前数组为：\n");
        for(i=0;i<6;i++)
           printf("%4d",a[i]);
        printf("\n");
        printf("请输入要查询的值：");      //输入要查询的值
        scanf("%d",&n);
        for (i=0;i<=5;i++)                //线性查找算法的实现
           if(a[i]==n)
              flag=1;
        if(flag==1)                       //通过 flag 的值，输出结果
           printf("%d 在本数组中！\n",n);
        else
           printf("%d 不在本数组中！\n",n);
    }
```

【运行结果】

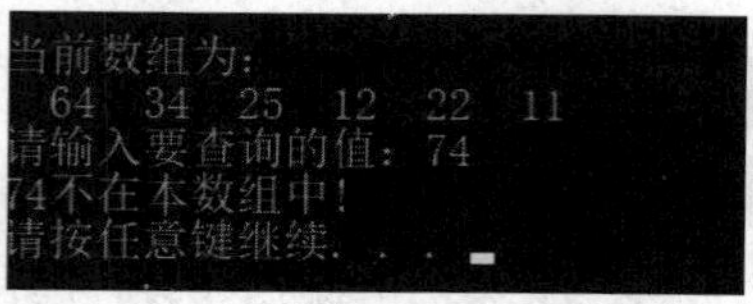

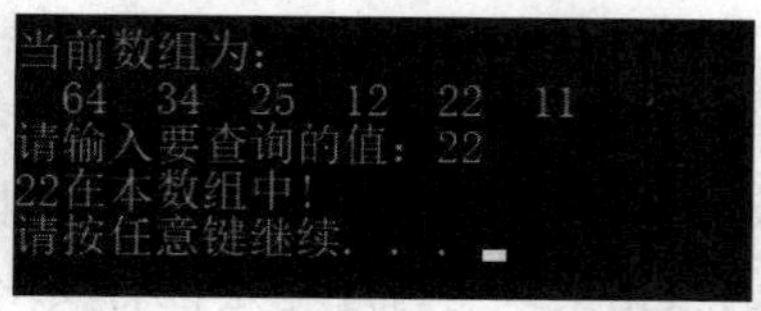

【程序分析】

线性查找算法非常简单，容易理解和实现。线性查找不需要对数组进行任何预处理，可直接应用于任何顺序的数组。但在最坏的情况下，需要遍历整个数组才能确定目标元素是否存在于数组中。因此对于非常大的数据集，线性查找可能不是最优选择，此时可以考虑使用其他更高效的查找算法，如二分查找。下面就来学习下二分查找的算法思路。

二分查找算法分析：

二分查找是一种在已排好序的数组中查找特定元素的高效算法。如果数组没有排好序，需使用之前学习的排序算法先对数组完成排序，再使用二分查找算法查询数据。其基本原理是通过不断将查找区间分成两半来缩小目标元素的可能位置范围，从而减少查找次数。

二分查找的基本思想：

1）确定查找区间的起始位置 left 和结束位置 right。

对整个数组，初始时 left = 0，right=5（数组长度为 6）。计算中间位置：mid = left+(right−left)/2。

2）比较中间元素。检查中间位置的元素 a[mid]是否等于目标元素 n。如果 a[mid]==n，则找到目标元素，将 flag 赋值为 1；如果 a[mid]<n，则目标元素在 mid 的右侧，更新 left=mid+1；如果 a[mid]>n，则目标元素在 mid 的左侧，更新 right=mid−1。

3）重复步骤。重复步骤 2）和步骤 3），直到找到目标元素或查找区间为空（即 left>right）。

如果查找区间为空（即 left>right），则表明目标元素不在数组中，如图 6-5 所示。

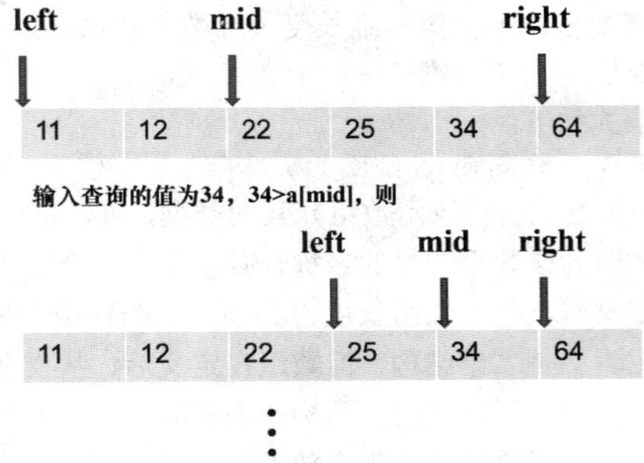

图 6-5 二分查找算法

【程序代码】

```
while(left<=right)
{
   mid=left+(right-left)/2;
   if(a[mid]==n)              //找到目标元素，flag赋值为1，并退出循环
   {
          flag=1;
          break;
     }
   else if(a[mid]<n)
      left=mid+1;             //目标元素在右侧
   else
      right=mid-1;            //目标元素在左侧
}
```

通过以上两种算法的学习，可分析出线性查找的时间复杂度为 O(n)，二分查找的时间复杂度为 O(log n)。明显，二分查找比线性查找快得多。但二分查找只能在已排序的数组上使用，否则无法保证查找的正确性。因此，线性查找适用于小规模数据集或无法保证数据已排序的情况，而二分查找则适用于已排序且相对稳定的数据集。

6.2 二 维 数 组

通过 6.1 节的学习，了解到一维数组可以用来处理线性序列的数据，但现实世界的很多问题是高维度的，不再适合用一维数组来处理。例如，保存一张图片、一个矩阵数据、一个表格数据，像这样的问题，人们往往需要两个维度的下标来实现元素的存取；在地震波传播的研究中，视频处理及三维医学数据（MRI 和 CT 扫描）处理中，需要用到更多的下标来实现元素的存取。因此 C 语言提供了二维数组及多维数组，以满足对高维数据的处理。

6.2.1 二维数组的定义

和一维数组相比，二维数组更适合存储具有行列关系的数据。由于二维数组有两个维度，因此定义时，需要依次提供第一维长度（行数）和第二维的长度（列数）。数组元素的总个数=[第一维长度]*[第二维长度]。

二维数组的一般形式如下：

```
类型说明符 数组名[一维长度][二维长度];
```

与一维数组一样，类型说明符表示数组元素的类型，可以是任何一种合法的 C 语言基本数据类型。数组名即为该数组变量的名称，必须是一个合法的标识符。数组长度分为行列两个维度，在定义时，作为数组长度也必须是一个整型常量。

二维数组虽然在逻辑上是二维结构，但数组在定义后，从物理存储结构看，仍然是在内存中分配一段连续的存储区域（线性结构）来存放各个元素的。C 语言采用行优先存储的方式，也就是数组元素是按行排列存放的。

例如，int a[3][4];表示在内存分配 3*4=12 个连续的整型空间。先存放第 1 行的 4 个元素，再存放第 2 行的 4 个元素，最后存放第 3 行的 4 个元素，如图 6-6 所示。

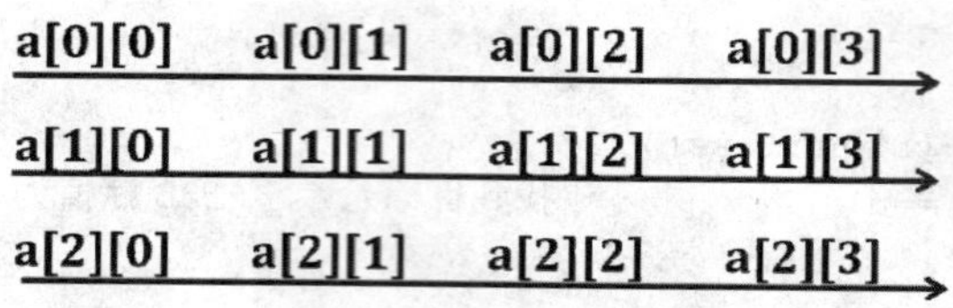

图 6-6　二维数组的存储

6.2.2　二维数组的引用

由于二维数组有行列两个维度，因此在引用时，需要通过行下标和列下标来访问或修改数组中的元素。

引用二维数组元素的一般形式如下：

```
数组名 [行下标][列下标];
```

与一维数组类似，元素下标表示该元素在数组中行列的位置，这些元素可以是整型常量、整型变量或整型表达式，行列下标合理取值是[0，行长度-1]和[0，列长度-1]。使用二维数组元素的方法与同类型的一维数组元素完全相同。一维数组元素经常使用单层循环来遍历，而二维数组元素则通常使用双层循环来遍历，外循环控制行下标，内循环控制列下标。

【例 6.2】 随机生成一个 2 行 3 列的二维数组，并将行和列的元素互换存放到另一个二维数组中。

分析：根据题目要求，可以定义两个数组：数组 a 为 2 行 3 列，存放指定的 6 个数，数组 b 为 3 行 2 列。

使用双层循环遍历数组 a，使用随机数对每个元素赋值，并将其按行输出。

再次使用双层循环遍历已赋值数组 a，执行“b[j][i]=a[i][j];”语句即将数组 a 中的元素 a[i][j]存放到数组 b 中的 b[j][i]元素中，从而完成转换。

最后使用双层循环遍历数组 b 将其元素值按行输出。

【程序代码】

```
#include <stdio.h>
```

```
#include <stdlib.h>
#include <time.h>
void main()
{
    int a[2][3],b[3][2],i,j;
    srand((unsigned int)time(NULL));  //生成随机数种子
    printf("随机数组 A 为：\n");
    for(i=0;i<2;i++)
    {
        for(j=0;j<3;j++)
        {
            a[i][j]=rand()%100;       //生成 100 以内的随机数
            printf("%4d",a[i][j]);
        }
        printf("\n");
    }
    for(i=0;i<2;i++)
        for(j=0;j<3;j++)
            b[j][i]=a[i][j];          //矩阵行列转置
    printf("行列转置后数组 B 为：\n");
    for(i=0;i<3;i++)
    {
        for(j=0;j<2;j++)
            printf("%4d",b[i][j]);
        printf("\n");
    }
}
```

【运行结果】

```
随机数组A为：
  57  33  69
  52  69  62
行列转置后数组B为：
  57  52
  33  69
  69  62
请按任意键继续. . .
```

6.2.3 二维数组的初始化

二维数组的初始化与一维数组类似，需要提供一个初始化列表的方式来对其数组元素进行初始化赋值。其一般形式如下：

```
类型说明符 数组名[行长度][列长度]={初始化列表};
```

其中，初始化列表方式又分为分行描述及顺序描述两种。

1. 分行描述

例如：

```
int a[3][4]={{1,2,3,4},{5,6,7,8},{9,10,11,12}};
```

这样的分行描述比较直观，每个花括号对应一行。也可以对每行的部分元素赋初值。

例如：

```
int a[3][4]={{1},{5,6},{9}};
```

上述语句表示对第一行第一个元素（即 a[0][0]）赋初值 1，对第二行第一个元素（即 a[1][0]）赋初值 5，对第二行第二个元素（即 a[1][1]）赋初值 6，对第三行第一个元素（即 a[2][0]）赋初值 9，剩余元素自动赋默认值 0。

$$\begin{bmatrix} 1 & 0 & 0 & 0 \\ 5 & 6 & 0 & 0 \\ 9 & 0 & 0 & 0 \end{bmatrix}$$

也可以对部分行赋初值。例如，有定义 int a[3][4]={{1,2},{},{9,10}};，则数组 a 在初始化后表示如下：

$$\begin{bmatrix} 1 & 2 & 0 & 0 \\ 0 & 0 & 0 & 0 \\ 9 & 10 & 0 & 0 \end{bmatrix}$$

2. 顺序描述

顺序描述是将初始化列表中所有值写在一个花括号内，系统会根据数组元素在内存中的排列顺序依次赋初值。

例如：

```
int a[3][4]={1,2,3,4,5,6,7,8,9,10,11,12};
```

等价于

```
int a[3][4]={{1,2,3,4},{5,6,7,8},{9,10,11,12}};
```

如果初值列表中的元素个数小于数组元素个数，系统也会对未赋值元素自动赋默认值 0。

在二维数组初始化时，同样要注意以下几个规定。

- 初值的个数不能超过数组的大小。例如：

```
int a[2][2]={1,2,3,4,5,6};  //这样的初始化是错误的
```

- 初值的个数可以小于数组的大小（其余元素都赋默认值 0）。例如：

```
int a[3][4]={0,1,2,3,4}; //表示对前 5 个元素依次赋值，后面 7 个元素自动赋 0 值。
```

- 在定义二维数组时，如果进行初始化，则数组的第一维的长度可以不指定，但第二维的长度不能省略。例如：

```
int a[3][4]={1,2,3,4,5,6,7,8,9,10,11,12};
```

等价于

```
int a[][4]={1,2,3,4,5,6,7,8,9,10,11,12};
```

又如：

```
int a[][4]={{0,0,3},{},{0,10}};
```

可以看到上述语句的初始化列表是按行描述的，因为花括号内有 3 个花括号，则表示数组 a 第一维的长度一定为 3。

6.2.4　二维数组的应用

【案例 6.5】 随机生成一个 5 行 5 列的数据，求其主副对角线之和。

【解题思路】

1）初始化数组：根据题目描述，可以使用双层循环遍历二维数组，对每个元素随机赋 100 以内的初值。

2）分析主副对角线特点：主对角线的特点为行下标和列下标一致，副对角线的特点为“行下标+列下标=4”。

3）主对角线和副对角线都可以通过单个索引 i 来访问相应的元素，主对角线元素可以统一表示为 a[i][i]，副对角线元素可以统一表示为 a[i][4-i]，这时使用两个单循环语句即可分别对主副对角线元素进行累加求和。

4）这时会发现 a[2][2]同时存在于主副对角线，也就是说这个元素被加了 2 次，因此需要在最后的和中减一次 a[2][2]元素的值。

算法改进：在处理矩阵的主对角线和副对角线之和的问题时，会发现当矩阵的行列数为偶数时，不存在任何一个元素同时位于主对角线和副对角线上。因此，在计算最终结果时，无须额外去除重复计算的元素值。为了实现一种通用且灵活的算法，可以利用穷举算法的思路，遍历整个矩阵数组，并仅在当前元素位于主对角线或副对角线上时进行累加。这样不仅简化了代码逻辑，还提高了算法的可读性和可维护性。

此外，考虑在不同应用场景中矩阵的行列数可能会发生变化，为了增强程序的灵活性和可读性，可以使用预处理器指令 #define 来定义矩阵的边长为 SIZE。这样做的好处是，当需要调整矩阵的大小时，只需修改这个符号常量，而无须在代码中多处更改数值，从而大大减少了出错的可能性，并提升了代码的可维护性。

【程序代码】

```
#include <stdio.h>
#include <stdlib.h>
#include <time.h>
#define SIZE 5          //宏定义矩阵变成 SIZE 为 5
void main()
{
    int a[SIZE][SIZE],i,j,sum=0;
    srand((unsigned int)time(NULL));
    printf("随机数组 A 为: \n");  //生成并打印矩阵
    for(i=0;i<SIZE;i++)
    {
        for(j=0;j<SIZE;j++)
        {
            a[i][j]=rand()%100;
            printf("%4d",a[i][j]);
        }
        printf("\n");
    }
    //计算主对角线和副对角线之和
```

```
        for(i=0;i<SIZE;i++)
            for(j=0;j<SIZE;j++)
                if(i==j||i+j==SIZE-1)
                    sum=sum+a[i][j];
        printf("该矩阵数组的主副对角线之和为：%d\n",sum);
    }
```

【运行结果】

```
随机数组A为:
  76   5  55  30  65
  78  33  89  75  45
  80  95  77  38  79
  15  93  53   5  40
   9   5  84  44  42
该矩阵数组的主副对角线之和为: 475
请按任意键继续. . .
```

【程序分析】

1）宏定义矩阵大小：使用 #define 指令定义了一个符号常量 SIZE，表示矩阵的行数和列数均为 5。这样做的好处是可以方便地修改矩阵的大小，而无须在代码中多处查找并修改数字。

2）生成并打印矩阵：使用双层循环生成一个 SIZE 行 SIZE 列的二维数组，并打印输出。每个元素都是一个 0～99 之间的随机整数。

3）计算主对角线和副对角线之和：遍历整个二维数组，检查每个元素是否位于主对角线（i==j）或副对角线（i+j==SIZE-1）上。如果是，则累加到 sum 变量中。

【案例 6.6】 随机输出杨辉三角形的前 7 行。

杨辉三角（Pascal triangle）是一种数学上的数列结构，在组合数学中有广泛的应用。杨辉三角的特点是：每行的第一个数和最后一个数都是 1，除了边界上的 1 之外，每个数等于其正上方的两个数之和。

【解题思路】

首先，定义一个 7×7 的二维数组，并利用符号常量 SIZE 来表示数组的边长。基于杨辉三角的特征分析，可知每一行的第一个元素 a[i][0]和最后一个元素 a[i][i]均为 1。因此，可以利用循环结构对这些元素赋值。

接下来，从第三行（即 i=2）开始，遍历数组并对每个非边界元素进行求值。每个非边界元素的值为其正上方两个元素的和，即 a[i][j] = a[i-1][j] + a[i-1][j-1]。这一过程通过嵌套循环结构实现，以确保每个元素都被正确计算。

采用这种方式能够高效地生成杨辉三角，并保证其每一行的元素都符合组合数的规律。

【程序代码】

```
#include <stdio.h>
#define SIZE 7
void main()
{
    int a[SIZE][SIZE]={0},i,j;
    for(i=0;i<SIZE;i++)
```

```
        a[i][0]=a[i][i]=1;                //对杨辉三角边界元素赋值 1
    for(i=2;i<SIZE;i++)
        for(j=1;j<i;j++)
            a[i][j]=a[i-1][j]+a[i-1][j-1];//对杨辉三角非边界元素计算赋值
    printf("杨辉三角前%d 行可描述为: \n",SIZE);
    //输出杨辉三角
    for(i=0;i<SIZE;i++)
    {
        for(j=0;j<=i;j++)
            printf("%4d",a[i][j]);
        printf("\n");
    }
}
```

【运行结果】

```
杨辉三角前7行可描述为:
   1
   1   1
   1   2   1
   1   3   3   1
   1   4   6   4   1
   1   5  10  10   5   1
   1   6  15  20  15   6   1
请按任意键继续. . .
```

【程序分析】

1）使用一个循环对每行的第一个元素 a[i][0]和最后一个元素 a[i][i]赋值 1。这是杨辉三角的一个重要特性。

2）从第三行（即 i=2）开始，使用嵌套循环计算每个非边界元素。每个非边界元素 a[i][j] =a[i-1][j]+a[i-1][j-1]。这是杨辉三角的核心计算逻辑。

3）使用嵌套循环逐行打印杨辉三角。外层循环 i 控制行数，内层循环 j 控制每行的元素。由于杨辉三角的特殊形状，内层循环的条件设置为 j<=i，以确保每行的元素数量随行数递增。此外，每行打印完成后，通过换行符'\n'实现行之间的分隔。

6.3 字 符 数 组

字符串是由多个字符组成的序列，在实际问题中很多信息都表现为字符串的形式，如姓名、专业、籍贯、家庭住址等。但是 C 语言中没有字符串类型，字符串是通过字符数组存储表示的，也可以用字符指针引用。

6.3.1 字符数组的定义及初始化

一个字符型数据在内存中占 1 字节（保存字符的 ASCII 值），若需要存储多个字符，则需要使用数组。用来存放多个字符型数据的数组就是字符数组。

字符数组的定义形式与整型数组相同，一般形式如下：

```
char 数组名[数组长度];
```

例如：

```
char name[10];          //定义一维字符数组 name，最多可存放 10 个字符元素
char course[5][20];     //定义二维字符数组 course
```

通常，可以用单个字符常量或字符变量来为字符数组元素赋值。

例如，有定义“name[0]='s';name[1]='u';name[2]='n';”，则赋值后，数组 name 中的各元素值如图 6-7 所示。

name[0]=s
name[1]=u
name[2]=n
name[3]=
name[4]=
name[5]=
name[6]=
name[7]=
name[8]=,
name[9]=0

图 6-7　字符数组元素值

可以看出，数组 name 中，前三个元素被明确地初始化为's'、'u'、'n'，而其余的元素则保留了未初始化状态，这些未初始化的元素包含的是不确定的随机值。因此，这样的字符序列并不能被视为一个有效的字符串。

在 C 语言中，字符串是指那些以空字符'\0'结尾的字符序列。只有当一个字符数组或字符序列以这个特殊的终止符结束时，才能被正确地识别和处理为一个字符串，如图 6-8 所示。

H	E	L	L	O	\0

图 6-8　字符串的存储形式 1

因为 C 语言中没有提供专门的字符串类型，所以字符串的处理是基于字符数组的，即利用字符数组实现字符串的存取。形如"sun"或"201922111920128"这样用一对双引号括起来的字符序列，被称为字符串常量，常用于初始化字符数组。存储字符串常量时系统会自动添加终止字符'\0'到字符序列尾部。

用字符串常量初始化一维字符数组的一般形式如下。

（1）形式一：指定数组长度

```
char s1[10]="sun";
```

这种形式指定数组内最多可容纳的字符个数为 10，数组 s1 的内存状态如图 6-9 所示。

s	u	n	\0	\0	\0	\0	\0	\0	\0

图 6-9　字符串的存储形式 2

此时，有两个概念需要区分：字符数组的长度和字符串的实际长度。s1 数组的长度在定义数组时已被限定为 10。数组中实际存放的是's'、'u'、'n'三个字符及若干个'\0'字符。为了测定字符串的实际长度，C 语言规定终止字符'\0'作为字符串结束标志。在遇到第一个终止字符'\0'时，认为字符串结束，在'\0'前面的若干个字符组成一个字符串，其字符的个数即字符串的实际长度。数组 s1 中存放的字符串的实际长度是 3。数组 s1 的长度是 10。

（2）形式二：不指定数组长度

```
char s2[]="sun";
```

这种形式没有限定数组元素个数，系统会根据初值的情况补上数组中的其他元素。此时，数组的长度由初值的个数决定。数组 s2 的长度是 4，字符串的实际长度是 3。数

组 s2 的内存状态如图 6-10 所示。

s	u	n	\0

图 6-10　字符串的存储形式 3

可以将二维字符数组理解为存储了多个字符串的一维数组，一维数组中的每个元素均是字符串。例如：

```
char course[5][20]={"english","math","chemistry", "physics","chinese"};
```

上述语句声明了一个数组，该数组共有 5 行，每行均有 20 个字符。数组元素为 course[0]、course[1]、course[2]、course[3]、course[4]，分别对应字符串"english"、"math"、"chemistry"、"physics"和"chinese"。

6.3.2　字符串的结束标志

程序中经常看见这样的输出语句“printf("Welcome to join us into the C world.");”，那么该语句执行时，系统是如何知道输出何时停止呢？这依赖于终止字符'\0'，它是字符串结束的标志。执行输出语句时，每输出一个字符都要检查一次，看下一个字符是否为'\0'，若是，则停止输出。

【例 6.3】 输出带\0 的字符串。

【程序代码】

```
#include <stdio.h>
int main()
{
    printf("This is \0 only a test.");
    return 0;
}
```

【运行结果】

```
This is 请按任意键继续. . .
```

【程序说明】

输出字符串常量“This is \0 only a test.”时，遇到第一个终止字符'\0'就会停止输出。因此只有终止字符之前的字符被打印输出。

再次强调，字符数组的长度必须大于其存储的字符串的长度。在定义数组时，通常声明一个足够容纳要存储的最大字符串长度的数组。例如，用来保存姓名字符串的 name 数组，考虑到复姓的可能，数组大小通常定义为 10。

终止字符'\0'除了可以帮助系统确认字符串常量的输出何时结束外，还可以帮助人们确定字符串的实际长度。

【例 6.4】 计算字符串的实际长度。

【程序代码】

```
#include <stdio.h>
int main()
{
    char str[100]="Can you count the number of characters? ";
```

```
    int i=0,num=0;
    while(str[i++]!='\0')
        num=num+1;
    printf("The length of the string is %d\n",num);
    return 0;
}
```

【运行结果】

```
The length of the string is 40
请按任意键继续. . .
```

【程序说明】

本程序中定义了字符数组 str，申请分配 100 字节的存储空间，实际存储的是字符串 "Can you count the number of characters? "。利用循环检测数组中各元素是否为终止字符'\0'来统计字符串实际长度，即只要数组元素不是终止字符'\0'，统计字符串实际长度的变量 num 就增加 1。

6.3.3 字符串的整体输入和输出

1. 字符串的整体输入函数 scanf()

字符串的整体输入前面已介绍过用字符串常量来初始化字符数组的例子。若定义数组时没有进行初始化，那么该如何用字符串常量给字符数组赋初值呢？

方法一：

```
name="sun";
```

定义数组后，尝试用字符串常量直接初始化数组可以吗？这种赋值方式是错误的。原因是赋值符号'='的左边应该是左值，即变量，而数组名 name 代表的是数组 name 的首地址，是一个常量。从而最终因试图修改常量的值而发生错误。

方法二：

```
int i;
for(i=0;i<10;i++) //利用循环逐个输入字符
    scanf("%c", &name[i]);
```

上面的语句是正确的。但是通常人们存储在字符数组中的实际字符串长度都小于数组的长度，因此，以数组大小控制循环次数会浪费 CPU 和内存。

方法三：

```
scanf("%s",name);
```

利用输入输出格式符%s 进行字符串整体输入，该语句是正确的，但需要注意以下几点。

- 用格式符%s 可实现字符串的整体输入或输出。
- 这里 scanf()函数的第二个参数是数组名 name，而不是&name。因为数组名本身就是地址。
- 从键盘输入的字符个数要小于数组 name 的长度。
- C 语言中用空格符、Tab 符或换行符作为输入字符串之间的分隔符。即无论输入多少个字符，都只会将空格等（Tab 符或换行符）前的字符送至参数 name 所表示的地址中。

【例 6.5】 scanf()函数在字符串整体输入时的用法。

【程序代码】

```
#include <stdio.h>
int main()
{
    char name[10];
    int i;
    printf("Hi,please input a name:");
    scanf("%s",name);
    for(i=0;name[i]!='\0';i++) //利用循环逐个输出字符
        printf("%c",name[i]);
    return 0;
}
```

情况 1：

【运行结果】

情况 2：Hi,please input a name:QiTianDaSheng（下划线部分表示从键盘输入）。

【运行结果】

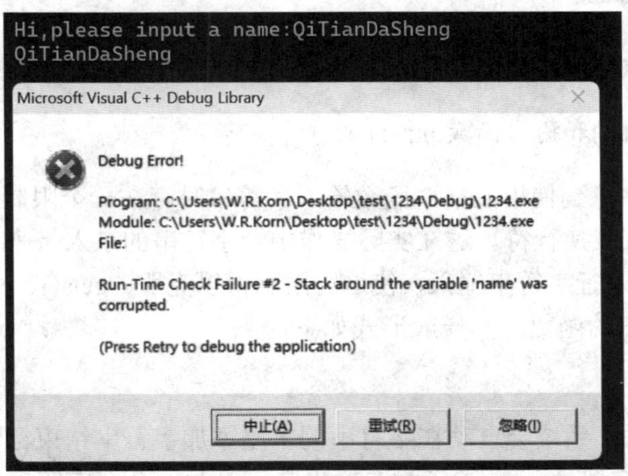

【程序分析】

程序运行出现异常是因为输入的字符个数超过了数组 name 的长度，多余字符尝试非法占用未分配给 name 的内存空间，故系统提示错误。

情况 3：Hi,please input a name: wu yu hen（下划线部分代表示从键盘输入）。

【运行结果】

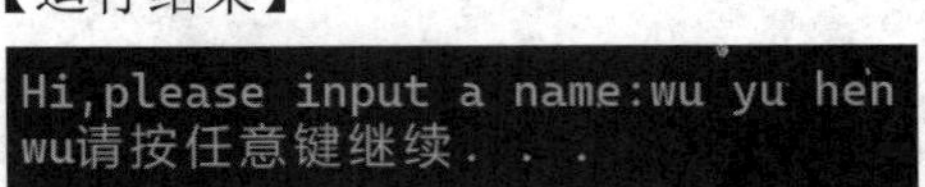

【程序分析】

在键盘输入的字符中，由于以空格符、Tab 符或换行符作为输入字符串之间的分隔符，因此仅空格符前的字符存储到数组 name 中。

2. 字符串的整体输出函数 printf()

使用格式符%s，也可以对字符串整体输出。例如：

```
char name[10]="sun";
printf("%s",name);
```

【运行结果】

```
sun
```

【程序分析】

1）当使用格式符%s 时，printf()函数的第二个参数应为输出字符串的起始地址，而不是某个元素名，即从 name 表示的地址开始输出对应的字符。

2）输出字符直至遇到终止字符'\0'停止。

3）若字符数组中没有'\0'，则会继续访问数组存储空间以外的内容，直至遇到'\0'。这对于内存安全来说存在隐患。

例如：

```
char c[3]={'y','e','s'};
printf("%s",c);
```

【输出结果】

```
yes 烫烫藥
```

除 yes 字符外，在遇到第一个终止字符前的其他内存单元的字符也输出了。因此，在对字符数组初始化时要保证以'\0'结束。对于字符串常量，系统会自动在其尾部添加'\0'。

3. 字符串的整体输入函数 gets()和输出函数 puts()

在先前的学习过程中，我们注意到使用 scanf()函数输入字符串时存在一个限制，即字符串中不能包含空格符、Tab 符或换行符。这在实际操作中给字符串的录入带来了极大的不便。然而，使用 gets()函数进行字符串输入，使这一限制得以克服。gets()、puts()函数是专门用于字符串输入和输出的函数，其一般形式如下：

```
gets(存放字符串的字符数组名);
puts(字符数组名或字符串常量);
```

通过 gets()函数读取字符串时，系统会自动在字符串的末尾添加字符串结束标识符'\0'，从而确保字符串的有效性和完整性。puts()函数在输出字符串时，会在字符串末尾自动添加换行符，从而确保输出格式的整洁。

【例 6.6】 输入一个字符串，将字符串中所有大写字母改写为小写字母。

【程序代码】

```
#include <stdio.h>
int main()
{
    char str[20];
    int i;
    puts("请输入一个字符串：");
    gets(str);
    for(i=0;str[i]!='\0';i++)
```

```
        if(str[i]>='A'&&str[i]<='Z')
            str[i]+=32;
    puts("更改后的字符串为：");
    puts(str);
    return 0;
}
```

【运行结果】

```
请输入一个字符串:
I Love China!
更改后的字符串为:
i love china!
请按任意键继续. . .
```

【程序分析】

在程序中，使用 gets()函数读取用户输入的字符串，并将其存储在字符数组 str 中。随后，使用 puts()函数输出提示信息和字符数组中存储的字符串。值得注意的是，puts()函数会在字符串末尾自动添加换行符，从而使输出更加整洁。

为了将字符串中的大写字母转换为小写字母，使用 for 循环遍历字符数组 str。在实际应用中，用户输入的字符串长度往往小于字符数组的长度。因此，在遍历数组时，应使用 str[i] != '\0'作为循环控制条件，以确保只遍历到字符串的实际终止位置。在遍历过程中，检查每个字符是否属于大写字母（ASCII 字母范围为'A'到'Z'）。如果是大写字母，则通过加上 32（ASCII 中大写字母与对应小写字母的差值）将其转换为小写字母。

6.3.4 字符串处理函数

为了更加方便地处理字符串数据，C 语言提供了丰富的字符串处理函数。在使用这些库函数时，需要引用头文件“#include <string.h>”。

以下是一些常用的字符串处理函数及其功能描述。

1）strlen(str)：计算字符串 str 的长度（不包括终止符 '\0'）。

功能：此函数返回字符串 str 的字符数，不包括字符串末尾的终止符 '\0'。

【例 6.7】 计算字符串的长度。

【程序代码】

```
char str[20]="i love china!";
int i;
i=strlen(str);
printf("该字符串一共有%d 个字符\n",i);
```

【运行结果】

```
该字符串一共有16个字符
请按任意键继续. . .
```

2）strcpy(str1, str2)：将字符串 str2 复制到 str1 中。

功能：此函数将源字符串 str2 复制到目标字符串 str1 中，包括字符串末尾的终止符'\0'。

【例 6.8】 打印输出复制后的字符串。

【程序代码】

```
char str2[20]="i love china!",str1[20];
```

```
    strcpy(str1,str2);
    puts("复制后的字符串为：");
    puts(str1);
```

【运行结果】

```
复制后的字符串为:
i love china!
请按任意键继续. . .
```

3）strcat(str1, str2)：将字符串 str2 连接到字符串 str1 的末尾。

功能：此函数将字符串 str2 添加到字符串 str1 的末尾，并确保在连接后的字符串末尾添加终止符'\0'。

【例 6.9】 将一个字符串连接到另一个字符串末尾，并打印输出连接后的字符串。

【程序代码】

```
    char str1[20]="i love ",str2[10]="china!";
    strcat(str1,str2);
    puts("连接后的字符串为：");
    puts(str1);
```

【运行结果】

```
连接后的字符串为:
i love china!
请按任意键继续. . .
```

4）strcmp(str1, str2)：比较字符串 s1 和 s2 是否相等。

功能：此函数比较两个字符串 str1 和 str2 的内容。如果两个字符串完全相同，则返回 0；如果 str1 在字典序上小于 str2，则返回负数；否则，返回正数。

示例：

```
    int result = strcmp(str1, str2);
```

5）strlwr(str)：将字符串 str 中的所有字符转换为小写形式。

功能：此函数将字符串 str 中的所有大写字母转换为小写字母。此函数在某些平台不可用，需要自行实现或使用其他方法实现。

示例：

```
    strlwr(str);
```

6）strupr(str)：将字符串 str 中的所有字符转换为大写形式。

功能：此函数将字符串 str 中的所有小写字母转换为大写字母。此函数在某些平台不可用，需要自行实现或使用其他方法实现。

示例：

```
    strupr(str);
```

6.3.5 字符数组的应用

【案例 6.7】 输入一个字符串判断是否为回文字符串。

回文字符串是一种特殊的字符串，它正读和反读是相同的。换句话说，如果一个字符串从左到右读和从右到左读是一样的，那么这个字符串就是一个回文字符串。例如"racecar"、"level"和"noon"都是回文字符串。

分析：首先，需要定义一个字符数组 str 用于存储用户输入的字符串，输入字符串后可以通过 strlen()库函数确定字符串最后一个元素的下标值为 strlen(str)-1。

为了记录字符串是否为回文，可以设置一个回文标记变量 flag，其初值为 1（表示是回文）。

利用循环结构从字符串的两端同时向中心遍历，逐一比较对应位置的字符是否相等。具体来说，就是每次比较下标 i 和 len-i-1 处的字符是否相等。如果不相等，则将 flag 的值设置为 0（表示不是回文），并退出循环。

最后根据 flag 中的值是否为 1，来判断该字符串是否为回文字符串。

【程序代码】

```
#include <stdio.h>
#include <string.h>
void main()
{
    char str[30];
    int i,flag=1,len;
    puts("请输入一个字符串：");
    gets(str);
    len=strlen(str)-1;                  //最后一个元素的下标
    for(i=0;i<len/2;i++)
        if(str[i]!=str[len-i])          //比较两端字符是否相等
        {
            flag=0;                     //设置标记变量的值为0（表示不是回文）
            break;
        }
    if(flag==1)
        puts("该字符是回文字符串！");
    else
        puts("该字符不是回文字符串！");
}
```

【运行结果】

```
请输入一个字符串：
level
该字符是回文字符串！
请按任意键继续. . .
```

```
请输入一个字符串：
especial
该字符不是回文字符串！
请按任意键继续. . .
```

本章小结

本章介绍了数组的基本概念，数组的定义、引用及初始化，数组的遍历及数组的基本操作。

数组是一种线性数据结构，用于存储相同类型的数据项。每个数据项称为数组的元素。数组中的所有元素都存储在连续的内存位置上，可以通过索引快速访问。

数组在定义后，就确定了数组元素的类型必须一致，元素数量也确定了。

数组的索引从 0 开始，最后一个元素的索引是数组长度减 1。访问数组时要确保索引不超出范围，否则会引发数组越界异常。

数组常见操作包括遍历、搜索、排序、插入和删除。本章还介绍了字符数组对字符串的操作及常用的字符串库函数的使用。

习　　题

一、填空题

1. 数组是一组具有相同数据类型的变量______。
2. C 语言中数组名代表数组的______地址。
3. 数组用于存储一组相同类型的______。
4. 在 C 语言中，访问数组中的某个元素可以通过______来完成。
5. 若数组“int a[]={1,4,9,4,23};”，则 a[2]= ______。

二、判断题

1. “int a[2][3]={1,2,3,4,5,6};”定义了一个二维数组 a，并且对其进行了初始化。（　　）
2. 在 C 语言中，只有一维数组和二维数组。（　　）
3. 数组的下标都是从 1 开始的。（　　）
4. “int i[]={1,2,3,4};”这种赋值方式是错误的。（　　）
5. 多维数组的使用方法与二维数组类似。（　　）

三、选择题

1. 若有定义“int a[2][3] = {{1,2,3}, {4,5,6}};”，则 a[1][1]的值为（　　）。
   A. 2　　B. 3　　C. 4　　D. 5
2. 以下选项中，可以访问数组 a 第 1 个元素的是（　　）。
   A. a[0]　　B. a(0)　　C. a[1]　　D. a(1)
3. 若有定义“int i[5]={1,2,3};”，则 i[2]的值为（　　）。
   A. 1　　B. 2　　C. 3　　D. null
4. 以下对数组的描述中，正确的是（　　）。
   A. 数组的长度是不可变的
   B. 数组不能先声明长度再赋值
   C. 数组只能存储相同数据类型的元素
   D. 数组没有初始值
5. 以下关于二维数组的定义中，正确的是（　　）。
   A. int a[2][3] = {{1,2,3}, {4,5,6}};　　B. int a[2][3] = {1,2,3,4,5,6};
   C. int a[2][3] = {{1,3}, {4,5,6}};　　D. int a[][3] = {1,2,3,4,5,6};
6. 以下选项中，正确声明一个包含 10 个整数的数组的是（　　）。
   A. int a[10];　　B. int a(10);
   C. int a = [10];　　D. int a{10};
7. 在 C 语言中，数组的初始索引是（　　）。

A. 0　　B. 1　　C. −1　　D. 任意值

四、编程题

1. 请编写一个程序，获取数组 int a[]={3,4,6,9,13}中元素的最大值。

2. 请编写一个程序，通过冒泡排序算法对数组 int b[]={25,24,12,76,101,96,28}进行排序。

3. 查找最大值和最小值。创建一个程序，用户输入一组整数（数量由用户决定），程序需要找到并显示这组数字中的最大值和最小值。

4. 矩阵加法。创建一个程序，让用户分别输入两个相同大小的矩阵，然后计算这两个矩阵的和，并打印结果矩阵。

5. 编写一个程序，让用户输入一个字符串，然后计算并输出该字符串的长度。不允许使用标准库函数 strlen()。

第7章　函　　数

C程序由一个或多个函数组成，每个函数都具有相对独立的功能。本章将从函数的定义、参数的传递和函数的调用等方面介绍函数的使用，用实例讲解函数的嵌套调用和递归调用，并介绍变量的作用域和存储类别，最后介绍源程序结构的组成。

本章重点内容如下。

- 函数的定义、声明。
- 函数调用和传参方式。
- 变量的存储属性、作用范围。
- 递归函数。

7.1　模块化程序设计方法

一个较大的程序不可能完全由一个人来完成，更不可能把所有的内容都放在一个main()函数中。为了便于程序的规划、组织、编程和调试，一般的做法是将一个复杂的任务按功能划分成若干子任务。每个子任务设计成一段程序，称之为模块。

这是一种自顶向下、逐层细化的方法，即当设计解决一个复杂问题的程序时，将一个大问题分解成若干个容易解决的子问题；若子问题较复杂，还可以将子问题继续分解，直到分解成一些容易解决的子问题为止。当所有的子问题都得到解决，整个问题也就解决了。在整个过程中，每一次分解都是对上一层问题的细化和逐步求精，最终形成一种类似树状的层次结构，来描述分析的结果。

例如，在开发实数的四则运算程序时，从功能结构上可以将其分解为主模块、加法模块、减法模块、乘法模块和除法模块共五个模块，如图7-1所示。

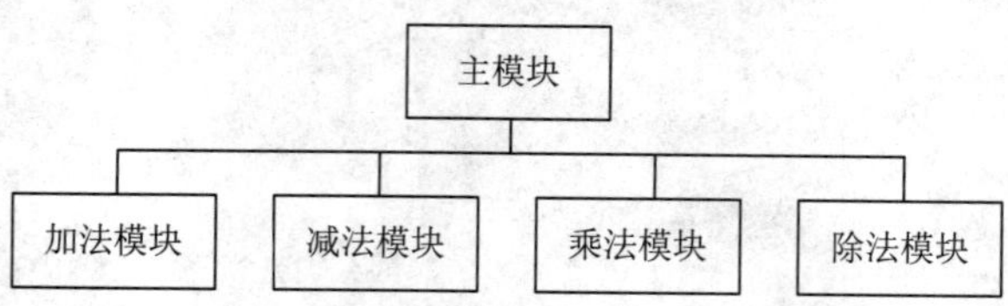

图7-1　四则运算程序功能结构

主模块的功能：按照逻辑顺序从键盘读入数据和操作数，并调用其他四个模块来完成四则运算。

加法模块的功能：根据输入完成两个数的加法运算，返回两者之和。

减法模块的功能：根据输入完成两个数的减法运算，返回两者之差。

乘法模块的作用：根据输入完成两个数的乘法运算，返回两者之积。

除法运算的作用：根据输入完成两个数的除法运算，返回两者之商。

在C语言中，模块一般通过函数来实现，一个模块对应一个函数。函数被视为C

语言的基本逻辑单位，因此C语言也常被称为函数式语言。函数实现了程序分割，为程序设计的有效分工和多人合作提供了技术基础。此外，函数可实现代码复用，从而节约开发成本，提高开发效率。

上面的五个模块如果在C语言中实现，主模块由main()函数实现，加减乘除等功能模块由对应函数实现。不同函数之间地位平等，不存在隶属关系。对于简单的程序设计，主函数与其他函数可以放在同一个源文件中，但当多人合作开发一个系统时，通常会安排每人负责一个模块，每个模块由一个独立的源程序实现。

四则运算的函数实现代码如下：

```
#include <stdio.h>
//函数声明
double add(double a, double b);
double subtract(double a, double b);
double multiply(double a, double b);
double divide(double a, double b);
//主函数
int main()
{
    double num1=1.0, num2=1.0, result=0;
    char op;
    printf("输入两个数字: ");
    scanf("%lf%c%lf", &num1, &op,&num2);
    switch(op)
    {
        case '+': result=add(num1,num2); break;
        case '-': result=subtract(num1,num2); break;
        case '*': result=multiply(num1,num2); break;
        case '/':
            if (num2!=0)
                result=divide(num1,num2);
            else
                printf("错误: 除数不能为零。\n");
            break;
        default: printf("无效的选择，请重新输入。\n");
    }
    printf("结果: %.2lf\n", result);
    return 0;
}
//加法模块
double add(double a, double b)
{
    return a+b;
}
//减法模块
double subtract(double a, double b)
{
    return a-b;
}
//乘法模块
```

```
double multiply(double a, double b)
{
    return a*b;
}
//除法模块
double divide(double a, double b)
 {
    return a/b;
}
```

一个 C 程序可由一个或多个函数组成，在所有函数中有且仅有一个 main()函数，main()函数名由系统定义。程序执行时，不管 main()函数的位置如何，程序都从 main()函数开始执行，并在 main()函数中结束。

C 程序由一个或多个函数组成，每个函数都具有相对独立的功能。前面已经介绍过，C 源程序是由函数组成的，前几章也频繁使用了 main()、printf()、scanf()、getchar()等函数。最后总结一下 C 语言使用函数的主要原因。

1）C 语言在编写比较大的软件系统时，软件的代码可能成千上万行。如何有效地组织和维护这些代码就成为一个关键问题。为此，C 语言中引入了函数的概念。

2）C 语言中把函数当作程序的基本单位，程序中可以包含一个或多个函数。通过函数来组织程序结构，使得程序结构更加简单，易于维护。

3）C 语言不仅提供了极为丰富的库函数，还允许用户自己定义函数。用户可把自己的算法编成一个个相对独立的函数模块，然后通过调用使用它们。

7.2 函数的定义

7.2.1 函数分类

在 C 语言中，可以从不同的角度对函数进行分类。从函数定义的角度看，函数可分为库函数和用户自定义函数两种。

1）标准库函数：C 语言提供了大量实现各种特定功能的标准库函数，用户无须定义，也不必在程序中做说明，只需在程序前使用 include 包含该函数原型的头文件，即可在程序中直接调用它们。在前面各章的例题中用到的 printf()、scanf()、sqrt()、fabs()、getchar()、putchar()、gets()、puts()、strcat() 等函数均属于标准库函数。

2）用户自定义函数：由用户按实际应用需要编写的函数。对于用户自定义函数，不仅需在程序中定义函数本身，而且还需在主调函数模块中对该被调函数进行声明，然后才能被使用。

这两类函数的主要区别在于，标准库函数由系统提供，功能固定、数量有限；而用户自定义函数是在用户编写程序时创建的，功能可以根据实际情况设计。

从主调函数和被调函数之间数据传送的角度看，函数又可分为无参函数和有参函数两种。

1）无参函数：函数定义、函数说明及函数调用中均不带参数。主调函数和被调函数之间不进行参数传送。此类函数通常用来完成一组指定的功能，可以返回或不返回函数值。

2）有参函数：又称带参函数。在函数定义及函数说明时都有参数的，称为形式参数（简称形参）。在函数调用时也必须给出参数的，称为实际参数（简称实参）。进行函数调用时，主调函数把实参的值传送给形参，供被调函数使用。

7.2.2　函数定义

1. 无参函数

无参函数定义的一般形式如下：

```
类型标识符 函数名 ()
{
    声明部分
    语句部分
}
```

【说明】

1）类型标识符和函数名称为函数头。类型标识符指明了本函数的类型，函数的类型实际上是函数返回值的类型。该类型标识符与前面介绍的各种说明符相同。

2）函数名是由用户定义的标识符，函数名后有一个空括号，其中无参数，但括号不可省略。

3）{}中的内容称为函数体。在函数体中的声明部分，是对函数体内部所用到的变量的类型说明；语句部分通常是函数功能的具体实现。

在很多情况下都不要求无参函数有返回值，此时函数类型符可以写为void。例如，定义一个打印Hello!的无参函数的代码如下：

```
void printHello()
{
    printf("Hello!\n");
}
```

printHello()函数是用户自定义的无参函数，用来完成打印Hello!的功能。用void指定函数值的类型，即函数带回来的值的类型，表示printHello()函数不需要带回函数值。

2. 有参函数

有参函数定义的一般形式如下：

```
类型标识符 函数名 (形参表)
{
    声明部分
    语句部分
}
```

【说明】

1）有参函数比无参函数多了一个内容，即形参表。在形参表中给出的参数称为形参，它们可以是各种类型的变量，各参数之间用逗号间隔。

2）在进行函数调用时，主调函数将赋予这些形参实际的值。形参既然是变量，必须在形参表中给出形参的类型说明。例如，定义一个函数，用于求两个数的最大值，可表示如下：

```
int max(int x,int y)
{
    int z;
    if(x>y)
        z=x;
    else
        z=y;
    return z; //也可以写为 return(z);
}
```

注意

- 在 C 语言中，所有函数定义，包括主函数 main()在内，都是平行的。也就是说，在一个函数的函数体内，不能再定义另一个函数，即不能嵌套定义。
- main()函数是主函数，可以调用其他函数，而不允许被其他函数调用。因此，C 程序的执行总是从 main()函数开始，完成对其他函数的调用后再返回到 main()函数结束。
- 一个 C 源程序必须有且只能有一个主函数 main()。

7.2.3 形参和实参

函数的参数分为形参和实参两种。形参出现在函数定义中，在整个函数体内都可以使用，离开该函数则不能使用。实参出现在主调函数中，进入被调函数后，实参变量也不能使用。形参和实参的功能是进行数据传送。发生函数调用时，主调函数把实参的值传送给被调函数的形参，从而实现主调函数向被调函数的数据传送。函数的形参和实参具有以下特点。

1）在定义函数中指定的形参，在未出现函数调用时，并不占用内存中的存储单元，只有在函数调用时才占用。在函数调用结束后，形参所占用的内存单元也被释放。例如，上例 max()函数中的形参 x 和 y，在 max()函数被调用时，形参被分配内存单元；在 max()函数调用结束后内存单元即被释放。

2）实参可以是常量、变量或表达式如“c=max(a,a+b);”，但要求它们有确定的值。函数被调用时实参的值将被赋给形参。

3）在被定义的函数中，必须指定形参的类型；而在函数调用时，一定不能指定实参的类型，如“c=max(int a,int b);”是错误的写法。

4）实参与形参的类型应相同，且应是合法的、正确的。

7.2.4 函数返回值

函数的值（又称函数返回值）是指函数被调用之后，执行函数体中的程序段所取得的并返回给主调函数的值。对于函数返回值，有以下一些说明。

1）函数返回值只能通过 return 语句返回主调函数。

return 语句的一般形式如下：

```
return 表达式; //或“return (表达式);”或“return;”
```

该语句的功能是计算表达式的值，并返回给主调函数。函数中允许有多条 return 语句，但每次调用只能有一条 return 语句被执行，因此只能返回一个函数值。

2）函数值的类型和函数定义中函数的类型应保持一致。如果两者不一致，则以函数类型为准，自动进行类型转换。例如：

```
int f(int x,int y)
{
    float z;
    …
    return z;
}
```

定义函数为 int 型，函数返回值为 float 型，那么以定义的 int 型为准，函数返回值自动转换为 int 型。

3）如在函数定义时省略类型说明，则系统默认函数类型为 int 型。例如：

```
f(int x,int y)
{
    int z;
    …
    return z;
}
```

省略了函数 f 的类型，系统自动将函数类型处理为 int 型。

4）不返回函数值的函数，可以明确定义为“空类型”，类型说明符为 void。例如，swap()函数并不向主函数返回函数值，因此可定义为

```
void swap(int a,int b)
{
    …
}
```

一旦函数被定义为空类型，就不能在主调函数中使用被调函数的函数值了。例如，在定义 swap()函数为空类型后，在主函数中使用语句“sum=swap(3,5);”是错误的。

7.3 函数的调用

C 程序是从 main()函数开始执行的，程序中一旦调用了某个函数，main()函数就会被暂停执行而转去执行相应的函数，完成一些特定的工作，该函数执行完后将返回到 main()函数中调用它的位置，然后再从原先暂停的位置继续执行。除 main()函数外，一个函数定义后可以被其他函数或自己任意调用多次，但任何函数都不能调用 main()函数。

7.3.1 函数调用方式

在 C 语言中，调用函数主要有以下几种方式。

1）函数表达式：函数作为表达式中的一项出现在表达式中，以函数返回值参与表达式的运算。这种方式要求函数是有返回值的。例如，z=max(x,y)是一个赋值表达式，将 max()函数的返回值赋予变量 z。

2）函数语句：函数调用的一般形式加上分号即构成函数语句。例如，“printf("%d",a);”

和“scanf ("%d",&b);”都是以函数语句的方式调用函数。

3）函数实参：函数作为另一个函数调用的实参出现。这种情况是将该函数的返回值作为实参进行传送，因此要求该函数必须是有返回值的。例如，“printf("%d",max(x,y));”就是将 max()函数调用的返回值又作为 printf()函数的实参使用。

这是一个函数参数求值顺序问题。所谓求值顺序，是指实参表中各量的使用顺序，可自左至右使用，也可自右至左使用。对此，各系统的规定不一定相同。

【例 7.1】 函数参数求值顺序。

【程序代码】

```
int main()
{
   int a=1,b=2;
   printf("%d,%d,%d\n",a,b,b=b+a);
   return 0;
}
```

【运行结果】

```
1,3,3
```

【程序分析】

printf()函数参数求值顺序：如按照自右至左的顺序求值，运行结果应为“1,3,3”；如按照自左至右的顺序求值，运行结果应为“1,2,3”。实际运行结果为“1,3,3”，这说明 printf()函数中各个参数的求值顺序是自右至左的。

应特别注意的是，无论是自左至右求值，还是自右至左求值，其输出顺序都是不变的，即输出顺序总是和实参表中实参的顺序相同。

7.3.2 无参函数调用过程

无参函数调用的一般形式如下：

```
函数名()
```

【例 7.2】 无参函数的调用过程。

【程序代码】

```
#include <stdio.h>
void printHello()
{
   printf("Hello!\n");
}
int main()
{
   printf("*****\n");
   printHello();
   printf("*****\n");
   return 0;
}
```

【运行结果】

```
*****
Hello!
*****
```

【程序分析】

1）在 C 程序中，一个函数的定义可以放在任意位置，既可放在 main()函数之前，也可放在 main()函数之后。无论 main()函数位于何处，程序都从 main()函数开始执行。

2）程序首先进入 main()函数执行，先输出*****，然后执行函数调用语句“printHello();”。

3）程序转到 printHello()函数的内部执行，输出"Hello!"，printHello()函数调用结束，返回到 main()函数中继续执行。

4）输出*****，程序执行结束。

无参函数由于没有形参，调用时无须考虑参数传递，因而调用过程比较容易理解。

7.3.3 有参函数调用过程

程序中调用的大部分函数都是有参函数，理解有参函数的调用过程有两个重点问题：一是参数的传递；二是函数的返回值。在调用有参函数时，主调函数和被调用函数之间存在数据传递，这种传递是通过参数传递实现的。被调函数结束时会得到一个结果，需要通过 return 语句返回给主调函数，该结果就是函数的返回值。

有参函数调用的一般形式如下：

```
函数名 (实参表)
```

实参表中的参数可以是常数、变量或其他构造类型数据及表达式。各实参之间用逗号分隔。

【例 7.3】 有参函数的调用过程。

【程序代码】

```
#include <stdio.h>
int main()
{
   int a,b,c;
   scanf("%d,%d",&a,&b);
   c=max(a,b);
   printf("Max is %d\n",c);
   return 0;
}
int max(int x,int y)
{
   int z;
   if(x>y)
      z=x;
   else
      z=y;
   return z;
}
```

【运行结果】

```
3,5
Max is 5
```

【程序分析】

1）程序首先进入 main()函数执行，先定义三个 int 型变量 a、b、c，内存中生成三三个存储单元，如图 7-2 所示。

2）执行 scanf()函数，给变量 a 和 b 分别赋值 3 和 5，如图 7-3 所示。

3）执行“c=max(a,b);”语句调用 max()函数，则程序跳转到 max()函数中继续执行，此时，发生了参数传递，即实参的值传递给形参，这个传递类似变量之间的赋值，也就是形参 x 获得实参 a 的值 3，形参 y 获得实参 b 的值 5，如图 7-4 所示。

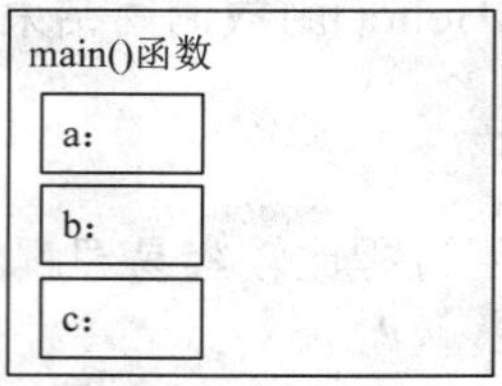

图 7-2　分配存储单元

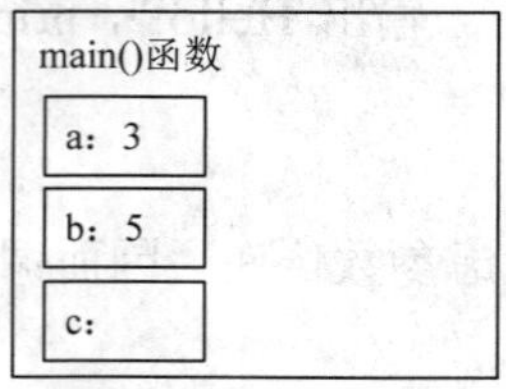

图 7-3　存储单元赋值

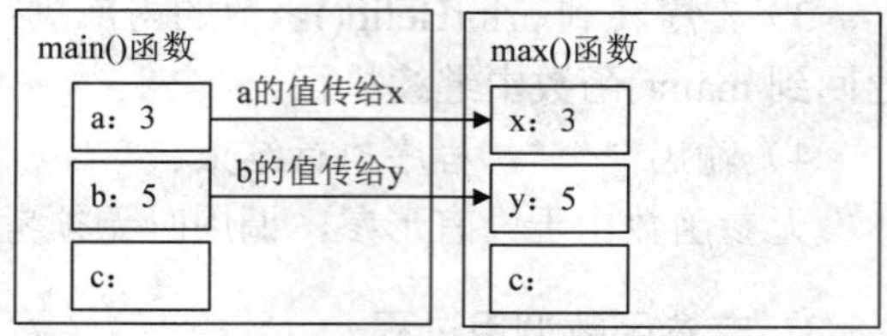

图 7-4　传递 a,b 的值

4）程序跳转到 max()函数中继续执行，定义一个 int 型变量 z，通过计算，z 的值为 x 和 y 中的较大值 5，如图 7-5 所示。

5）执行语句“return z;”。该语句的功能是把 z 的值 5 返回到函数调用处，同时结束 max()函数的执行，使程序返回到主调函数 main()中继续执行。因此，程序返回到 main()函数的“c=max(a,b);”处，max(a,b)获得返回值 5，再把 5 赋值给变量 c，如图 7-6 所示。

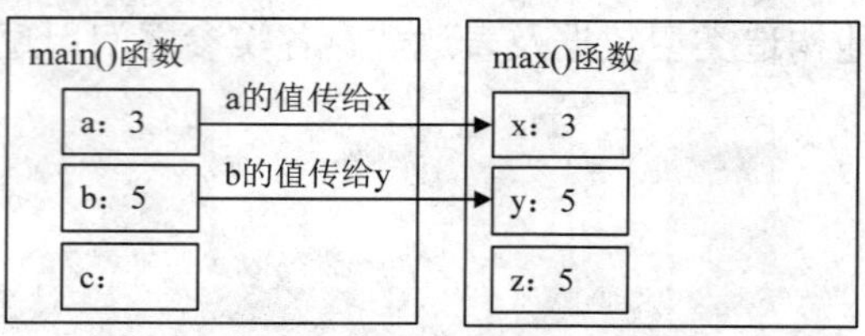

图 7-5　max()函数中 z 变量赋值

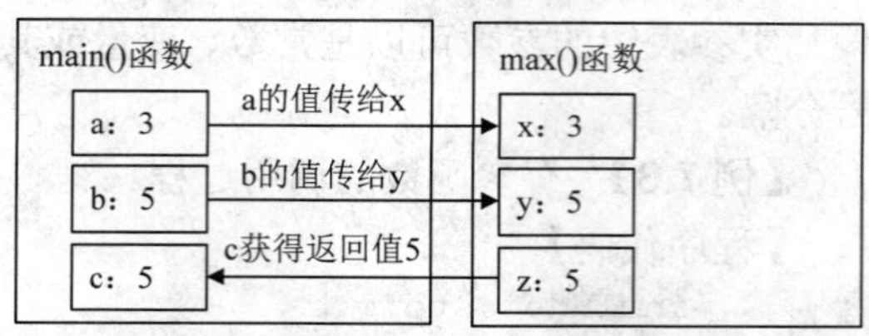

图 7-6　z 变量的值返回到主调函数

6）程序继续执行后面的语句，输出结果“Max is 5”，程序运行全部结束。

7.4　函数的数据传递

C 语言提供了三种数据传递方式：函数参数，函数返回值和全局变量。

1）函数参数。函数参数是主调函数与被调函数信息传递的主要渠道。函数调用开始时，主调函数的实参将被复制给被调函数的形参。此外，被调函数还可以将计算结果写入主调函数输入的内存地址中。调用结束后，主调函数直接从该内存地址读取计算结果，从而间接地将其结果返回给主调函数。

2）函数返回值。函数调用结束时利用 return 语句将计算结果返回给主调函数，该方式仅仅返回一个值。

3）全局变量。声明所有函数都可读写的变量，通过合理的读写顺序实现主调函数与被调函数之间的数据传递。

本节主要讨论函数的参数传递。C 语言中参数的类型不同，其传递的方式也不同，主要分为值传递和地址传递两种形式。

7.4.1 值传递

C 语言规定，实参变量对形参变量的数据传递是“值传递”，即单向传递，只由实参传给形参，而不能由形参传回给实参。

值传递时，实参和形参占用不同的存储单元，在调用函数时系统为形参分配存储单元，并将实参的值一一对应地传递给形参，函数调用结束形参即被释放，其存储单元被收回，实参仍保留并维持原值。因此，当执行一个被调用函数时，形参的值如果发生变化，并不会改变主要函数中实参的值。

值传递具有如下特点。

- 单向传递，数据只能从实参单向传递给形参，而不能把形参的值反向传递给实参。
- 实参和形参分别占用不同的存储单元。
- 形参的改变不能影响实参。

值传递的形参一般为简单变量，而实参可以是简单变量、数组名或常量。

1. 简单变量作为函数的参数

简单变量作为函数参数时，主调函数将实参的值传递给被调用函数的形参，从而实现单向值传递。

【例 7.4】 说明形参的改变是否影响实参。

【程序代码】

```
#include <stdio.h>
void swap(int a,int b)
{
    int t;              //定义临时变量 t
    t=a;
    a=b;                //利用 t 交换 a 和 b 的值
    b=t;
}
int main()
{
    int a,b;
    scanf("%d%d",&a,&b);
    swap(a,b);          //调用 swap()函数，传递实参 a 和 b 的值
    printf("a=%d,b=%d\n",a,b);
    return 0;
}
```

【运行结果】

```
3 5
a=3,b=5
```

【程序分析】

1）当调用 swap()函数时，实参值传递给形参，内存中变量的内容如图 7-7 所示。

2）当调用 swap()函数时，通过 t 作为中间变量交换了形参 a 和 b 的值，而 main()函数中 a 和 b 的值并没有受到影响，因此输出保持不变，仍然是 3 和 5，如图 7-8 所示。

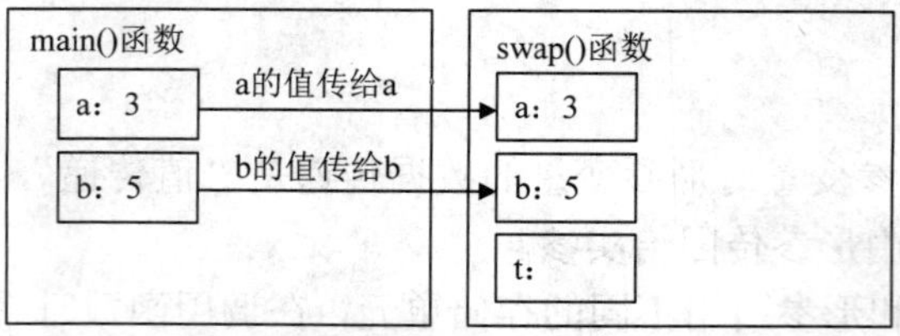

图 7-7　实参值传递给形参

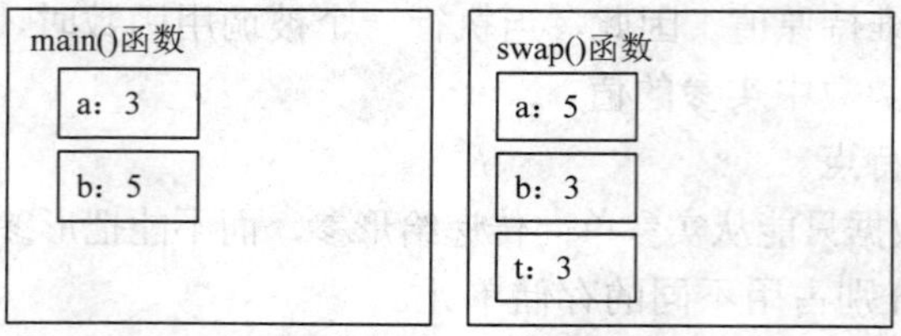

图 7-8　main()和 swap()函数各自的存储空间

3）这个程序说明了实参变量对形参变量的数据传递是单向“值传递”，形参的改变不会影响实参，在内存中，实参单元与形参单元是不同的单元。

2. 数组元素作为函数的参数

数组元素作为函数的参数也属于单向“值传递”，即数组元素把它的值传递到系统为形参分配的临时存储单元中。

【例 7.5】 编写函数统计 5 名学生某门功课不及格的人数。

【程序代码】

```
#include <stdio.h>
int fun(int grade)
{
    if(grade<60)
    return 1;
    else return 0;
}
int main()
{
    int i,num=0;//num 变量用来统计不及格的人数
    int scores[]={55,78,90,45,62};
    for(i=0;i<5;i++)
        if(fun(scores[i])) num++;
    printf("不及格人数： %d", num);//通过 if 表达式调用函数，数组元素作为实参
    return 0;
}
```

【运行结果】

```
不及格人数： 2
```

【程序分析】

存放 5 名学生的成绩用一维数组比较方便，数组元素的使用方法与普通变量相同，可以用下标区分不同的数组元素。如果数组元素作为实参，则对应的形参应该是同类型的普通变量。

7.4.2 地址传递

地址传递是一种特殊的值传递，主调函数将变量或数组在内存空间的地址作为实参复制给被调函数的形参，从而实现主调函数和被调函数共同访问一段数据区。

地址传递具有如下特点。

- 双向传递，数据可以从实参传递给形参，并能把形参的值反向传递给实参。
- 实参和形参占用相同的存储单元。
- 形参的改变能够影响实参。

地址传递的形参可以是数组名或指针，实参也可以是数组名或指针。由于指针将在后面的章节介绍，下面主要介绍数组名作为函数参数的情况。

因为数组名代表数组的起始地址，因此数组名作为函数的参数，遵循“地址传递”的方式，即在函数调用时，使用数组名作为函数参数。将数组的起始地址传递给形参，使形参和实参共用一片存储空间，被调用函数中对形参数组的操作实际上就是对实参数组的操作，形参数组的改变会影响实参数组元素的值。

【例 7.6】 编写函数计算 5 名学生某门功课的平均分。

【程序代码】

```
#include <stdio.h>
float aver(int s[5])
{
    int i;
    float sum=0.0;
    for(i=0;i<5;i++)
        sum=sum+s[i];
    return sum/5.0;
}
int main()
{
    int scores[] = {55, 78, 90, 45, 62};
    float avg;
    avg=aver(scores);
    printf("5 名学生的平均分为: %.2f\n",avg);//调用函数时，数组名作为实参
    return 0;
}
```

【运行结果】

```
5名学生的平均分为：66.00
```

【程序分析】

1）实参和形参均应使用数组名。

2）实参数组与形参数组的类型应一致。

3）实参数组和形参数组的大小可以不一致，且形参数组可不指定大小。C 编译程序不检查形参数组的大小。通常另设一个整型参数来传递数组元素个数。

4）在用数组名作为函数参数传递时，形参和实参之间是双向传递的，即在被调函数中对形参数组元素的任何改变都将影响实参数组元素的值。在程序设计中可以有意识地利用这一特性改变实参数组元素的值。

【例 7.7】 用选择法将 n 个数据按从小到大的顺序排序。

【程序代码】

```
#include <stdio.h>
void selection_sort(int arr[], int n)
{
    int min_index=0,i,j,temp;
    for(i=0; i<n-1; i++)
    {
        min_index=i;
        for(j=i+1; j<n; j++)
            if(arr[j]<arr[min_index])
                min_index=j;
            if(min_index!=i)
            {
                temp=arr[i];
                arr[i]=arr[min_index];
                arr[min_index]=temp;
            }
    }
}
int main()
{
    int n,i;
    int arr[]={64, 34, 25, 12, 22, 11, 90};
    n=sizeof(arr)/sizeof(arr[0]);
    printf("\n 排序前的数组: \n");
    for (i=0; i<n; i++)
        printf("%d", arr[i]);
    selection_sort(arr, n);
    printf("\n 排序后的数组: \n");
    for (i=0; i<n; i++)
        printf("%d", arr[i]);
    printf("\n");
    return 0;
}
```

【运行结果】

```
排序前的数组:
64 34 25 12 22 11 90
排序后的数组:
11 12 22 25 34 64 90
```

【程序分析】

选择排序的思路是将数组中的最小值放在最前面，然后在剩下的数组元素中再选择一个次小值放在第二个位置，以此类推。对数组的排序是在 selection_sort()函数中进行的，而对数组的显示是在调用 selection_sort()函数的 main()函数中进行的。由此例可以看出按地址传递确实可以改变主调函数中的数组内容。

7.5 函数的声明

一个函数的定义可以放在任意位置，既可以放在 main()函数之前，也可以放在 main()函数之后。

C 语言要求函数先定义后调用，就像变量先定义后使用一样，如果函数的定义在主调函数之后，就需要在调用函数前对函数加以声明。

函数声明的目的主要是说明函数的类型和参数的情况，以保证程序编译时能判断对该函数的调用是否正确。如果要调用一个函数，那么这个被调用的函数必须是已经存在的函数（库函数或用户自己定义的函数）。

7.5.1 被调用函数是库函数

如果被调用函数是库函数，一般应该在本文件开头使用#include 命令将调用有关库函数所需的信息包含到本文件中。例如“#include <stdio.h>”，其中 stdio.h 是一个“头文件”。在 stdio.h 文件中保存了输入输出库函数用到的一些宏定义信息。如果不包含 stdio.h 文件中的信息，就无法使用输入输出库中的函数。同样，使用数学库中的函数，应该用“#include <math.h>”。

【例 7.8】 在屏幕上输出 10 行*，每一行*的个数是 1～20 之间的随机数。

【程序代码】

```
#include <stdlib.h>
#include <stdio.h>
#include <time.h>
int main()
{
    int i,j,num;
    srand(time(NULL)); //初始化随机数生成器，使用当前时间作为种子
    for(i=1;i<=10;i++)
    {
        num=rand()%10+1; //生成一个 1～10 之间的随机数
        for (j=0;j<num;j++)
            printf("*");
        printf( "\n" );
    }
    printf("\n");
    return 0;
}
```

【运行结果】

或

【程序分析】

该程序包含三个头文件："#include <stdio.h>"包含标准输入输出库，用于使用 printf()函数；"#include <stdlib.h>"包含标准库，用于使用 rand()和 srand()函数；"#include <time.h>"包含时间库，用于使用 time()函数。

7.5.2 被调用函数是用户自定义函数

如果调用用户自己定义的函数，而且该函数与调用它的函数（即主调函数）在同一个文件中，一般还应该在主调函数中对被调函数进行声明，即向编译系统声明有该函数存在，可以在主调函数中调用该函数。

函数声明的一般形式如下：

```
[类型标识符] 函数名([形参类型说明表])
```

【例 7.9】 对被调函数进行声明。

【程序代码】

```
#include <stdio.h>
int main()
{
    float add(float x,float y); //对被调函数 add()进行声明
    float a,b,c;
    scanf("%f, %f",&a,&b);
    c=add(a,b);
    printf ("sum is %f\n",c);
    return 0;
}
float add(float x,float y)
{
    float z;
    z=x+y;
    return z;
}
```

【运行结果】

```
3.6,6.2
sum is 9.800000
```

【程序分析】

1）这是一个简单的函数调用程序，add()函数的作用是求两个实数之和，得到的函数值也是实型。程序第 4 行"float add(float x,float y);"是对被调函数 add()的声明。

2）对函数的"定义"和"声明"不是一个概念。"定义"是指对函数功能的确立，包括指定函数名、函数值类型、形参及其类型、函数体等，它是一个完整的、独立的函数单位。"声明"的作用则是把函数名、函数类型及形参的类型、个数和顺序通知编译系统，以便在调用该函数时系统按此进行对照检查（如函数名是否正确、实参与形参的类型、个数是否一致）。

3）从程序中可以看到函数声明与函数定义中的第 1 行（函数首部）基本上相同。因此可以简单地照写已定义的函数的首部，再加一个分号，就成为对函数的"声明"。

4）在函数声明中也可以不写形参名，只写形参的类型。例如，"float add(float,float);"是合法的。

C 语言中规定，在以下几种情况下可以省略主调函数中对被调函数的函数声明。

1）当被调函数的返回值是整型或字符型时，可以不对被调函数做声明，而直接调用它。这时系统将自动按整型处理被调函数返回值。例 7.3 的主函数中未对 max()函数做声明而直接调用它即属此种情形。

2）当被调函数的函数定义出现在主调函数之前时，在主调函数中也可以不对被调函数再做声明而直接调用它。例如例 7.4 中，swap()函数的定义在 main()函数之前，故可在 main()函数中省略对 swap()函数的函数声明。

3）如在所有函数定义之前，在函数外预先声明了各个函数的类型，则在以后的各主调函数中，可不再对被调函数做声明。例如：

```
char str(int a);
float f(float b);
main()
{
  …
}
char str(int a)
{
  …
}
float f(float b)
{
  …
}
```

其中，第一行和第二行语句对 str()和 f()函数预先做了声明。因此在以后各函数中无须对 str()和 f()函数再做声明即可直接调用它们。

7.6 函数的嵌套调用和递归调用

7.6.1 函数的嵌套调用

C 语言中不允许进行嵌套的函数定义，但允许嵌套调用，即在被调函数中又调用其他函数。

例如，main()函数执行到调用 a()函数的语句时，即转去执行 a()函数，在 a()函数中调用 b()函数时，又转去执行 b()函数，b()函数执行完毕返回 a()函数的断点继续执行，a()函数执行完毕返回 main()函数的断点继续执行。函数嵌套调用示意图如图 7-9 所示。

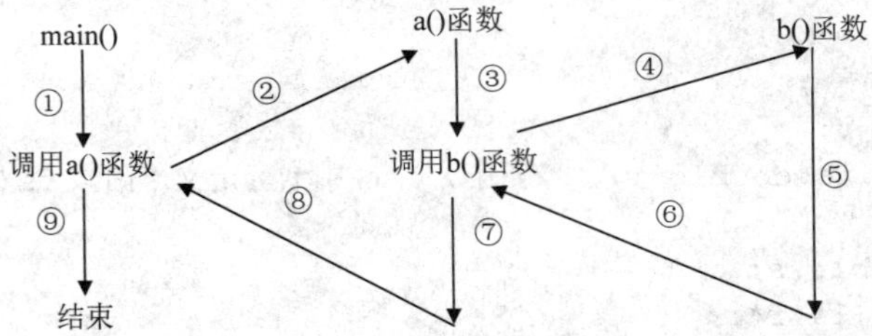

图 7-9 函数嵌套调用示意图

【例 7.10】 计算一个圆柱体的底面积和体积。

【程序代码】

```
#include <stdio.h>
int main()
{
    double fs(double r);                    //求圆面积函数 fs()的声明
    double fv(double r,double h);           //求圆柱体积函数 fv()的声明
    double r,h,v,s;
    printf("input r and h:");
    scanf("%lf%lf",&r,&h);
    s=fs(r);                                //fs()函数求圆柱体的底面积
    v=fv(r,h);                              //fv()函数求圆柱体的体积
    printf("s=%.2f,v=%.2f\n",s,v);
    return 0;
}
double fs(double r)
{
    double s;
    s=3.14*r*r;
    return s;
}
double fv(double r,double h)
{
    double v;
    v=fs(r)*h;                              //函数 fv()中嵌套调用函数 fs()
    return v;
}
```

【运行结果】

```
input r and h:1 2
s=3.14,v=6.28
```

【程序分析】

1）程序从 main()函数开始执行，先调用 fs()函数，求出圆柱体的底面积。

2）再调用 fv()函数求圆柱体的体积，在执行 fv()函数过程中，还要嵌套调用 fs()函数求圆柱体的底面积。

3）返回到 fv()函数中求体积，最后返回到 main()函数中得到最后的结果。

4）需要注意的是，函数的调用可以嵌套，函数的定义不可以嵌套。下面代码的写法就是错误的。

```
double fv(double r,double h)
{
    double v;
    v=fs(r)*h;
    return v;
    double fs(double r)    //函数 fv()中嵌套定义了函数 fs()，是错误的
    {
        double s;
        s=3.14*r*r;
        return s;
```

```
    }
}
```

7.6.2 函数的递归调用

调用一个函数过程中又直接或间接地调用了函数自身，称为函数的递归调用。C 语言允许函数的递归调用。递归调用又分为两种，一种是直接递归调用，另一种是间接递归调用，如图 7-10 所示。

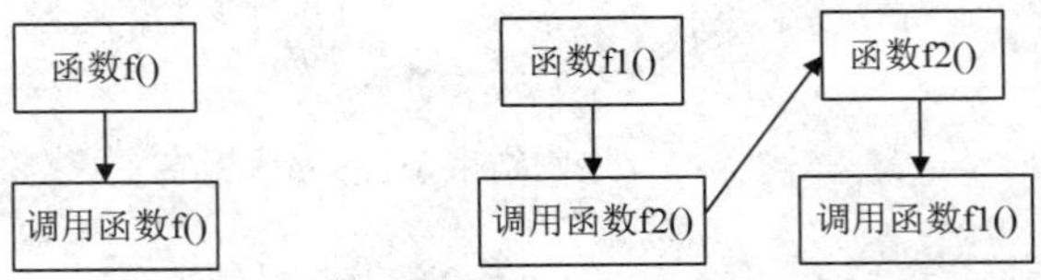

图 7-10 直接递归调用和间接递归调用

递归是一种简化复杂问题求解过程的手段。其基本思想是将待解决的问题分解成比原问题规模更小的类似子问题，而解决这个子问题时，又可以用到原有问题的解决方法；按照这一原则逐步递推地转化下去，最终将原问题转化为较小且有已知解的小问题。

例如：

```
int f(int x)
{
   int y;
   z=f(y);
   return z;
}
```

上面的代码中，f()函数是一个递归函数，但是运行该函数将无终止地调用其自身，这当然是不正确的。为了防止递归调用无终止地进行，必须在函数内有终止递归调用的设置。

用递归求解问题分为递推和回归两个阶段。

1）递推阶段：指为了得到问题的解将它推到比原问题简单的问题的求解过程。

2）回归阶段：指简单问题得到解之后，回归到原问题的解的过程。

下面举例说明递归调用的执行过程。

【例 7.11】 用递归法编写函数 f()计算 n!。

【解题思路】

假设 n 的值是 5，求 5!。递归的思想是调用其自身，即如果要求 5!，必须求出 4!，然后 5!=4!×5；同理要想求出 4!，必须先求出 3!，然后 4!=3!×4；以此类推：3!=2!×3；2!=1!×2；1!作为递归结束条件，此时要作为一个已知条件，1!=1。然后逐层返回：2!=1×2=2；3!=2×3=6；4!=6×4=24；5!=24×5=120；最终求出 5!。

如果是求 n!，则可以使用以下公式：

$$n!=\begin{cases}1 & (n=0,1)\\ n(n-1)! & (n>1)\end{cases}$$

【程序代码】

```
#include <stdio.h>
int f(int n);
```

```
int main()
{
    int n;
    printf(" 请输入一个非负整数 :");
    scanf("%d",&n);
    printf("%d!=%d\n",n,f(n));
    return 0;
}
int f(int n)
{
    int y;
    if(n==1||n==0)          //递归结束条件
        y=1;
    else
        y=f(n-1)*n;         //递归调用函数 f
    return y;
}
```

【运行结果】

```
请输入一个非负整数:5
5!=120
```

【程序分析】

1）程序中给出的函数 f()是一个递归函数。主函数调用 f()后即进入函数 f()执行，如果 n==0 或 n==1 就结束函数的执行，否则就递归调用 f()函数自身。

2）由于每次递归调用的实参为 n−1，即把 n−1 的值赋予形参 n，最后当 n−1 的值为 1 时再做递归调用，形参 n 的值也为 1，使递归终止，然后即可逐层退回。

3）函数递归调用的执行过程不像嵌套调用那么容易理解，可以把递归函数“转换”为嵌套函数的方式加以理解。假设输入 n=5，求 5!，如图 7-11 所示。在主函数中的调用语句即为 f(5)，进入 f()函数后，由于 n=5，不等于 0 或 1，故应执行 y=f(n−1)*n，即 y=f(5−1)×5。该语句对 f()做递归调用即 f(4)。进行四次递归调用后，f()函数形参取值变为 1，故不再继续递归调用而开始逐层返回主调函数。f(1)的函数返回值为 1，f(2)的函数返回值为 1×2=2，f(3)的函数返回值为 2×3=6，f(4)的函数返回值为 6×4=24，f(5)的函数返回值为 24×5=120。

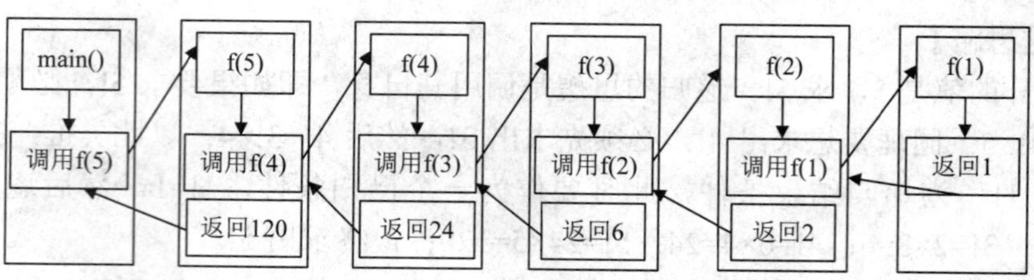

图 7-11　递归调用 f(5)的执行过程

7.7　变量作用域

在讨论函数的形参变量时曾经提到，形参变量只在被调用期间才分配内存单元，调用结束内存单元即被释放。这一点表明形参变量只在函数内部有效，离开该函数就不能再使用了。这种变量有效性的范围称为变量的作用域。不止形参变量，C语言中所有的量都有自己的作用域。变量说明的方式不同，其作用域也不同。C语言中的变量，按作用域范围可分为两种，即局部变量和全局变量。

7.7.1 局部变量

在一个函数内部定义的变量称为内部变量，它只在本函数内部有效，故也称为“局部变量”。

例如：

```
int f1(int a)
{
    int b,c;       //函数f1()中，a、b、c 有效
    …
}
int f2(int x)
{
    int y,z;       //函数f2()中，x、y、z 有效
    …
}
int main()
{
    int m,n;       //函数main()中，m、n 有效
    …
}
```

【说明】在函数f1()内定义了三个变量，a为形参，b、c为一般变量。在f1()函数内部a、b、c有效，或者说a、b、c变量的作用域限于f1()函数内部。同理，x、y、z的作用域限于f2()函数内部，m、n的作用域限于main()函数内部。

【例7.12】 局部变量的使用。

【程序代码】

```
#include <stdio.h>
int f(int x,int y);
int main()
{
    int a,b;            //函数 main() 中定义的局部变量 a 和 b
    a=3;
    b=5;
    f(a,b);
    printf("a=%d,b=%d\n",a,b);
    return 0;
}
int f(int x,int y)   //形参x和y也是函数f()的局部变量
{
    int a;              //函数f()中定义的局部变量 a
    a=x+y;
    printf("a=%d\n",a);
    return a;
}
```

【运行结果】

```
a=8
a=3,b=5
```

关于局部变量的说明：

1）主函数 main()中定义的变量只在主函数内部有效，不会因为它在主函数中定义而在整个文件或程序中有效，主函数也不能使用其他函数中定义的变量。

2）不同函数中可以使用相同名称的变量，它们代表不同的对象，互不干扰。它们在内存中占用不同的单元，互不混淆。

3）形参也是局部变量，其他函数不能使用。

4）在一个函数内部，可以在复合语句中定义变量，这些变量只在本复合语句中有效。这种复合语句又称为“分程序”或“程序块”。

【例 7.13】 分程序。

【程序代码】

```
#include <stdio.h>
int main()
{
    int a,b;       //main()函数中的局部变量
    a=3;
    b=5;
    {
    //函数内部的分程序
        int c,d;   //分程序中定义的局部变量 c 和 d
        c=1;       //c 和 d 只在分程序内部起作用
        d=2;
        printf("c=%d,d=%d\n",c,d);
    }
    printf("c=%d,d=%d\n",c,d); //错误! c 和 d 在分程序外不可使用
    printf("a=%d,b=%d\n",a,b);
    return 0;
}
```

7.7.2 全局变量

全局变量又称外部变量，是在函数外部定义的变量。它不属于哪一个函数，而是属于一个源程序文件。全局变量可以被本文件中其他函数所共用，有效范围为从定义变量的位置开始到本源文件结束。

例如：

```
int a,b;       //全局变量
void f1()      //函数 f1()
{
    …
}
float x,y;     //全局变量
int f2()       //函数 f2()
{
    …
```

```
}
main()        //主函数
{
    …
}
```

从上例可以看出 a、b、x、y 都是在函数外部定义的外部变量，都是全局变量。但 x、y 定义在函数 f1()之后，而在 f1()中又无对 x、y 的说明，因此它们在 f1()函数中无效。a、b 定义在源程序最前面，因此在 f1()、f2()及 main()中不加说明也可使用。

【例 7.14】 全局变量的使用。

【程序代码】

```
#include <stdio.h>
int p=5; //全局变量 p 的作用范围是 f()和 main()
int q;   //全局变量不初始化，则默认值是 0
void f()
{
    int p=1;p++;  //使用的是局部变量 p，p=2
    q++;          //使用的是全局变量 q，q=1
    printf("In f:p=%d,q=%d\n",p,q); //p=2，q=1
}
int main()
{
    p++; //使用的是全局变量 p，p=6
    printf("Before f: p=%d,q=%d\n",p,q); //p=6，q=0
    f();
    q++; //使用的是全局变量 q，q=2
    printf("After f: p=%d,q=%d\n",p,q); //p=6，q=2
    return 0;
}
```

【运行结果】

```
Before f: p=6,q=0
In f:p=2,q=1
After f: p=6,q=2
```

关于全局变量的说明：

1）全局变量从定义开始，一直到本文件结束，所有函数都可以直接使用。需要注意的是，全局变量不会随着函数调用结束而被释放，而是一直存在，直到程序运行结束。

2）每个函数都可以访问和修改全局变量，需要注意全局变量值的变化，如上例中的全局变量 q。

3）当函数内定义的局部变量和全局变量的名称相同时，在函数中局部变量起作用，如上例函数 f()中定义的局部变量 p。

【例 7.15】 编写一个函数，求一个数组中的最大值、最小值和平均值。

【解题思路】

由于通过 return 语句函数只能返回一个值，该程序需要得到三个值，可用函数返回平均值，最大值和最小值定义为全局变量即可。

【程序代码】

```
#include <stdio.h>
```

```
int max,min;
int aver(int a[],int n)
{
    int average;
    int i;
    max=min=a[0];
    average=a[0];
    for(i=1;i<n;i++)
    {
        average+=a[i];
        if(a[i]>max)
            max=a[i];
        if(a[i]<min)
            min=a[i];
    }
    average/=n;
    return average;
}
void main( )
{
    int a[10],i,av1;
    printf("请输入 10 个整数: \n");
    for(i=0;i<10;i++)
        scanf("%d",&a[i]);
    av1=aver(a,10);
    printf(" 最大数为:%d\n",max);
    printf(" 最小数为:%d\n",min);
    printf(" 平均值为:%d\n",av1);
}
```

【运行结果】

```
请输入10个整数:
20
3
19
8
11
4
5
0
72
66
 最大数为:72
 最小数为:0
 平均值为:20
```

7.8　变量存储类别

计算机的存储系统由寄存器、高速缓存、内存、外存等组成，为了提高系统执行效率，目前还可以在外存上应用虚拟内存等技术。这些存储资源均可以为计算机程序所使用。按照存储器访问速度，从快到慢依次是寄存器、高速缓存、内存、虚拟内存、外存。

所有声明的变量和定义的数组运行时，操作系统均会自动为其分配存储空间。此存储空间一般为内存，在特殊声明的情况下，可以将变量存储于寄存器。根据变量所在寄存器位置的不同，一般将变量分为普通变量和寄存器变量。如果系统将变量的存储空间置于高速缓存、外存，则需要通过库函数实现。

前面已经介绍了，从变量的作用域（即从空间）的角度，变量又可分为全局变量和局部变量。从变量值存在的作用时间（即生存期）的角度，变量又可分为静态存储变量和动态存储变量。其中，静态存储方式是指变量在程序运行期间分配固定的存储空间；动态存储方式是指变量在程序运行期间根据需要动态地分配存储空间。

用户存储空间可以分为三个部分，如图 7-12 所示。

静态存储区中保存的变量在程序开始执行时，就从静态存储区中分配存储空间给变量，程序结束后释放该变量。在程序的整个运行过程中，它们始终占据固定的存储单元。对于动态存储区中保存的变量，程序运行期间系统会根据需要为其动态分配存储空间，使用结束后立即释放该变量所占的存储空间。

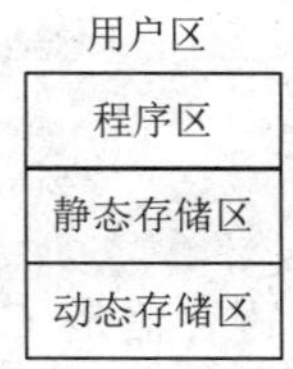

图 7-12　用户存储空间

静态存储区中存放的变量包括全局变量和静态变量。

动态存储区中存放的变量包括自动变量、函数的形参等。

在 C 语言中，每个变量和函数都有两个属性：数据类型和数据的存储类别。使用存储类别符可以告知编译系统如何存储变量。在 C 语言中，变量有四种存储类别，分别是自动变量、寄存器变量、静态变量和外部变量。

7.8.1　自动变量

通过声明语句声明的变量、定义的数组及用到的所有常量，一般通过内存存储。如果没有特殊说明，对于函数内部声明的普通变量，只有在函数准备执行时操作系统才会根据声明语句的要求在内存中为其准备存储空间。当函数运行结束时，这些变量所占用的空间将会被收回，以便其他函数使用。此类变量的存储空间具有自动申请和自动销毁的特点，因此称为自动变量。自动变量用关键字 auto 声明。

自动变量的一般声明形式如下：

```
[auto] 数据类型 变量表;
```

例如：

```
int f(int a)          //定义 f()函数，a 为参数
{
    auto int b,c=3;   //定义 b、c 自动变量，与“int b,c=3;” 意义相同
    …
}
```

其中，a 是形参，b、c 是自动变量，对 c 赋初值 3。执行完 f()函数后，自动释放 a、b、c 所占的存储单元。关键字 auto 可以省略，属于动态存储变量。

7.8.2　寄存器变量

存储在寄存器中的变量称为寄存器变量，使用关键字 register 声明。

寄存器变量的一般声明形式如下：

```
register 数据类型 变量表;
```

> **注意**　关键字 register 不可省略。例如，“register int i=1;”。寄存器变量与普通变量使用方法相同。可将寄存器变量作为函数参数。例如：

```
int add(register int a, register int b)
{
    return a+b;
}
```

也可以定义寄存器类型数组。例如，“register int a[10]={0,1,2,3,4};”。但是不能定义函数类型为 register 类型。例如，下面的定义形式是错误的。

```
register int add(register int a, register int b)     //编译时报错
{
    return a+b;
}
```

寄存器是 CPU 的一个基本组成单元，具有最高的读写速度。但是由于一般微型机所用 CPU 的寄存器数量有限，建议少用寄存器变量。如果计划编写的程序对运算速度要求较高，且参与计算的数据量较小，可以使用寄存器变量。对于某些寄存器存储容量很大的大型计算机，建议优先使用寄存器变量。

7.8.3 静态变量

static 用于修饰函数内部的局部变量时，这个变量就成为静态局部变量。与普通局部变量（自动变量）不同，静态局部变量的生命周期并不局限于函数调用周期。它在第一次调用函数时初始化，并在随后的函数调用中保持值不变。

局部变量只在函数执行开始时才存在，函数体执行过程中被读写访问，函数结束时被自动销毁。为实现局部变量的长久留存，C 语言引入了“静态局部变量”的概念，也称为“静态变量”。静态变量的作用域始于静态变量声明语句，结束于函数体。但是当函数结束后，静态变量不被销毁，而是保留到整个程序结束。

静态变量的一般声明形式如下：

```
static 数据类型 变量表;
```

注意 关键字 static 不可省略，静态变量或数组的初始化赋值仅在第 1 次调用时进行一次，如果不进行初始化，其默认初始值为 0。

【例 7.16】 阅读下列程序，注意静态局部变量与自动变量的区别。

【程序代码】

```
#include <stdio.h>
int f()
{
    static int y=0;
    y++;
    return(y);
}
int main()
{
    int i;
    for (i=0;i<5;i++)
        printf("%3d",f());
```

```
    return 0;
}
```

【运行结果】

```
 1  2  3  4  5
```

【程序分析】

在 f()函数的内部定义了一个静态变量 y，对这个函数调用了 5 次。虽然在函数内部有一条赋初值语句，但由于 y 是静态局部变量，仅在对 f()函数进行第 1 次调用时才对 y 赋初值。后面对该函数进行调用时会直接使用上次调用结束时的 y 值而不再进行赋初值操作。

> **注意** 虽然生态局部变量在函数返回后依然存在，但由于它是局部变量，其他函数仍然不能使用它。

【例 7.17】 编写函数，利用静态变量计算 1+2+…+100 的值。

【程序代码】

```
#include <stdio.h>
int add(int a)
{
    static int r=0;
    r+=a;
    return r;
}
int main()
{
    int i,sum;
    for(i=0;i<=100;i++)
        sum=add(i);
    printf("%d",sum);
return 0;
}
```

【运行结果】

```
5050
```

【程序分析】

第 1 次调用函数 add()求解 add(1)时，操作系统为静态变量 r 分配存储单元并初始化为 0，当函数体执行结束时 r 值为 1。第 2 次调用函数 add()求解 add(2)时，r 保留上一次计算结果，当函数体执行结束时 r 值为 3。以此类推，利用静态变量不被销毁，其值可以长久保存的特点实现累积求和。

7.8.4 外部变量

外部变量指在函数外部定义的全局变量，作用域从变量的定义处开始，到本程序文件结尾处结束。外部变量用关键字 extern 声明。全局变量遵循“先定义后使用”的原则。

外部变量的一般声明形式如下：

```
extern   类型说明符   变量表;
```

【例7.18】 利用extern关键字扩展外部变量的作用域。

【程序代码】

```
#include <stdio.h>
int main()
{
   extern int a,b;   //说明a、b是外部变量
   printf("min is %d\n",min(a,b));
   return 0;
}
int  a=11,b=20;        //定义全局变量
int min(int x,int y)
{
   int z;
   z=x<y?x:y;
   return z;
}
```

【运行结果】

```
min is 11
```

【程序分析】

全局变量可以被同一个源程序文件中的多个函数声明和使用。由于全局变量 a、b 所定义的位置，它起作用的范围应该只局限于函数min内部。全局变量之前的主函数，通过声明外部变量，扩展了变量a、b的作用域，使得a、b在整个源文件内部都有效。

外部变量往往用在多个源文件中。如果一个源文件需要引用另一个源文件中定义的全局变量，该文件中用extern关键字声明。即全局变量只在一个源程序文件中定义，而在其他源程序文件中使用extern关键字声明，如图7-13所示。

文件f1.c的代码：	文件f2.c的代码：

int a=0; //全局变量定义
void Sum(int x);
main()
{
   Sum(2);
   Sum(3);
   printf("%d", a);
}
	extern int a;//说明a为外部变量
	void Sum(int x)
	{
	   a+=x;
	}

图7-13　f1.c和f2.c源文件代码结构

全局变量a定义在f1.c文件内，可以在f1.c文件内部使用，而对f2.c文件而言，它是一个外部变量（来自f1.c文件）。因此，内部变量和外部变量是相对于源文件而定的。

7.9　源程序结构

为实现代码的合理组织和分工协作，一个C语言程序可以包括多个源程序文件，一

个源程序文件允许由包含主函数在内的多个函数构成。主函数 main()可以放在任何一个源文件中，是整个程序的主函数，不可省略，即使 main()作为最后一个函数放在文件结尾处，系统也是从 main()开始运行。

编译时，编译器将每个源程序文件单独编译成目标代码文件。链接时，链接器将所有目标代码文件和相关的库文件合并成一个可执行文件。

根据问题的复杂程度，程序的组织结构可以分为单文件单函数结构、单文件多函数结构、多文件多函数结构。

7.9.1 单文件单函数结构

单文件单函数结构是指所有代码都在 main()函数中实现，并存储在一个.c 源程序文件中。此结构仅适合学习和开发小的测试和计算程序，教材中的例题多采用此类形式。单文件单函数结构框图如图 7-14 所示。

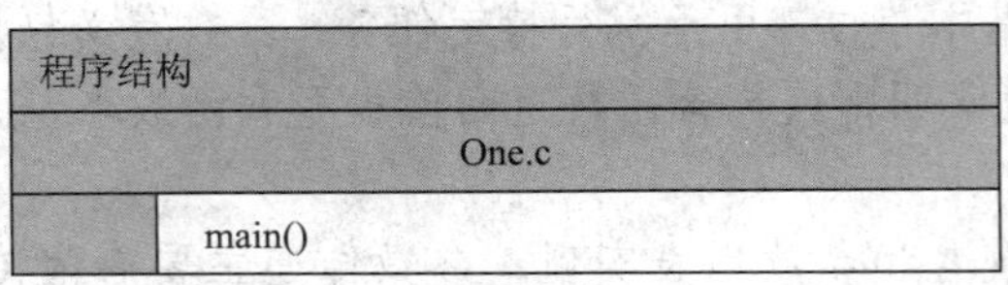

图 7-14 单文件单函数结构框图

7.9.2 单文件多函数结构

单文件多函数结构是指除 main()函数以外，程序还根据功能需求定义了若干个其他函数，且包括 main()函数在内的所有函数都存储在一个.c 源程序文件中。该结构可以实现函数重用，但是没有解决分工问题，仅适合个人程序开发。单文件多函数结构框图如图 7-15 所示。

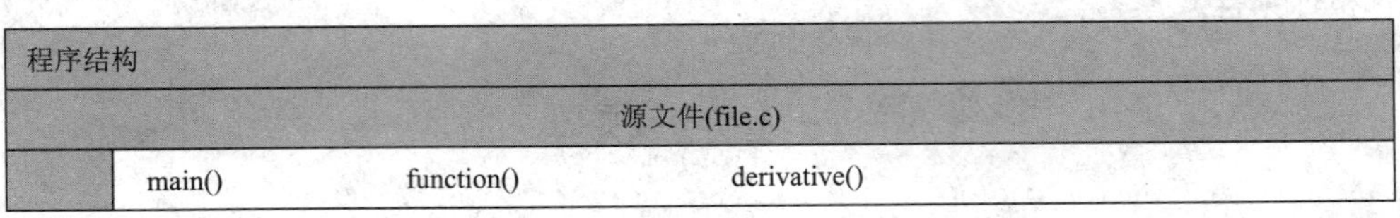

图 7-15 单文件多函数结构框图

7.9.3 多文件多函数结构

多文件多函数结构是指除 main()函数以外，程序还根据功能分解定义了其他函数，这些函数分别存储于不同的.c 源程序文件中。该结构既可以实现函数重用，又可以实现多人合作开发，适合开发大型程序。

在多文件多函数结构中，为方便函数的使用，通常将函数声明语句放到一个独立的源程序文件中，并定义该源程序文件的扩展名为.h。为实现函数声明，可以使用预编译指令#include 包含 xxx.h 文件，将其内容全部嵌入到当前源程序文件中，main()函数所在的源程序文件 f1.c 可以使用语句“#include "xxx.h"”添加到这个预处理文件。多文件多函数结构框图如图 7-16 所示。

<table>
<tr><td colspan="4">程序结构</td></tr>
<tr><td colspan="2">源文件(f1.c)</td><td>源文件(f2.c)</td><td>源文件(f3.c)</td></tr>
<tr><td></td><td>main()</td><td>function()</td><td>derivative()</td></tr>
</table>

图 7-16　多文件多函数结构框图

本章小结

本章介绍了模块化程序设计方法、函数定义与声明、函数调用与传参方式、嵌套调用与递归调用、变量作用域与存储类别等内容。

模块化设计将程序分解成多个独立功能模块，每个模块完成特定任务。模块化设计有助于减少代码复杂性，提高开发效率和代码质量。

函数是 C 语言的基本单位，用于执行特定任务。函数定义包括函数返回值类型、函数名和参数列表。函数声明则仅包含函数返回值类型和函数名，用于在使用前告知编译器函数的存在。

函数调用通过函数名和参数列表实现。参数传递主要有值传递和地址传递两种方式。其中，值传递将实参的副本传递给形参，而地址传递通过指针传递实参地址，允许修改实参的值。

嵌套调用是指一个函数调用另一个函数。递归调用则是指函数直接或间接地调用其自身。递归调用需要结束条件以防止无限循环，常用于解决分治类问题，如斐波那契数列计算。

变量的作用域分为局部变量和全局变量。局部变量在函数内部定义，只在函数内部有效；全局变量在所有函数外部定义，在整个程序中有效。存储类别则决定变量的生命周期和可见性。

习　　题

一、填空题

1. 在 C 语言中，用于结束函数并返回函数值的是________关键字。
2. 根据函数的参数列表是否为空，可以将函数分为________函数和________函数。
3. C 语言中负责从控制台上接收用户输入信息的函数是________。
4. 函数内部调用自身的过程称为函数的________调用。
5. C 语言中的变量，按作用域范围不同可分为________变量和________变量。

二、判断题

1. 递归调用时必须有结束条件，不然就会陷入无限递归的状态。　　(　　)
2. C 语言中不允许嵌套调用函数。　　(　　)
3. 在定义函数时，必须指定函数中的参数列表。　　(　　)

4. 当函数没有返回值时，其返回值类型必须声明为void。（ ）

5. 局部变量就是在函数内部声明的变量。（ ）

三、选择题

1. 在调用函数时，如果实参是简单变量，它与对应形参之间的数据传递方式是（ ）。

A. 地址传递　　B. 单向值传递

C. 由实参传给形参，再由形参传回实参　　D. 传递方式由用户指定

2. 以下选项中，C语言中不可以嵌套的是（ ）。

A. 函数调用　　B. 函数定义　　C. 循环语句　　D. 选择语句

3. 有如下函数调用语句“fun(rec1,rec2+rec3,(rec4,rec5));”，则该函数调用语句中的实参个数是（ ）。

A. 3　　B. 4　　C. 5　　D. 有语法错

4. 以下所列各函数首部中，正确的是（ ）。

A. void play(var:integer,var b:Integer)　　B. void play(int a,b)

C. void play(int a,int b)　　D. sub play(a as integer,b as integer)

5. 以下存储类型中，只有在使用时才为该类型变量分配内存的是（ ）。

A. auto 和 static　　B. auto 和 register

C. register 和 static　　D. extern 和 register

6. 以下叙述中，正确的是（ ）。

A. 构成C语言的基本单位是函数

B. 可以在一个函数中定义另一个函数

C. main()函数必须放在其他函数之前

D. 所有被调函数必须在调用之前进行定义

7. C语言中，函数值类型的定义可以省略，此时函数值的隐含类型是（ ）。

A. void　　B. int　　C. float　　D. double

8. 若程序中定义了以下函数：

```
double myadd(double a,double b)
{return (a+b);}
```

并将其放在调用语句之后，则在调用之前应该对函数进行声明。则以下选项中错误的是（ ）。

A. double myadd(double a,b);

B. double myadd(double,double);

C. double myadd(double b,double a);

D. double myadd(double x,double y);

四、编程题

1. 编写两个函数，分别求两个整数的最大公约数和最小公倍数，用main()函数调用这两个函数，并输出结果，两个整数由键盘输入。

2. 编写函数，计算并输出给定函数 n（n 的值不大于 1000）的所有因子之和（不高于 1 和本身）。

3. 编写 fun()函数求数组的最大值；在 main()函数中把 20 个随机数存入一个数组，然后调用 fun()函数，并在 main()函数中输出该最大值。

4. 编写函数，判断一个整数 m 的各位数字之和能否被 7 整除。能被 7 整除，则返回 1，否则返回 0。调用该函数找出 100～200 之间满足条件的所有数。

5. 请编写一个程序来实现两个数的求和操作。

提示：

1）在控制台提示用户输入两个整数，并获取用户输入的这两个整数。

2）在 main()函数中定义 num1、num2 变量，用于接收用户输入的两个整数。

3）定义 sum()函数来实现两个整数相加。

4）在 main()函数中调用 sum()函数，输出运行结果。

第 8 章　指　针

指针（pointer）是 C 语言中一种非常实用的数据类型，作为 C 语言的核心概念，不仅是 C 语言强大特性的体现，更是其精髓所在。指针机制是 C 语言区别于其他高级语言的关键特征之一。通过合理运用指针，可以使代码更为简洁且高效。

在先前的学习中，了解 C 语言的一大特点就是其运行效率高。这一特点主要归功于 C 语言能够直接访问并操作内存中的数据。而指针，则是实现直接内存访问的关键。通过使用指针，程序开发者得以直接操作内存资源，从而优化数据处理流程，提升程序的整体性能。但是指针也是一把双刃剑，它能够绕过编译器常规的安全检查机制，直接对内存内容进行访问。这种直接访问方式固然高效，但同时也将潜在的风险转移给了程序开发者。程序开发者必须确保代码不会导致内存的误读写，否则不仅可能导致程序崩溃，甚至可能引发系统级别的故障。

本章重点内容如下。

- 指针的概念和定义方法，指针变量的使用，指针的修饰。
- 指针的运算及指针对数组的操作。
- 指针和函数的关系。
- 动态内存分配。

8.1　地址和指针

对变量的访问可以有两种形式：直接访问和间接访问。例如，在图书馆里寻找一本书。如果你知道这本书的确切位置（如书架号、层号及具体位置），可以直接走到这个位置去取书。这就是“直接访问”。假设你只知道书的名称，但不知道它确切放在哪里。你需要先在图书馆的计算机上查询这本书的位置信息。得到位置信息后，再根据这些信息去找到书所在的书架。这个过程包括两个步骤：首先从数据库获取位置信息（相当于获取指针），然后根据位置信息找到书本身（相当于通过指针访问数据）。这就是“间接访问”。与此相似，在程序设计中，直接访问指的是直接利用变量的地址进行数据的存取；而间接访问则是通过另一个变量中存放的地址值来访问目标变量的值。掌握这两种访问方式，程序开发者就可以更灵活地操控程序中的数据，从而编写出更加高效和优雅的代码。

在程序运行期间，变量和程序代码均存储在以字节为单位组织的存储器中。计算机的内存是信息存储的重要媒介。当人们定义一个变量时，编译器会根据该变量的数据类型为其分配相应的内存空间。例如，在 Visual C++ 2010 环境中：一个 int 型变量占用 4 字节的空间，因此需要分配 4 个连续的内存单元；一个 char 型变量占用 1 字节的空间，仅需分配 1 个内存单元；一个 double 型变量占用 8 字节的空间，故需要分配 8 个连续的内存单元。

可以将内存想象成一个庞大的仓库，其中包含许多小格子，每个格子都能存放 8 比特（即 1 字节）的信息。每一个这样的格子都有其唯一的数字编号来标识其位置，这个数字编号就是内存单元的“地址”。计算机对内存中数据的操作，正是通过这些唯一的地址来定位和执行的。

【例 8.1】 分析以下代码的执行结果

【程序代码】

```
#include <stdio.h>
#include <string.h>
int main()
{
    int a=3;
    char c='k';
    double f=5.12;
    printf("a=%d,a 的地址为：%p,共占%d 个字节！\n",a,&a,sizeof(a));
    printf("c=%c,c 的地址为：%p,共占%d 个字节！\n",c,&c,sizeof(c));
    printf("f=%.2f,f 的地址为：%p,共占%d 个字节！\n",f,&f,sizeof(f));
    return 0;
}
```

【运行结果】

```
a=3,a的地址为：008FFE7C,共占4个字节！
c=k,c的地址为：008FFE73,共占1个字节！
f=5.12,f的地址为：008FFE60,共占8个字节！
请按任意键继续. . .
```

【程序分析】

程序中的%p 用于输出指针变量地址值。从程序的结果可以看出，每个变量都被分配了相应大小的内存单元。变量 a 占 4 字节，其内存地址为 008FFE7C；变量 c 占 1 字节，其内存地址为 008FFE73；变量 f 占 8 字节，其内存地址为 008FFE60。按照内存存储模式，通常使用较低地址的一端作为变量的地址。各个变量在内存中的存储情况如图 8-1 所示。

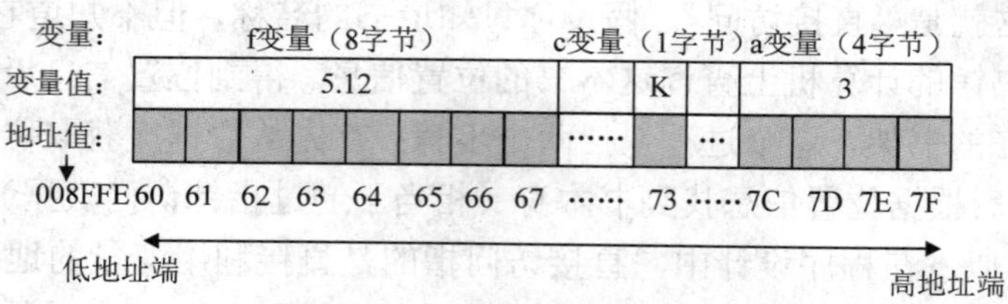

图 8-1 各个变量在内存中的存储情况

8.2 指针变量的使用

8.2.1 指针变量的概念

在 C 语言中，变量可以用来存储各种类型的数据，而指针变量是一种特殊的变量类型，它用来存储其他变量的内存地址。例如，一个整型变量 a，其内存地址假设为

008FFE7C，并且该变量存储的值为 3，那么可以使用一个指针变量 p 来保存这个地址 008FFE7C。这样一来，通过指针 p 就可以间接访问变量 a 的值。

8.2.2 指针的定义

指针变量的一般形式如下：

```
类型说明符 *指针变量名;
```

类型说明符定义了指针变量指向的变量的数据类型，而“*”则表明，紧跟在其后的变量是一个存储地址的变量，即它是一个指针变量。指针变量名的命名规则与普通变量一致。例如：

```
int *p
float *f1,*f2,*f3;
char *c1,*c2;
```

当定义多个指针变量时，每一个指针变量均应加上星号（*）标识。值得注意的是，指针变量的类型实际上是指向数据的数据类型，而非指针本身的数据类型。所有类型的指针变量，其主要功能都是存储地址信息。这意味着，尽管指针变量指向的数据可能因其类型而占据不同的内存空间大小，但是指针变量自身的大小却是统一的，并不受其所指向数据的数据类型影响。这一特性强调了指针作为地址持有者的核心作用，而不是直接持有数据。

8.2.3 指针变量的取地址运算与取内容运算

取地址运算和取内容运算是两个基本的操作，分别对应于获取内存地址和访问该地址处的数据。

1. 取地址运算

取地址运算符通常表示为&，是一个单目运算符，其结合性为自右向左，功能是获取一个变量的内存地址。

2. 取内容运算

取内容运算符通常表示为*，称为解引用操作符，是一个单目运算符，其结合性为自右向左，用于访问指针所指向的内存地址中的数据。当已经有一个指向某些数据的指针时，可以通过解引用操作来获取该数据。

例如：

```
int a=5,b,*p1;
p1=&a;    //利用取地址运算符&获取 a 变量的地址赋值给 p1 指针
b=*p1;    //利用解引用操作符*获取 p1 变量指向位置的值，即 a 的值赋给 b 变量
```

通过上述例子，可以观察到取地址操作与解引用操作实际上体现了一种互逆的关系。这一对操作共同构成了指针编程中的核心机制，使得人们能够在获取变量地址与访问该地址上的内容之间灵活转换。

8.3 指针作为函数参数

在之前的课程中，了解到在 C 语言中，函数的参数分为实参和形参。实参和形参的数据类型必须保持一致。函数的参数可以是整型、实型、字符型，当然也可以是指针型。当某个变量的地址作为函数的实参时，相应的形参也应该是指针类型。

在函数调用中，实参和形参之间的数据传递采用的是单向的值传递方式，这意味着函数调用本身不能更改实参变量的值。然而，当指针作为函数参数时，尽管函数不能更改实参指针本身的地址值，但可以修改该指针所指向的变量的值。这种机制称为引用调用（call by reference）。

下面将通过例题来回顾并区别使用普通变量和指针作为参数的情况。

【例 8.2】 通过函数调用，实现两个数的交换。

【程序代码】

```
#include <stdio.h>
void swap1(int x,int y);
void swap2(int *p1,int *p2);
int main()
{
    int a=3,b=5;
    printf("初始状态: a=%d,b=%d\n",a,b);
    swap1(a,b);
    printf("调用 swap1 函数后: a=%d,b=%d\n",a,b);
    swap2(&a,&b);
    printf("调用 swap2 函数后: a=%d,b=%d\n",a,b);
    return 0;
}
void swap1(int x,int y)        //参数为普通变量
{
    int c;
    c=x;
    x=y;
    y=c;
    printf("调用 swap1 函数时: x=%d,y=%d\n",x,y);
}
void swap2(int *p1,int *p2)  //参数为指针
{
    int c;
    c=*p1;
    *p1=*p2;
    *p2=c;
    printf("调用 swap2 函数时: *p1=%d,*p2=%d\n",*p1,*p2);
}
```

【运行结果】

```
初始状态: a=3,b=5
调用swap1函数时: x=5,y=3
调用swap1函数后: a=3,b=5
调用swap2函数时: *p1=5,*p2=3
调用swap2函数后: a=5,b=3
请按任意键继续. . .
```

【程序分析】

函数 swap1()使用普通变量作为函数参数，即采用值传递的方式。在这种情况下，参数的传递是从实参到形参的单向传递。具体来说，在调用 swap1()函数时，实参 a 和 b 的值被传递给形参 x 和 y。尽管在 swap1()函数内部通过变量 c 实现了形参 x 和 y 的交换，但当函数调用结束时，形参 x 和 y 也随之销毁，因此主调函数中的变量 a 和 b 的值并未发生变化，如图 8-2 所示。

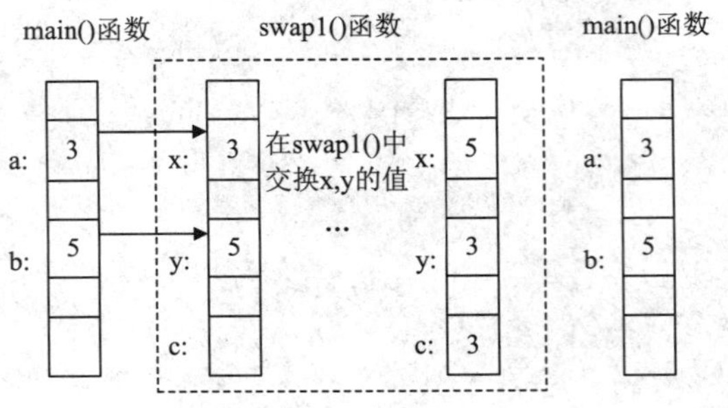

图 8-2　传值调用

函数 swap2()使用变量 a 和 b 的地址作为函数参数。在这种情况下，形参使用指针 p1 和 p2 来接收 a 和 b 变量的地址。具体来说，在调用 swap2()函数时，实参 a 和 b 的地址被传递给形参 p1 和 p2。此时，p1 指向 a 变量的地址，p2 指向 b 变量的地址。由于*p1 表示 a 变量的值，*p2 表示 b 变量的值，通过变量 c 实现了*p1 和*p2 的交换。因此，*p1 和*p2 值的改变实际上反映了 p1 和 p2 所指向的位置的值的变化。尽管在函数调用结束后形参 p1 和 p2 即销毁，但主调函数中的变量 a 和 b 的值已经发生了交换，如图 8-3 所示。

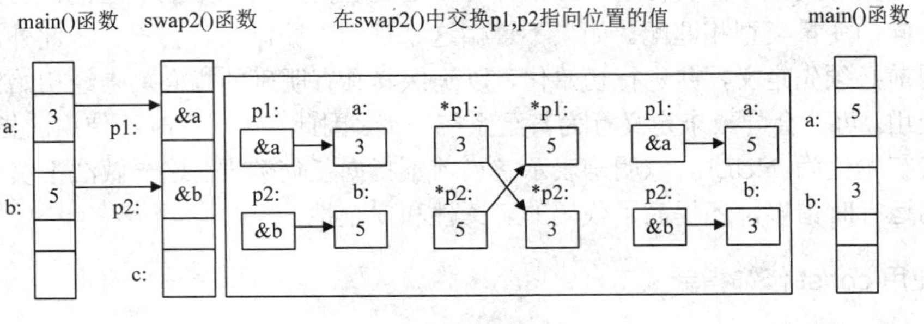

图 8-3　传址调用

通过对比 swap1()和 swap2()函数，可以看出，swap1()函数使用值传递，因此只能在函数内部交换局部变量的值，不会影响外部变量。swap2()函数使用指针传递，因此可以在函数内部交换外部变量的值，从而达到真正的交换效果。

8.3.1 指针变量的初始化与引用

在指针变量定义之后，必须将其与特定的变量地址相关联才能正常使用。这意味着，在使用指针之前，应确保它已被赋予一个有效的地址值。就像普通变量需要初始化一样，指针变量也需要初始化，以便它们指向正确的内存位置。这一过程既可以是在定义指针时立即进行的初始化赋值，也可以是后续通过引用该指针来进行的赋值操作。无论是哪种情况，关键在于确保指针能够准确地指向需要操作的数据所在的位置。

【例 8.3】 分析下面代码的运行结果。

【程序代码】

```
#include <stdio.h>
int main()
{
    int a=5,b=3,*p1=&a,*p2,*p3=NULL;
    p2=&b;
    printf("1. a=%d,b=%d\n",*p1,*p2);
    p3=p1;
    p1=p2;
    p2=p3;
    printf("2. a=%d,b=%d\n",*p1,*p2);
    return 0;
}
```

【运行结果】

```
1. a=5,b=3
2. a=3,b=5
请按任意键继续. . .
```

【程序分析】

在本段代码中，定义了三个指向整型数据的指针变量 p1、p2 和 p3。其中，p1 初始化为指向整型变量 a 的地址，而 p3 则初始化为空指针。在定义 p2 后，通过赋值操作将其设置为指向整型变量 b 的地址。接下来，通过一系列指针的赋值运算，实现了 p1 和 p2 指针之间的交换，使得 p1 指向了 b 变量，而 p2 指向了 a 变量。

在使用指针变量时，需特别注意指针可以指向任何类型的数据，但指针的类型必须与其所指向的变量类型相匹配。如果不遵循这一规则，编译器将会报错。此外，指针变量在使用前必须先定义，并进行初始化，以确保其具有明确的指向。未经初始化的指针如果被使用，可能会导致未定义行为甚至系统崩溃。因此，对于暂时不使用的指针变量，建议将其初始化为 NULL，以明确表示它当前不指向任何数据。这一做法不仅有助于避免潜在的运行时错误，还提高了代码的可读性和安全性。

8.3.2 使用 const 修饰指针

在 C 语言中，使用 const 关键字修饰指针可以增加程序的安全性和可读性。const 关键字可以应用于指针本身，也可以应用于指针所指向的数据。根据 const 修饰位置的不同，指针有以下几种使用方式。

1. 指针指向常量数据

当使用 const <类型说明符> *<变量名>时，表示指针指向的数据是常量，不能通过该指针来修改指向的数据。

例如：

```
int a=10,b=20;
const int *p=&a;            //指针指向的数据是常量
*p=20;                      //编译错误，因为p指向的数据是 const
p=&b;                       //合法，因为p自身不是 const
```

2. 指针本身不可修改

当使用<类型说明符> *const <变量名>时，表示指针本身是一个常量，不能重新指向另一个地址。

例如：

```
int a=10,b=20;
int *const p=&a;            //指针本身是常量
*p=20;                      //合法，因为p指向的数据不是 const
p=&b;                       //编译错误，因为p本身是 const
```

3. 指针指向常量数据且指针本身不可修改

当使用 const <类型说明符> *const <变量名>时，表示指针指向的数据是常量，同时指针本身也不能被修改。

例如：

```
int a=10,b=20;
const int *const p=&a;      //指针指向的数据是常量，指针本身也是常量
*p=20;                      //合法，因为p指向的数据不是 const
p=&b;                       //编译错误，因为p本身是 const
```

使用 const 关键字修饰指针可以增加程序的健壮性和可读性，因为它明确了指针的使用意图。合理使用 const 不仅可以减少错误，而且可以帮助程序员更好地理解代码的意图。通过区分指针指向的数据是否可变及指针本身是否可变，可以更精确地控制程序的行为，从而提高代码的质量。

8.4 指针、数组和地址

在 C 语言中，数组名和指针名之间的关系十分密切，也有很多相似之处，比如它们都可以表示内存地址，但在性质上存在明显的差异。

- 指针变量。指针变量是一个可以存储地址的变量，其值可以被动态更改。这意味着指针变量可以指向不同的内存位置。
- 数组名。数组名是一个常量表达式，表示数组的首地址。一旦数组在内存中分配了空间，其首地址就是固定的，不可更改。

简单来说，指针变量中存储的地址是可以更改的，而数组名所表示的地址是固定的。例如，在一维数组 a[10]中，数组名 a 表示数组 a 的首地址，即 a[0]的地址（等价于&a[0]），

这个地址是不可更改的。

通过合理使用数组名作为指针，可以更灵活地访问和操作数组，从而实现高效的内存管理和数据处理。

8.4.1　指针与一维数组

在一维数组的学习过程中，了解到当定义一个一维数组（如“int a[10];”）时，系统会为其分配 10 个连续的存储单元。数组的第一个元素 a[0]的地址即为数组的首地址，也可以通过数组名 a 来表示该首地址。

因此，可以将数组某个元素的地址或数组的首地址赋给一个指针变量。定义指向一维数组的指针变量的格式与定义指向普通变量的指针变量格式相同。

例如：

```
int a[10]={1,2,3,4,5,6,7,8,9,10},*p1,*p2;
p1=&a[5];  //表示 p1 指针现在指向 a[5]元素
p2=a;  //表示 p2 指针现在指向数组 a 的首地址，即 a[0]元素地址，等价于“p=&a[0];”
```

具体如图 8-4 所示。

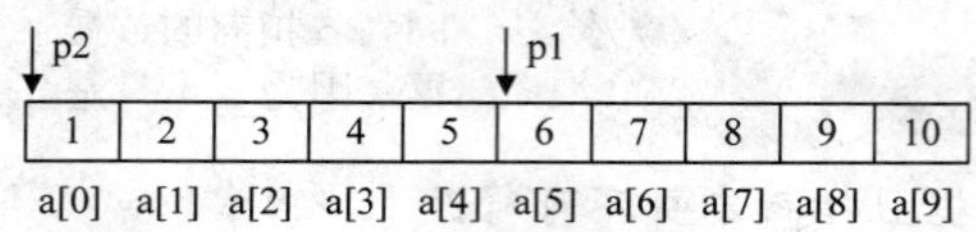

图 8-4　指针指向数组元素

8.4.2　指向数组指针的运算

在数组中，指针的运算具有重要的意义，它允许以更加灵活和高效的方式来访问数组中的元素。通过指针运算，可以实现数组元素的遍历、查找、修改等一系列操作。下面详细介绍指针运算在数组中的应用及其意义。

1. 指针的自增、自减运算

指针自增运算（++）：++p 或 p++，表示将指针 p 向后移动一个元素的距离，即指针指向下一个元素。指针自减运算（--）：--p 或 p--：使指针向前移动一个元素的距离，即指针指向上一个元素。

【例 8.4】 分析下面代码的运行结果。

【程序代码】

```
#include <stdio.h>
int main()
{
    int a[5]={2,4,6,8,10},b,c,d,e,*p;
    p=a;  //p 指向数组 a 的首地址，即元素 a[0]的地址
    b=*p++;
    c=*++p;
    d=(*p)++;
    e=++(*p);
    printf("b=%d,c=%d,d=%d,e=%d\n",b,c,d,e);
```

```
    return 0;
}
```

【运行结果】

```
b=2, c=6, d=6, e=8
请按任意键继续. . .
```

【程序分析】

初始时，p 指针指向 a[0]，“b = *p++;”由于++运算符在后，先取 a[0]的值赋值给 b（即 b=2），然后将 p 指针向后移动一个元素，即指向 a[1]。“c = *++p;”由于++运算符在前，先将 p 指针向后移动一个元素指向 a[2]元素，然后将 a[2]的值赋值给 c（即 c=6）。此时，p 指向 a[2]元素。“d = (*p)++;”这里需要注意，++运算符的操作数为(*p)，表示先取出 a[2]的值赋值给 d，然后将其值自加 1（变为 7，这里特别要注意的是，是 p 指向元素的值自加 1，而不是后移一个元素）。因此，d=6，且 a[2]的值变为 7。最后，“e = ++(*p);”由于++运算符在前，表示将 p 指向的 a[2]元素的值自加 1 赋值给 e，因此，e=8，且 a[2]的值变为 8。

通过本案例，可以清晰地看到指针运算符*、自增运算符++和自减运算符--的组合使用，可以灵活地访问和修改数组中的元素。理解这些操作符的优先级和顺序至关重要，这有助于编写正确且高效的程序逻辑。

2. 指针和整数的加减运算

当指针指向一串连续存储单元时，指针加上或减去一个整数 n 分别表示指针后移或前移 n 个存储单元。

指针移动的最小单位是一个存储单元而不是一个字节。对类型不同的指针变量，其增 1 和减 1 所移动的字节数是不同的，因此不同类型的指针不能混用。

例如：

```
int a[10]={1,2,3,4,5,6,7,8,9,10},*p,*p1,*p2;
a=a+2;          //该语句不合法，a 为数组首地址为常量，不能被赋值
p=a;            //表示 p 指向数组的首地址，即指向 a[0]元素
p1=a+3;         //表示 p1 指向 a[3]元素
p2=p1-2;        //表示 p2 指针指向 p1 指针指向的元素前移 2 个的元素，即 a[1]元素
```

在执行“p=a;”后，存在以下对等关系。

1）数组 a 中任意一个元素 a[i]的地址可用以下几种方式表示。

```
&a[i]==a+i==p+i
```

2）数组 a 中任意一个元素 a[i]的值可用以下几种方式表示。

```
a[i]==*(a+i)==*(p+i)==p[i]
```

3. 两个指针的相减运算

在数组操作中，两个指针相减可以用来计算两个指针之间的距离，即它们所指向的数组元素之间的索引差。这个差值可以帮助人们了解两个指针之间的相对位置。

例如：

```
int a[10]={1,2,3,4,5,6,7,8,9,10},*p1,*p2;
p1=&a[1];       //p1 指向数组的第二个元素 a[1]
```

```
p2=p1+2;        //p2 指向数组的第四个元素 a[3]
p1--;           //p1 指向数组的第一个元素 a[0]
p2++;           //p2 指向数组的第五个元素 a[4]
p2-p1;          //计算 p2 和 p1 之间的距离
```

在这个示例中，p2−p1 的值为 4，表明 p2 指针和 p1 指针之间相距四个元素位置。

值得注意的是，在数组中，两个指针相加通常没有明确的意义。另外，如果两个指针指向不同的数组，则它们之间的运算也没有意义，因为它们不具备可比性。

4. 两个指针的关系运算

在数组操作中，可以使用关系运算符（如<、>、<=、>=、==、!=）来比较两个指针的大小，从而确定它们在数组中的相对位置。

例如，p1、p2 指针均指向同一数组，则它们之间存在以下关系运算。

小于（p1<p2）：判断 p1 指针是否位于 p2 指针之前。

大于（p1>p2）：判断 p1 指针是否位于 p2 指针之后。

等于（p1==p2）：判断 p1、p2 两个指针是否指向同一个元素。

8.4.3 指针与一维数组的应用

【案例 8.1】 随机生成 10 名学生的计算机成绩（随机成绩范围为 60～100 分），求这 10 名学生计算机成绩的平均分。

通过对题目要求的分析，知道需要遍历数组并对其中的元素进行累加求和。基于之前在数组章节中学到的知识点，可以采用以下三种方法之一来实现这一目标。

1）下标法：通过设置循环控制变量 i 来遍历数组中的每一个元素，并将这些元素的值累加起来。这种方法简洁明了，易于理解和维护。

2）地址偏移：定义一个指针 p 指向数组的起始地址，并通过指针加上适当的偏移量来访问数组中的各个元素，然后将这些元素的值累加起来。

3）移动指针：同样定义一个指针 p 指向数组的起始地址，但这次通过递增指针的方式来逐个访问数组中的元素，并将它们的值累加起来。

选择合适的方法不仅可以提高代码的效率，还能增强代码的可读性和可维护性。在实际编程中，应根据具体需求和上下文选择最适合的方法。下面以移动指针的方法实现题目的要求。

【程序代码】

```
#include <stdio.h>
#include <stdlib.h>
#include <time.h>
int main()
{
   float score[10],*p,sum=0;
   int i;
   srand((unsigned)time(NULL));
   printf("该 10 名同学的成绩分别为: \n");
   for(p=score;p<score+10;p++)         //通过指针移动遍历数组元素
   {
```

```
        *p=60+rand()%40;
        printf("%4g",*p);
        sum+=*p;
    }
    printf("\n该10名同学的平均分为：%.2f\n",sum/10);
    return 0;
}
```

【运行结果】

```
该10名同学的成绩分别为:
  60  94  81  84  92  78  71  66  64  84
该10名同学的平均分为: 77.40
请按任意键继续. . .
```

8.4.4 指针与二维数组

在计算机中，二维数组实质上也是一个数组的集合，其中每个元素本身也是一个数组。以 int a[4][5]为例，它可以被视为长度为 4 的一维数组，其每个元素都是一个长度为 5 的整型数组。这种结构在内存中通常连续存储，因此可以在数学上将其视为一个 4×5 的矩阵，包含 4 行 5 列。

根据 C 语言的隐式类型转换规则，数组名 a 可以被视为指向其首个元素（即第一个数组）的指针。由于二维数组的元素是一维数组，因此 a 作为表达式的类型是 int(*)[5]，即指向长度为 5 的整型数组的指针。这意味着 a 的值指向了二维数组的第一行，而 a+1 指向第二行，以此类推。

当对 a 进行解引用操作时，如*a，它表示的是第一行数组，并且作为一个表达式，*a 指向该行的第一个元素，具有 int*类型。类似地，*a+1 指向第一行的第二个元素。更一般地，对于任何 i 和 j，表达式*(a+i)+j 指向第(i+1)行的第(j+1)个元素，解引用后的结果*(*(a+i)+j)就是二维数组中位于第(i+1)行第(j+1)列的元素。

从指针运算的角度来看，上述表达式可以简化为*(a[i]+j)，进一步简化为 a[i][j]，这是使用双下标访问二维数组元素的标准方式。二维数组 a[m][n]元素及地址的表示如表 8-1 所示。

表 8-1　元素的下标法表示与指针法表示

元素	地址
a[i][j]	&a[i][j]
*(a[i]+j)	a[i]+j
((a+i)+j)	*(a+i)+j
(*(a+i))[j]	&(*(a+i))[j])
*(&a[0][0]+n*i+j)	&a[0][0]+n*i+j
*(a[0]+n*i+j)	a[0]+n*i+j

综上所述，在处理一个二维数组 a[m][n]时：

- 数组名 a 可以视为一个行指针，它指向数组的起始位置。
- 对行指针执行加法或减法操作（如 a+i），会沿着行的方向移动指针，并指向数组中的第(i+1)行。

- 解引用行指针（如 a[i]），得到的是指向该行第一个元素的指针，可以将其视为列指针。
- 在行内对列指针执行加法或减法操作（如 a[i]+j），会沿着列的方向移动指针，并指向第(i+1)行的第(j+1)个元素。
- 最终解引用列指针（如*(a[i]+j)或 a[i][j]），可以访问到指定位置的元素。

【例 8.5】 利用指针操作数组实现两个矩阵的乘法运算。

要使用指针操作来实现两个矩阵的乘法运算，首先需要理解矩阵乘法的基本原理。给定两个矩阵 **A** 和 **B**，它们的乘积 **C** 可以通过以下公式计算得出：

$$C_{ij} = \sum_{k=0}^{N-1} A_{ik} B_{kj}$$

这里假定 **A** 是 M×N 的矩阵，**B** 是 N×P 的矩阵，则 **C** 将是一个 M×P 矩阵。对于 **C** 中的每个元素，都需要通过对应行和列的点乘来计算。

【程序代码】

```
#include <stdio.h>
#define M 3
#define N 3
#define P 3
int main()
{
    int a[M][N]={{1,2,3},{4,5,6},{7,8,9}};
    int b[N][P]={{10,11,12},{13,14,15},{16,17,18}};
    int c[M][P]={0},i,j,k,temp;
    int *rowA,*colB,*result;
    // 使用指针来遍历并计算
    for(i=0;i<M;i++ )                   //遍历 a 数组的所有行
        for(j=0;j<P;j++)                //遍历 B 的所有列
        {
            rowA=&a[i][0];              //指向 A 的第 i 行的开始
            colB=&b[0][j];              //指向 B 的第 j 列的开始
            result=&c[i][j];            //指向 C 的第 i 行 j 列
            for(k=0,temp=0;k<N;k++)
            {
                temp+=rowA[k]*colB[k*P]; //注意 B 的列指针计算
            }
            *result=temp;
        }
    printf("Matrix C:\n");
    for (i=0;i<M;++i)
    {
        for (j=0; j<P;++j)
            printf("%4d", c[i][j]);
        printf("\n");
    }
    return 0;
}
```

【运行结果】

```
Matrix C:
 84  90  96
201 216 231
318 342 366
请按任意键继续. . .
```

8.4.5 指针与字符串

在 C 语言中，字符串常量是一组用双引号括起来的字符序列。它们在内存中的存储方式类似于数组，即字符串中的所有字符在内存中是连续存储的。系统自动为字符串常量分配内存，并确定一个起始地址，该地址即为字符串常量的值，同时也是指向字符串首字符的一个指针常量。

例如，字符串"hello"在内存中的存储如图 8-5 所示。

h	e	l	l	o	\0

图 8-5 "hello"字符串在内存中的存储

这里的起始地址就是指向'h'字符的位置，可以被视为字符串"hello"的值。

当定义一个字符数组或字符指针来接收字符串常量时，它们都可以用来处理字符串。字符数组和字符指针都可以作为参数传递给 printf()函数来输出字符串。

例如：

```
char sa[]="array";              //字符数组初始化为字符串常量
char *sp="point";               //字符指针初始化为指向字符串常量的指针
printf("%s\n", sa);             //数组名 sa 作为 printf()的输出参数
printf("%s\n", sp);             //字符指针 sp 作为 printf()的输出参数
printf("%s\n", "string");       //字符串常量作为 printf()的输出参数
```

在调用 printf()函数时，使用'%s'格式符来输出字符串。无论是字符数组名 sa、字符指针 sp，还是字符串常量"string"，它们作为输出参数时的值都是一个地址，这个地址指示了字符串的起始位置。printf()函数将从这个地址开始输出字符，直到遇到字符串结束标志'\0'。

值得注意的是，尽管字符串中的其他字符的地址也可以作为输出参数，但在实际应用中，通常使用字符串的起始地址来确保输出完整无误的字符串。这是因为字符串结束标志'\0'的位置决定了字符串的实际长度，从而保证了输出的正确性。例如，尽管可以使用&sa[1]或 sp+1 来输出字符串的一部分，但这通常不符合标准的字符串输出需求。正确的做法是始终使用指向字符串首字符的地址，除非有意输出字符串的部分内容。

使用字符数组和字符指针来存储和处理字符串是 C 语言中常见的两种方式。虽然它们都可以实现字符串的存储和处理，但它们之间存在一些关键的区别。

- 字符数组是一种固定长度的数据结构，用于存储字符串。当声明一个字符数组并初始化为字符串时，实际上是在内存中分配了一段连续的空间来存储字符串的所有字符，包括字符串末尾的空字符（'\0'），用于标识字符串的结束。

例如：

```
char str[] = "We are students";
```

- 字符指针是一个可以指向字符类型数据的指针。当声明一个字符指针并初始化为字符串时，实际上是将该指针设置为指向字符串的起始地址。这意味着字符指针指向了字符串的第一个字符，并且可以用来遍历整个字符串，如图 8-6 所示。

例如：

```
char *ps="We are students";
```

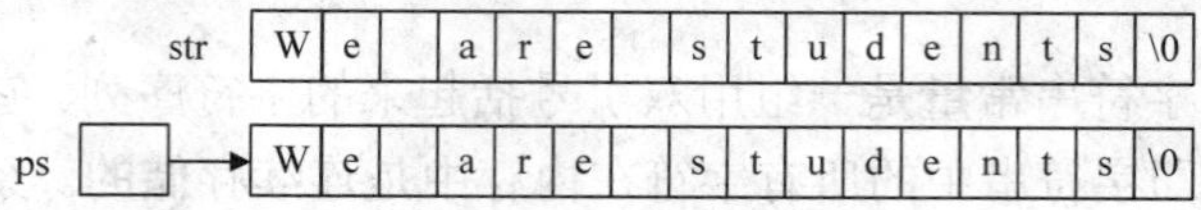

图 8-6　指针指向字符串

字符数组在声明时就分配了固定大小的内存空间，而字符指针可以指向已存在的字符串，也可以指向动态分配的内存空间。字符数组的内容可以直接修改，而字符指针如果指向字符串常量，则不能修改（尝试修改会导致未定义行为）。如果字符指针指向动态分配的内存空间，则可以修改。字符指针提供了更多的灵活性，可以方便地重新指向不同的字符串或重新分配内存空间。字符数组更适合处理已知长度且不需要经常改变大小的字符串。

【例 8.6】 利用字符指针判断输入的字符串是否为回文字符串。

在之前的案例中，读者已经学习了如何判断一个字符串是否为回文字符串。通过引入指针的概念，可以采用一种更为优雅的方法来实现这一功能。具体而言，可以定义两个指针 start 和 end，其中 start 指向字符串的第一个字符，end 指向字符串的最后一个字符。循环比较 start 和 end 所指向的字符。如果字符相等，则将 start 向右移动一位，将 end 向左移动一位。任何时候发现 start 和 end 指向的字符不相等，就可以立即停止比较，并确定字符串不是回文字符串。如果 start 和 end 相遇或交错，则说明所有对应的字符都已经匹配成功，字符串是回文字符串。

【程序代码】

```
#include <stdio.h>
#include <string.h>
int main()
{
    char str[50];
    char *start, *end;
    puts("请输入一个字符串:");
    if (fgets(str,sizeof(str),stdin)==NULL)  //使用 fgets()替代 gets()
    {
        puts("读取失败! ");
        return 1;
    }
    str[strcspn(str,"\n")]=0;           //移除换行符
    start=str;                     //将第一个字符地址存入 start 指针
    end=str+strlen(str)-1;     //求得当前字符串的最后一个元素(非'\0')的下标
    for(;start<end;start++,end--)
        if(*start!=*end)
```

```
            break;
        if (start>=end)
            puts("该字符串是回文字符串！");
        else
            puts("该字符串不是回文字符串！");
        return 0;
    }
```

【运行结果】

```
请输入一个字符串:
level
该字符串是回文字符串!
请按任意键继续. . .
```

```
请输入一个字符串:
especial
该字符串不是回文字符串!
请按任意键继续. . .
```

8.5 指针数组和二级指针

8.5.1 指针数组

在C语言编程中，数组元素通常要求具有相同的数据类型。当数组的所有元素都是指针类型时，这样的数组被称为指针数组。指针数组提供了一种组织多个指针的方式，使得它们可以作为一个整体来处理。

指针数组的基本定义形式如下：

```
类型名 *数组名[数组长度];
```

例如，一个用于存储字符串的指针数组可以定义如下：

```
char *color[5];
```

这里的char *表示数组中的每个元素都是指向字符的指针，并且此数组有五个元素，能够存储五个指向字符的指针（即字符串）的地址。

初始化指针数组的一个实例如下：

```
char *color[5]={"red","yellow","green","black","pink"};
```

在这个例子中，color数组包含了五个指向不同字符串的指针。通过指针数组，可以直接操纵这些指针，而不直接修改它们所指向的字符串内容。

例如，为了交换 color 数组中第一个和最后一个元素所指向的字符串，可以这样做：

```
char *temp;
temp=color[0];
color[0]=color[4];
color[4]=temp;
```

通过上述代码，虽然字符串的实际内容（"red" 和 "pink"）没有发生变化，但是 color 数组内部的指针却进行了交换，实现了指向关系的变化。

指针数组不仅允许人们直接赋值和引用数组中的元素，还允许间接访问这些元素所指向的数据，从而修改或者引用这些数据的内容。这种灵活性使得指针数组成为处理动态数据结构和需要频繁调整的数据集合的理想工具。

8.5.2 指向指针的指针

在C语言中，“指向指针的指针”是一种特殊的指针类型。这种指针并不直接指向基本数据类型（如整型、字符型等），而是指向另一个指针变量。换言之，它是一个二级指针，其值是一个指针的地址。

当人们定义一个指向指针的指针，也就是二级指针时，其目的是间接访问数据或者进行更复杂的内存操作。这类指针在声明时需要使用两个星号（**）修饰，以表明它是指向一个指针变量的指针。这样的定义允许人们通过层层解引用最终访问实际的数据。

二级指针的一般定义形式如下：

```
类型名  **指针变量名;
```

例如：

```
int **p, *q, a=50;          //声明一个整数 a，并且声明两个指针 p 和 q
q=&a;                       //让 q 指向 a 的地址
p=&q;                       //让 p 指向 q 的地址
```

在这个例子中，int **p 表明 p 是一个指向 int *类型的指针，也就是说，它可以用来存储指向整数的指针的地址。通过一系列的赋值：q = &a; 使得 q 指向了变量 a 的地址；p = &q; 则让 p 指向了 q 的地址。

由于*p 解引用后得到的是 q 这个指针本身，而*q 解引用后得到的是 a 的值，因此通过两次解引用**p 就可以直接获取 a 的值。这种结构提供了更大的灵活性，在处理动态分配的数组或是实现回调函数等场景中尤其有用。

8.6 指针与函数

指针与函数之间的关系主要体现在以下方面。

1. 指针作为函数参数

这是最常见的一种方式，指针作为参数传递给函数，允许函数直接访问和修改原始数据。这种传递方式称为“引用传递”，它有以下特点。

- 直接访问：函数可以通过指针直接访问传递过来的数据，而无须复制数据。
- 修改原数据：函数内部对指针指向的数据所作的任何修改都会反映到原始数据上。
- 节省内存：对于大型数据结构（如数组、结构体等），使用指针无须复制整个数据结构，只传递其地址即可。

2. 指针作为函数返回值

在这种情况下，函数返回一个指向特定数据的指针，而不是直接返回数据本身。这样做有如下优点。

- 灵活性：返回指针可以指向动态分配的内存区域，允许调用者控制内存的生命周期。
- 减少内存开销：当函数返回的是大对象时，返回指针可以避免复制整个对象。
- 动态资源管理：返回的指针可以指向动态创建的对象，调用者负责释放这些资源。

3. 指向函数的指针

这里是指函数本身可以被视为一个“指针”，即函数指针。函数指针可以存储函数的地址，并通过该地址调用函数。函数指针常用于以下情况。

- 回调函数：允许用户指定函数作为参数，以便在适当时候调用。
- 策略模式：实现不同的算法逻辑选择。
- 多态性：在运行时决定调用哪个函数。

理解指针与函数之间的关系，能够帮助程序员编写出更为高效且灵活的代码，并为解决实际问题提供更多的可能性。接下来，将通过具体的讲解与案例分析，深入探讨这一概念，从而帮助读者全面掌握指针与函数之间的相互作用。

8.6.1 指针作为函数的参数

在计算机科学中，函数是实现代码复用的核心构件之一。函数不仅能接受整型、浮点型等简单类型的数据作为参数，还能处理复杂的类型，如数组和指针。特别是处理较大规模的数据集时，使用指针作为函数参数可以显著减少内存开销，并提升程序的执行效率。接下来，将深入探讨如何巧妙地运用指针作为函数参数，以实现更为高效的数据处理。

在C语言中，数组名本质上是一个指针，指向数组的第一个元素。因此，当把数组作为参数传递给函数时，实际上传递的是数组的首地址。这意味着函数可以直接访问并修改原始数组的内容，而无须复制整个数组到一个新的位置。

使用指针作为参数的一个显著优势是它能够显著提高程序性能。对于处理大规模数据集而言，复制数据的成本往往非常高，而通过传递指针仅需传递一个地址，这无疑是一种更为高效的方法。

【例8.7】 在已排序数组中插入一个数并通过指针保持有序。

人们可以使用指针来帮助找到正确的插入位置，并移动后续元素以腾出空间。具体步骤如下。

1）寻找插入位置：找到新元素应该插入的位置，使得插入后的数组仍然有序。

2）移动元素：从插入位置开始，将所有后续元素向后移动一位，为新元素腾出空间。

3）插入元素：将新元素放置到腾出的位置上。

【程序代码】

```
#include <stdio.h>
void insert(int *arr,int n,int value);
int main()
{
    int a[10]={12,24,33,41,51,65,82,95,100};
    int num,i;
    printf("Original array:\n");
    for(i=0;i<9;i++)
        printf("%4d",a[i]);
    printf("\n");
    printf("please input new number:");
    scanf("%d",&num);
    insert(a,10,num);     //调用插入函数
    printf("After inserting %d into the sorted array:\n", num);
    for (i=0;i<10;i++)
```

```
        printf("%4d",a[i]);
    printf("\n");
    return 0;
}
//自定义插入函数 insert()
void insert(int *arr,int n,int value)
{
    int pos=0,i;
    while(arr[pos]<value)           //寻找插入位置
        pos++;
    for(i=n-1;i>pos;i--)            //移动元素
        arr[i]=arr[i-1];
        arr[pos]=value;             //插入元素
}
```

【运行结果】

```
Original array:
  12  24  33  41  51  65  82  95 100
please input new number:55
After inserting 55 into the sorted array:
  12  24  33  41  51  55  65  82  95 100
请按任意键继续. . .
```

【程序分析】

在 insert()函数中，主要实现了以下三个关键步骤，确保新元素可以被正确地插入到已排序的数组中，并保持数组的有序性。

（1）寻找插入位置

使用 while 循环遍历数组 arr 中的元素，并将每个元素与待插入的值 value 进行比较。通过这一过程，逐步前进，直到找到第一个大于或等于 value 的元素位置。该位置即为人们需要插入新元素的位置 pos。这一过程确保了新元素将在正确的位置被插入，从而维持数组的有序性。

（2）移动元素

为了给新元素腾出空间，需要将插入位置 pos 及其之后的所有元素向后移动一位。为此，从数组的最后一个元素开始，通过一个 for 循环逐个将元素向前覆盖，直到到达 pos。这种从后向前的移动策略避免了重复覆盖的问题，确保了所有受影响的元素都被正确地重新定位。

（3）插入元素

当所有必要的元素都移动完毕后，就可以在位置 pos 处插入新值 value 了。这一步骤简单明了，只需将 value 赋值给 arr[pos]。

通过上述三个步骤，可以有效地在已排序的数组中插入新元素，并保持数组的有序性。这种方法不仅直观易懂，而且在实际应用中也非常高效，尤其在需要频繁插入元素的场景中，可以避免不必要的数据复制，从而提高程序的性能。

8.6.2 指针作为函数返回值

在编程中，函数是执行特定任务并可选地返回结果的基本构建块。通常情况下，人们遇到的函数返回值包括基本数据类型 void、int、float、char 等。然而，函数也可以返回更复杂的数据结构，如指针。

当函数的设计目标是返回内存地址时，则该函数的返回类型应声明为指针类型。这意味着，在函数定义时，需要在函数名前加上“*”，以指示编译器该函数将会返回一个指向某种类型数据的指针。其一般形式如下：

```
类型名 *函数名(参数列表)
{
    //函数体，执行某些操作后返回一个地址
    return 地址;
};
```

在此结构中，“类型名”指的是指针所指向的数据类型，而“*”符号表明此函数返回的是一个指向该类型的指针。需要注意的是，如果函数被设计为返回一个具体的地址，则应确保返回的是一个有效的内存地址。

通过这种方式返回指针，可以有效地在函数之间传递大型数据结构或动态分配的内存区域的地址，从而提高程序的效率和灵活性。然而，这也要求人们在使用这些返回的指针时要格外小心，以避免潜在的内存管理错误，如野指针或内存泄漏等问题。

【例 8.8】 输入一个用户的身份证号码提取该用户的生日信息并输出。

分析：众所周知，身份证号码中的第 7 位到第 14 位代表了用户的出生日期。因此，可以在自定义函数中设定一个静态的字符数组来存储从身份证号中截取的生日信息，从原身份证号码的第 7 个元素（即索引为 6 的位置）开始，依次将接下来的 8 个字符赋值给该静态数组。这样一来，该静态数组就包含了用户的生日信息。通过返回该静态数组的地址，就可以在主调函数中获取并使用这些生日信息，从而实现本例要求的功能。

【程序代码】

```
#include <stdio.h>
char *fun(char *s);          //定义一个函数，用于从身份证号码中提取出生日信息
int main()
{
    char id[19],*birth;
    puts("请输入你的身份证号：");
    gets(id);
    birth=fun(id);
    printf("你的生日信息是：%s\n",birth);
}
char *fun(char *s)
{
    static char a[9];
    int i,j=0;
    for(i=6;i<14;i++)                //通过循环，提取出生日部分
        a[j++]=s[i];
    a[j]='\0';                       //添加字符串终止符'\0'
    return a;
}
```

【运行结果】

```
请输入你的身份证号：
111222200711037651
你的生日信息是：20071103
请按任意键继续. . .
```

【程序分析】

在自定义函数 fun()中，“static char a[9];”定义了一个静态字符数组 a，用于存储生日信息。这里使用 static 关键字，意味着数组 a 在整个程序执行期间只分配一次内存，并且在函数返回后仍然保持有效。

定义两个整型变量，i 用于循环计数，j 用于记录生日字符串的当前位置。

从身份证号码的第 7 位开始（索引为 6），依次读取 8 个字符并存入数组 a 中。

“a[j] = '\0';”：在字符串末尾添加终止符'\0'。

8.6.3 指向函数的指针

在程序运行时，函数的目标代码在内存中占用一段连续的存储空间，该存储空间的起始地址被称为函数的入口地址。可以将函数的入口地址赋值给一个指针变量，然后通过该指针变量来调用相应的函数。

定义指向函数的指针的一般形式如下：

```
函数类型 (*指针变量名)(形参类型列表);
```

其中，“函数类型”表示指针变量所指向的函数的返回值类型。例如：

```
int (*p)(int, int);
```

在上面的定义中，p 是一个指向函数的指针变量。该函数接收两个整型参数，并返回一个整型值。

与数组名表示数组的首地址类似，函数名也表示函数的入口地址。因此，可以将函数名赋值给一个指向函数的指针变量，然后通过该指针来调用函数。

通过指针变量调用函数的一般形式如下：

```
(*指针变量名)(实参列表);
```

这种机制允许人们通过指针间接调用函数，提供了更大的灵活性和动态性，特别是在函数作为参数传递给其他函数的情况下，这种机制尤为有用。

【例 8.9】 编写代码实现一个简单的四则运算程序，使用指向函数的指针来选择并执行不同的运算。

【程序代码】

```
#include <stdio.h>
float add(float a,float b) {
    return a+b;         //定义加法函数
}
float subtract(float a,float b) {
    return a-b;         //定义减法函数
}
float multiply(float a,float b) {
    return a*b;         //定义乘法函数
}
float divide(float a,float b) {
```

```
    if (b==0) {
        printf("除数不能为零！\n");
        return 0;
    }
    return a/b;         //定义除法函数，并规避除数为0 的情况
}
//自定义fun()函数，使用指向函数的指针来调用对应的函数
float fun(float (*p)(float,float),float a, float b) {
    return p(a,b);
}
int main() {
    float a,b;
    int choice;
    while(1){
        printf("请选择操作（0：加法，1：减法，2：乘法，3：除法，4：退出）：");
        scanf("%d", &choice);
        if(choice==4){
            printf("谢谢使用，再见！\n");
            break;
        }
        if(choice!=0&&choice!=1&&choice!=2&&choice!=3){
            printf("输入操作有误，请重新输入！\n");
            continue;
        }
        printf("请输入参与运算的两个数：");
        scanf("%f%f",&a,&b);
        switch(choice){
        case 0: printf("结果为：%.2f\n",fun(add,a,b));break;
        case 1: printf("结果为：%.2f\n",fun(subtract,a,b));break;
        case 2: printf("结果为：%.2f\n",fun(multiply,a,b));break;
        case 3: printf("结果为：%.2f\n",fun(divide,a,b));break;
        default: printf("输入操作有误！\n");
        }
    }
    return 0;
}
```

【运行结果】

```
请选择操作（0：加法，1：减法，2：乘法，3：除法，4：退出）：0
请输入参与运算的两个数：2 3
结果为：5.00
请选择操作（0：加法，1：减法，2：乘法，3：除法，4：退出）：1
请输入参与运算的两个数：8 4
结果为：4.00
请选择操作（0：加法，1：减法，2：乘法，3：除法，4：退出）：2
请输入参与运算的两个数：2 8
结果为：16.00
请选择操作（0：加法，1：减法，2：乘法，3：除法，4：退出）：3
请输入参与运算的两个数：8 4
结果为：2.00
请选择操作（0：加法，1：减法，2：乘法，3：除法，4：退出）：7
输入操作有误，请重新输入！
请选择操作（0：加法，1：减法，2：乘法，3：除法，4：退出）：4
谢谢使用，再见！
请按任意键继续. . .
```

【程序分析】

本案例的实现主要由三个功能模块组成：基本运算函数、通用函数调用机制和主函数。

（1）基本运算函数

这部分定义了四个基本的数学运算函数：add()、subtract()、multiply()和 divide()。每个函数接收两个浮点数作为参数，并返回相应的运算结果。这些函数提供了基础的数学运算支持，为后续的逻辑处理奠定了坚实的基础。

（2）通用函数调用机制（fun()）

fun()函数是一个通用的函数调用机制，它接收一个指向函数的指针和两个浮点数参数，并通过调用指向的函数来执行相应的运算。这里的 p 是一个指向返回值类型为 float 并接收两个 float 型参数的函数的指针。通过 p(a,b)调用实际的运算函数。这一机制不仅提高了代码的复用性和灵活性，而且使得程序能够动态地选择不同的运算逻辑。

（3）主函数（main()）

主函数是程序的入口点，负责与用户的交互及调用相应的运算函数。通过一个循环结构，程序不断提示用户选择所需的运算类型，并输入参与运算的两个浮点数。根据用户的选择，程序调用相应的运算函数，并通过 fun()函数来执行具体的计算。此外，程序还提供了退出选项，用户可以选择终止程序的运行。

8.7　动态内存分配

数组是一种基本的数据结构，用于存储具有相同类型或结构的大量数据。例如，在管理班级学生的成绩时，可以通过定义一个浮点型数组来实现成绩的排序；而在处理学生详细信息时，则可以采用结构体数组来组织更为复杂的数据集合。

数组的使用极大地简化了数据操作的过程，但同时也带来了一个常见的挑战，即数组长度的预设。在定义数组时，需要提前确定其长度大小，这通常意味着为数据集预留固定的内存空间。然而，在实际情况中，数据集的规模往往不是静态不变的，这就可能导致过度预分配内存造成资源浪费，或者因内存不足而导致程序出错（如数组越界），这些问题都源自静态内存分配机制的局限性。

为了克服这些限制，动态内存分配应运而生。动态内存分配是一种灵活的内存管理技术，它允许程序在运行期间按需请求和释放内存资源。与静态分配不同的是，动态内存分配不需要在编译时就确定内存的大小，而是根据程序的实际需求，在运行时动态调整所占用的内存空间。这种方式不仅提高了内存使用效率，降低了内存浪费风险，还增强了程序处理不确定规模数据的能力，从而确保代码的健壮性和灵活性。

在 C 语言中，动态内存分配是程序设计中的一个重要组成部分，它允许程序在运行时根据需要分配和释放内存资源。C 语言提供了相应的库函数来支持动态内存分配及其管理。下面详细介绍常用的动态内存分配函数及其使用方法。

（1）malloc()函数

malloc()函数的原型是“void *malloc(unsigned int size);”。

该函数的作用是在内存的动态存储区中分配一个长度为 size 的连续空间。其参数是一个无符号整型数，表示所需分配的字节数。malloc()函数返回一个指向所分配连续存储区域起始地址的指针。如果分配不成功，则返回一个 NULL 指针。

（2）calloc()函数

calloc()函数的原型是“void *calloc(unsigned n, unsigned size);”。

该函数的作用是在内存的动态存储区中分配 n 个长度为 size 的连续空间，并将分配的内存初始化为零。函数返回一个指向所分配存储区域起始地址的指针。如果分配不成功，则返回一个 NULL 指针。

（3）free()函数

free()函数的原型是“void free(void *p);”。

由于内存资源是有限的，不应无限制地分配下去，而且一个高效的程序应当尽可能节省资源。因此，当所分配的内存不再使用时，应及时释放，以便其他变量或程序可以使用。free()函数的作用就是释放指针 p 所指向的内存区域。其参数 p 必须是之前调用 malloc()或 calloc()函数时返回的指针。向 free()函数传递其他值可能会导致程序崩溃或其他严重的后果。

【例 8.10】 编写一个程序，首先输入一个整数表示数组的长度，然后根据输入的长度，再输入相应数量的元素值，并最终输出整个数组的内容。

【程序代码】

```
#include <stdio.h>
#include <stdlib.h>
int main() {
    int *dynamicArray=NULL;
    int n, i;
    printf("请输入数组的大小：");
    scanf("%d", &n);
    dynamicArray=(int *)malloc(n * sizeof(int));    //动态分配内存
    if (dynamicArray==NULL) {
        printf("内存分配失败。\n");
        return 1;
    }
    printf("请输入%d 个整数：\n", n);
    for (i=0; i<n; i++) {
        scanf("%d", &dynamicArray[i]);
    }
    printf("输入的数组为：\n");                    //打印数组内容
    for (i=0; i<n; i++) {
        printf("%d ", dynamicArray[i]);
    }
    printf("\n");
    free(dynamicArray);                            //释放内存
    return 0;
}
```

【运行结果】

```
请输入数组的大小：5
请输入5个整数：
1 2 3 4 5
输入的数组为：
1 2 3 4 5
请按任意键继续. . .
```

本章小结

本章深入浅出地探讨了指针的基础知识，不仅详细讲解了如何声明和使用指针变量，还揭示了指针与数组之间的密切联系及其在函数中的多样化角色。

通过巧妙运用指针，人们能够在遍历数组时实现更高的效率，还可以利用指针的灵活性和速度优势优化程序性能。此外，指针在函数之间的交互中扮演着不可或缺的角色：作为参数传递地址，使得大容量数据的传输变得轻而易举；作为返回值，提供了更为灵活的函数设计选项；甚至可以直接指向函数本身，开启了一种全新的编程模式——通过指针调用函数，极大地扩展了程序设计的可能性。

动态内存分配则是指针的另一项重要应用领域，允许程序运行时根据需要动态地请求和释放内存资源，这对处理大小不定或数量变化的数据集尤为重要。

总之，掌握了指针的精髓，就如同掌握了C语言编程的一把钥匙，开启了通往高效、灵活编程世界的大门。

习　题

一、填空题

1. 在C语言中专门有一种变量用于存放其他变量的地址，这种变量称为________。
2. 指针的加减运算实质上是在内存中移动某个数据类型所占的________。
3. 在C语言中，有一个特殊的运算符可以获取内存地址，该运算符是________。
4. 当使用指针指向一个函数时，这个指针就称为________。
5. 指向指针的指针被称为________。

二、判断题

1. 指针变量实际上存储的并不是具体的值，而是变量的内存地址。（　）
2. 数组名中存放的是数组内存中的首地址。（　）
3. 使用字符指针和字符数组来存储字符串时，二者没有区别。（　）
4. 函数指针可以作为函数的参数。（　）
5. 如果希望程序中的数据不能被修改或者防止非法篡改，可以使用const来修饰指针变量。（　）

三、选择题

1. 以下关于指针的说法中，正确的是（　）。
   A. 指针是用来存储变量值的类型
   B. 指针类型只有一种
   C. 指针变量可以与整数进行相加或相减
   D. 指针不可以指向函数

2. 以下选项中，属于取值运算符的是（ ）。

A. * B. & C. # D. $

3. 以下选项中，不属于指针变量 p 常用运算的是（ ）。

A. p++ B. p*1 C. p-- D. p+2

4. 以下关于指针变量的描述中，不正确的是（ ）。

A. 在没有对指针变量赋值时，指针变量的值是不确定的

B. 同类指针类型可以进行相减操作

C. 在使用未赋值的指针变量时，不会出现任何问题

D. 可以通过指针变量来获取它所指向的变量值

5. 以下选项中，说法正确的是（ ）。

A. 字符指针实际上存储的是字符串首元素的地址

B. 字符指针实际上存储的是字符串中所有元素的地址

C. 字符指针与字符数组的唯一区别是字符指针可以进行加减运算

D. 字符指针实际上存储的是字符串常量值

四、编程题

1. 编写一个程序，实现对两个整数值的交换。

提示：

定义一个方法实现交换功能，该方法接收两个指针类型的变量作为参数。

在控制台输出交换后的结果。

2. 编写一个程序，实现对字符串的复制操作。

提示：

定义一个函数 copystr()，该函数有两个形参 form1、form2，形参类型为字符指针。

在 main()函数中定义两个字符数组 str1、str2，分别为其赋值"Hello World"和"I am Chinese"。

在 main()函数中调用 copystr()函数复制数组 str1 中的值并赋值给数组 str2。

在控制台输出复制后的数组 str1 与 str2 的值。

第 9 章　结构体与枚举类型

在程序设计中，经常需要处理由多个不同数据类型的数据组成的实体信息。为了方便处理这类数据，C 语言提供了一种能集中不同类型数据于一体的数据类型，称为结构体类型。本章主要介绍结构体类型变量的定义和引用，结构体数组的定义和应用，结构体指针的定义和使用，以及静态链表与动态链表和枚举类型。

本章重点内容如下。

- 结构体类型的概念和定义方法，结构体类型变量的定义和引用。
- 结构体数组的定义和应用。
- 结构体指针的定义和应用。
- 链表的概念和应用。

9.1　结构体类型

在 C 语言中，一个数组类型允许存储相同数据类型的对象，而本章介绍的结构体类型由一组成员对象构建，每个成员对象都有一个可选的指定名称和可能不同的数据类型。也就是说，结构体类型是一种能把不同数据类型的对象组合在一起，从而形成一种新的数据类型。

在许多实际应用中，需要将不同数据类型的数据组合成一个有机整体，以便在概念上更易于理解和应用，因此结构体类型的使用非常广泛。例如，一名学生有学号、姓名、性别、年龄、地址等属性，可以定义如下变量或数组以保存学生信息。

```
int num;
char name[20];
char sex;…
```

很显然，如果有多项学生信息要处理，就必须分别用数组表示或者再定义其他变量或数组，这种做法会使单个个体信息分散，给编程带来麻烦。结构体类型允许用户根据需要，将特定对象的多种信息作为一个整体来考虑，从而解决了单个信息分散带来的麻烦。

结构体类型为用户自定义数据类型，通过列举成员标识符和数据类型来说明结构（成员）的组成。C 语言要求先定义结构体类型，再声明该类型的变量。实际应用中，结构体类型的变量用于描述和处理具有多个属性的对象，如老师、学生等。

9.1.1　结构体类型的定义

定义一个结构体类型的一般形式如下：

```
struct tag
{
   member_list
```

```
        member_list
        ...
        member_list
    };
```

通过上述方式就能定义结构体类型，类型名为 struct tag。其中，struct 为关键字，不能省略；tag 为结构体名，由用户自己命名，遵循合法标识符规则即可，也可省略。member-list 是成员变量，如“int i;”、“float f;”、“int a[10];”、“float *p[4];”或者其他有效的定义变量，包括用结构体类型本身和后面要讲到的枚举类型定义的变量。例如：

```
struct student
{
    int num;          //成员变量
    char name[20];    //成员变量
    char addr[30];    //成员变量
};
```

定义了一个新的结构体类型，类型名称为 struct student。注意“}”后面的“;”不能缺失且不要对成员变量赋初值。

为了提高结构体类型的灵活性，更好地模拟实际应用的数据结构，C 语言支持结构体类型的嵌套定义，也就是说，定义一个结构体类型时，成员变量可以是一个结构体类型变量。例如，一名学生除了学号、姓名等信息外，还具有出生日期信息，可以把出生日期先定义成如下结构体类型。

```
struct day
{
    int year;
    int month;
    int day;
};
```

有了这个结构体类型，再去定义一个关于学生的结构体类型，它的成员变量中就可以加入 struct day 类型的变量。例如，再定义一个名为 struct Study 的结构体类型。

```
struct Study
{
    long int num;
    char name[20];
    char sex;
    struct day birthday; //这里就是一个结构体类型的成员变量
    char addr[20];
};
```

这种一个结构体成员变量中包含另一个结构体成员变量的定义方式，称为结构体类型的嵌套定义。在 C 语言中，定义的不同结构体类型，即使它们的成员变量完全一样，也被看作不同的结构体类型。

9.1.2 结构体类型变量的定义

在定义了一种结构体类型以后，就等于又产生了一种新的数据类型，可以用这种数据类型定义变量。定义结构体类型变量有以下三种方式。

1. 先定义结构体类型再定义变量

例如，定义结构体类型如下：

```
struct Student
{
    int num;
    char name[20];
    char addr[30];
};
```

完成这个结构体类型的定义后，就可以用“类型 变量名”的方式定义变量。例如，“struct Student stuA,stuB;”就定义了两个变量 stuA 和 stuB，它们都是 struct Student 类型。

2. 在定义类型的同时定义变量

例如：

```
struct Student
{
    int num;
    char name[20];
    char addr[30];
}stuA,stuB;
```

同样定义了两个类型为 struct Student 的变量 stuA 和 stuB。这种方式定义完变量以后，还可以用第一种方式继续定义这种结构体类型的其他变量。

3. 直接定义结构体类型变量

前面定义结构体类型时提到，结构体类型的 tag 可以省略，这种结构体类型称为“匿名结构体类型”。要定义匿名结构体类型的变量，必须在定义完一个结构体类型后立即进行，而且在后续代码中，不能再定义这种类型的变量。

```
struct
{
    int num;
    char name[20];
    char addr[30];
}stuA,stuB;
```

这种方法的好处在于，如果只想定义少量该结构体类型的变量，那么全局就只有这几个该结构体类型的变量，这样可以避免混淆。既然结构体类型是一种数据类型，很容易想到，它也可以用来定义这种数据类型的数组、指针变量等。

与用其他基本数据类型定义的变量一样，一旦用结构体类型定义了变量，编译系统也为变量分配内存空间，这个内存空间首地址也是用“& 结构体变量名”方式获取。

9.1.3 结构体类型变量的初始化

在结构体类型定义后，有三种方法对结构体类型变量进行初始化。

方法一：结构体类型定义完成后，立即定义变量并用{}的方式赋初值。

```
struct Student
```

```
    {
        long int num;
        char name[20];
        char sex;
        char addr[20];
    }stu={10101,"lilin",'m',"123 Beijing road"};
```

这样变量 stu 的结构体成员变量就分别获取了对应的值。也可以只写出部分成员要赋值的量，如“stu ={10101,"lilin"};”，所赋的值与成员变量的顺序一一对应，没有被赋值的后续成员默认赋值 0、'\0'或 Null 等。

如果不想给成员变量输入初始值，但又想初始化结构体变量，也可以写为“stu={0};”，但不建议写为“stu={};”，因为后者在一些编译器中被认为是错误的，如 C++中的编译系统。

方法二：定义完一个结构体类型以后，在其他位置定义这种数据类型的变量时，用{}的方式对其进行初始化。

如在一个文件的函数外定义了结构体类型 struct Student，则可以在一个函数体内部用“struct Student stu={10101,"lilin",'m',"123 Beijing road"};”语句对其进行初始化。这种方法也可以只赋值部分成员变量数据，效果与第一种方法一致。

方法三：顺序写入成员变量的初始化方法不够灵活的，常需要记忆结构体成员变量的顺序，而且当结构体成员变量比较多，又只想给少量成员变量初始化时会比较麻烦，对此 C99 标准推出了新的语法，可以指定成员变量名进行初始化。这种方法在成员变量名前面加上成员选择符“.”，然后用“=”的形式进行初始化，多个成员变量之间用逗号分隔。例如：

```
    struct Student stu={.num=18,.name=" 张三 "};
```

这种语法规则有两个明显的好处，一是语义化表达，每个值对应哪个成员变量非常清晰；二是成员变量顺序可以不一致。这种初始化方法与顺序初始化一样，未被指定初始化的成员变量会被自动赋 0 值。

这样的初始化方法称为声明式语法表达，它提升了代码可读性，是目前其他高级编程语言的趋势，如 Go 语言的结构体就是这样初始化的。因此学习 C 语言后，再学习其他高级语言会相对容易。

9.1.4 结构体类型变量的引用

引用结构体成员变量与引用基本数据类型变量有点不一样，为了访问结构体成员，要使用成员选择符（.），成员选择符是结构体变量名与要访问的结构成员之间的一个点号。例如，若有定义“struct Student stu;”，则对结构体中的两个成员变量赋值，可以使用下面两条语句。

```
    stu.num=98101;
    strcpy(stu.name, "lin");
```

1）结构体变量不能作为一个整体一次性输出或输入。例如，不能写成“prinf("%d,%s,%c,%s", stu);”或“scanf("%d%s%c%s",&stu);”，要分别访问其成员变量，如可写为“scanf("%d%s", &stu.num, stu.name);”。如果成员变量是结构体类型，还需要再访问其成员变量。例如，struct Study，如果有定义“struct Study stu;”，则访问成员变量 birthday 中的成员变量，可以用如下语句实现。

```
stu.birthday.year=1999;
stu.birthday.month=12;
stu.birthday.day=20;
```

2）相同结构体类型的变量之间可以相互赋值，不同结构体类型变量之间不允许直接赋值。例如，有如下两个 struct Student 类型变量定义：

```
struct Student stu1={4, "Cheng lin",'w',"100 Dongshan road"},stu2;
```

则可以用语句“stu2=stu1;”对 stu2 进行赋值，stu2 变量中各成员的值就被赋为 stu1 变量中各成员的值。

如果 stu2 是另外一种结构体类型的变量，即使这两种结构体类型定义的成员变量完全一致，也不能用“stu2=stu1;”进行赋值。

3）可以引用结构体成员变量的地址，也可以引用结构体变量的地址。例如，有定义“structStudent stu;”，则下面两条输入输出语句都是正确的。

```
scanf("%d", &stu.num);   //输入 stu.num 的值
printf("%ld",&stu);      //输出 stu 的首地址
```

【例 9.1】 给定一个结构体类型，定义两个这种结构体类型的变量 stu1 和 stu2，对 stu1 进行初始化，然后将 stu1 的值赋给 stu2，并修改 stu2 的两个成员值，最后输出这两个结构体类型变量的所有成员值。

【程序代码】

```
#include <stdio.h>
struct student
{
    short num;
    char name[20];
    char sex;char addr[20];
};
int main(void)
{
    /*定义两个结构体变量 stu1 和 stu2，并初值化 stu1*/
    struct student stu1={10101,"lilin",'m',"123 Beijing road"},stu2;
    stu2=stu1;         //把 stu1 的值赋给 stu2，可向所有成员变量赋值
    stu2.num=10102;   //给 stu2 的 num 成员变量赋值
    strcpy(stu2.name, "zhangxiao"); //给 stu2 的 name 成员变量赋值
    /*输出结构体变量成员的值*/
    printf("no.:%hd name:%s sex:%c address:%s\n",stu1.num,stu1.name,
stu1.sex, stu1.addr);
    printf("no.:%hd name:%s sex:%c address:%s\n",stu2.num,stu2.name,
stu2.sex,stu2.addr);
    return 0;
}
```

【运行结果】

```
no.:10101 name:lilin sex:m address:123 Beijing road
no.:10102 name:zhangxiao sex:m address:123 Beijing road
```

9.2 结构体数组

9.2.1 结构体数组的定义

结构体数组中的每个元素都是一个结构体。在实际应用中，C 语言结构体数组常被用来表示一个拥有相同数据结构的群体，如一个班的学生、一个车间的职工等。

在 C 语言中，可以先定义结构体，再用结构体来定义数值。例如：

```
typedef struct student
{
    short num;
    char name[20];
    char sex;
    char addr[20];
}Student;
```

现在就可以用它来定义数组了，如定义一个一维数组“student stu[5];”(等价于“struct student stu[5];”)。此数组中有五个元素，每个元素都是 student 类型。同样地，stu 这个数组名可作为指针指向该数组的第 1 个元素。

与基本数据类型一维数组一样，可以使用顺序下标初始器、受指定的初始化器及两者的混合对结构体类型的数组进行初始化。例如：

```
student stu[5]={{1,"zhang",'M',"Anhui"},{2,"wang",'M',"Henan"}};
student stu[5]={[1]={1,"zhang",'M',"Anhui"},{2,"wang",'M',"Henan"}};
```

在 C 语言中，也可以直接定义结构体数组，方式与定义结构体变量类似。例如：

```
struct stu{
    char *name;   //姓名
    int num;      //学号
    int age;      //年龄
    char sex;     //性别
    float score; //入校总分
}class[5];
```

表示一个班级有 5 名学生。

结构体数组在定义的同时也可以初始化。例如：

```
struct stu{
    char *name;   //姓名
    int num;      //学号
    int age;      //年龄
    char sex;     //性别
    float score; //入校总分
}class[5]={
    {"史贵元", 1, 18, 'M', 571.0},
    {"田子蕾", 2, 19, 'F', 539.5},
    {"徐竞越", 3, 18, 'M', 543.5},
    {"王若水", 4, 19, 'F', 582.0},
    {"王华", 5, 19, 'M', 560.5}
};
```

当对数组中全部元素赋值时，也可以不给出数组长度。例如：

```
struct stu{
    char *name;   //姓名
    int num;      //学号
    int age;      //年龄
    char sex;     //性别
    float score;  //入校总分
}class[]={
     {"史贵元", 1, 18, 'M', 571.0},
     {"田子蕾", 2, 19, 'F', 539.5},
     {"徐竞越", 3, 18, 'M', 543.5},
     {"王若水", 4, 19, 'F', 582.0},
     {"王华", 5, 19, 'M', 560.5}
};
```

结构体数组的使用也很简单。例如，获取王华的年龄，可以使用语句：

```
class[4].age;
```

又如，修改史贵元的入校总分，可以使用语句：

```
class[0].score=575.0;
```

【例 9.2】 计算全班学生入校成绩的平均分及 550 分以下的人数。

【程序代码】

```
#include <stdio.h>
struct{
    char *name;   //姓名
    int num;      //学号
    int age;      //年龄
    char sex;     //性别
    float score;  //入校总分
}class[]={
     {"史贵元", 1, 18, 'M', 571.0},
     {"田子蕾", 2, 19, 'F', 539.5},
     {"徐竞越", 3, 18, 'M', 543.5},
     {"王若水", 4, 19, 'F', 582.0},
     {"王华", 5, 19, 'M', 560.5}
};
int main()
{
    int i, num_550=0;
    float sum=0;
    for(i=0; i<5; i++)
    {
        sum+=class[i].score;
        if(class[i].score<550) num_550++;
    }
    printf("average=%.1f\nnum_550=%d\n",sum/5,num_550);
    return 0;
}
```

【运行结果】

```
average=559.3
num_550=2
```

9.2.2 结构体数组的应用

下面看一个结构体数值的应用案例。老师要给三名学生发红包，使用结构体数组来实现抢红包程序。三名学生信息内容如下：

10180001 史贵元 材控 181

10180002 田子蕾 材控 182

10180003 徐竞越 材控 182

【案例 9.1】 抢红包程序。

【解题思路】

1）定义结构体数组存储学生信息。

```
struct stu
{
    char id[10];
    char name[20];
    char major[20];
    int flag;
    float money;
}stu_list[10];
```

其中，flag 值为 0 或 1（0 为未抽到红包，1 为已抽到红包），money 为抽到的红包金额。

2）要求老师输入预算和人数，并且计算平均红包的金额："money=total/num;"。

3）构造结构体数组并赋值。初始状态为未抽到红包，数组元素的 flag 值为 0，红包值为 0。

4）生成 num 个 0～9 之间的随机数代表抽到红包的同学序号，并发放随机红包。

```
srand((unsigned)time(NULL));
safe_total=(total-(num-i)*min);
for(i=0;i<num;i++)
{
    if(i!=num-1)
    {
        safe_total=(total-(num-i)*min)/(rand()%(num-1)+1);
        money=(float)(rand()%((int)(safe_total*100)))/100+min;
        total=total-money;
    }
    else
        money=total;
    tmp_id=rand()%student_num;
    while(stu_list[tmp_id].flag==1)
        tmp_id=rand()%10;
    stu_list[tmp_id].flag=1;
    stu_list[tmp_id].money=money;
}
```

其中，语句"srand((unsigned)time(NULL));"是随机数种子，目的是每次运行能产生不同的随机数，要求有头文件 time.h 的支持。循环"while(stu_list[tmp_id].flag==1) tmp_id=rand()%10;"的作用是剔除已经获得红包的同学，避免一名同学获得多个红包。随机红包的生成代码如下：

```
safe_total=(total-(num-i)*min)/(rand()%(num-1)+1);
money=(float)(rand()%((int)(safe_total*100)))/100+min;
```

【程序代码】

```
#include <stdio.h>
#include <stdlib.h>
#include <time.h>
#define N 20
struct stu
{
    char id[10];
    char name[20];
    char major[20];
    int flag;
    float money;
};

int read(struct stu stu_list[])
{
    strcpy(stu_list[0].id, "10180001");
    strcpy(stu_list[0].name, "史贵元");
    strcpy(stu_list[0].major, "材控 181");
    strcpy(stu_list[1].id, "10180002");
    strcpy(stu_list[1].name, "田子蕾");
    strcpy(stu_list[1].major, "材控 182");
    strcpy(stu_list[2].id, "10180003");
    strcpy(stu_list[2].name, "徐竞越");
    strcpy(stu_list[2].major, "材控 182");
    return 3;
}

void rand_money(int student_num, struct stu stu_list[])
{
    int i=0, tmp_id, num;
    float total, money, safe_total, min=0.01, max=0;
    printf("输入总钱数：\n");
    scanf ("%f", &total);
    printf("输入红包数量：\n");
    scanf ("%d", &num);
    money=total/num;
    srand((unsigned)time(NULL));
    safe_total=(total-(num-i)*min);
    for (i=0; i<num; i++)
    {
        if (i!=num-1) //前 num-1 个红包
        {
            safe_total=(total-(num-i)*min)/(rand()%(num-1)+1);
            money=(float)(rand()%((int)(safe_total*100)))/100+min;
            total=total-money;
        }
        else
```

```
            money=total;//最后一个红包
        tmp_id=rand()%student_num;
        while (stu_list[tmp_id].flag==1)
            tmp_id=rand()%10;//避免一个同学获得多个红包
        stu_list[tmp_id].flag=1;
        stu_list[tmp_id].money=money;
    }
}

void print(int student_num, struct stu stu_list[])
{
    int i, max_id;
    float max=0;
    for(i=0; i<student_num; i++)
        if(stu_list[i].flag==1)             //获得红包的同学
        {
            printf("%s\t%s\t%s\t%6.2f\n", stu_list[i].id, stu_list[i].name, 
stu_list[i].major, stu_list[i].money);
            if(max<stu_list[i].money)       //查找最大红包
            {
                max=stu_list[i].money;
                max_id=i;
            }
        }
    printf("\n运气王是%s  %s\t%s\t红包金额%.2f\n", stu_list[max_id].id, 
stu_list[max_id].name, stu_list[max_id].major, max);
}

int main()
{
    struct stu stu_list[N];
    int student_num;
    student_num=read(stu_list);
    rand_money(student_num, stu_list);
    print(student_num, stu_list);
    return 0;
}
```

【运行结果】

```
输入总钱数:
100
输入红包数量:
3
10180001        史贵元  材控181  80.73
10180002        田子蕾  材控182   8.18
10180003        徐竞越  材控182  11.09

运气王是10180001  史贵元        材控181 红包金额80.73
```

【学习提示】

本题中学生信息可以放入一个文件中，通过读取文件信息构建学生的结构体数组。这部分内容可参考后面文件的知识自行修改。

9.3 结构体指针

9.3.1 结构体指针的定义

当一个指针变量指向结构体时，就称之为结构体指针。C 语言结构体指针的一般定义形式如下：

```
struct 结构体名 *变量名;
```

下面是一个定义结构体指针的实例。

```
//结构体
struct stu{
    char *name;   //姓名
    int num;      //学号
    int age;      //年龄
    char sex;     //性别
    float score;  //入校总分
} stu1={ "王华", 5, 19, 'M', 560.5 };
//结构体指针
struct stu *pstu=&stu1;
```

也可以在定义结构体的同时定义结构体指针。

```
struct stu{
    char *name;   //姓名
    int num;      //学号
    int age;      //年龄
    char sex;     //性别
    float score;  //入校总分
} stu1={ "王华", 5, 19, 'M', 560.5 }, *pstu=&stu1;
```

注意 给结构体指针赋值，值必须是一个结构体变量的地址，必须在结构体变量前面加&，因此给 pstu 赋值只能写为“struct stu *pstu=&stu1;”。

下面的写法是错误的，因为不能直接赋值结构体变量名 stu1，也不能赋值结构体名 stu 和结构体名的地址&stu。

```
struct stu *pstu=stu1;
struct stu *pstu=stu;
struct stu *pstu=&stu;
```

9.3.2 结构体指针成员的获取

通过结构体指针可以获取结构体成员，其一般形式如下：

```
(*pointer).memberName
```

或者：

```
pointer->memberName
```

第一种写法中，.的优先级高于*，(*pointer)两边的括号不能少。如果去掉括号写作*pointer.memberName，那么就等价于*(pointer.memberName)，这样意义就完全不对了。

第二种写法中，->是一个新的运算符，通常称为“箭头”，有了它，就可以通过结构体指针直接获取结构体成员；这也是->在C语言中的唯一用途。两种写法是等价的，通常采用第二种写法，因为它更加直观。

【例 9.3】 用结构体指针打印王华的信息。

【程序代码】

```
#include <stdio.h>
int main()
{
    struct{
        char *name;    //姓名
        int num;       //学号
        int age;       //年龄
        char sex;      //性别
        float score;  //入校总分
    }stu1={ "王华", 5, 19, 'M', 560.5 }, *pstu=&stu1;
    /*读取结构体成员的值*/
    printf("%s 的学号是%d，年龄是%d，性别%c，入校总分是%.1f! \n", (*pstu).name,
            (*pstu).num, (*pstu).age, (*pstu).sex, (*pstu).score);
    printf("%s 的学号是%d,年龄是%d,性别%c,入校总分是%.1f!\n", pstu->name,
             pstu->num, pstu->age, pstu->sex, pstu->score);
    return 0;
}
```

【运行结果】

```
王华的学号是5, 年龄是19, 性别M, 入校总分是560.5!
王华的学号是5, 年龄是19, 性别M, 入校总分是560.5!
```

【例 9.4】 用结构体数组指针打印全班同学的信息。

【程序代码】

```
#include <stdio.h>
struct stu{
    char *name;   //姓名
    int num;      //学号
    int age;      //年龄
    char sex;     //性别
    float score;  //入校总分
}stus[]={
     {"史贵元", 1, 18, 'M', 571.0},
     {"田子蕾", 2, 19, 'F', 539.5},
     {"徐竞越", 3, 18, 'M', 543.5},
     {"王若水", 4, 19, 'F', 582.0},
     {"王华", 5, 19, 'M', 560.5}
}, *ps;
int main()
{
    int len = sizeof(stus)/sizeof(struct stu);    //求数组长度
    printf("Name\tNum\tAge\tSex\tScore\t\n");
    for(ps=stus; ps<stus+len; ps++){
        printf("%s\t%d\t%d\t%c\t%.1f\n", ps->name, ps->num, ps->age,
            ps->sex, ps->score);
```

```
    }
    return 0;
}
```

【运行结果】

```
Name    Num    Age    Sex    Score
史贵元  1      18     M      571.0
田子蕾  2      19     F      539.5
徐竞越  3      18     M      543.5
王若水  4      19     F      582.0
王华    5      19     M      560.5
```

9.3.3 结构体指针作为函数参数

结构体变量名代表的是整个集合本身，作为函数参数时传递的是整个集合，也就是所有成员，而不是像数组那样被编译器转换成一个指针。如果结构体成员较多，尤其是成员为数组时，传递的时间和空间开销会很大，影响程序的运行效率。因此最好的方法就是使用结构体指针，把结构体指针作为函数参数传递，传参方式与其他类型的指针类似，这时由实参传向形参的只是一个地址指针，非常快速。

【例 9.5】 计算全班学生的总分、平均分及 550 分以下的人数。

【程序代码】

```
#include <stdio.h>
struct stu{
    char *name;        //姓名
    int num;           //学号
    int age;           //年龄
    char sex;          //性别
    float score;       //入校总分
}stus[]={
    {"史贵元", 1, 18, 'M', 571.0},
    {"田子蕾", 2, 19, 'F', 539.5},
    {"徐竞越", 3, 18, 'M', 543.5},
    {"王若水", 4, 19, 'F', 582.0},
    {"王华", 5, 19, 'M', 560.5}
};
void average(struct stu *ps, int len);

int main()
{
    int len=sizeof(stus)/sizeof(struct stu);
    average(stus, len);
    return 0;
}
void average(struct stu *ps, int len){
    int i, num_550=0;
    float average, sum=0;
    for(i=0; i<len; i++){
        sum+=(ps+i)->score;
        if((ps+i)->score<550)num_550++;
```

```
    }
    printf("average=%.1f\nnum_550=%d\n", sum/5, num_550);
}
```

【运行结果】

```
average=559.3
num_550=2
```

9.4 静态单链表与动态单链表

9.4.1 静态单链表

链表是用一组任意的、不连续的存储单元来存储的一组数据（数组必须是一片连续的存储单元），且链表的长度不固定。如图 9-1 所示，链表的每一个元素被称为“结点”，每个结点都可存放在内存中的不同位置。为了表示每个元素与后继元素的逻辑关系，以便构成“一个结点连着一个结点”的链式存储结构，除了存储元素本身的信息外，还要存储后继元素的地址。因此，每个结点都应该包括两部分内容：一是用户所需的数据，二是下一个结点的地址。前一个结点指向下一个结点，只有通过前一个结点才能找到下一个结点。

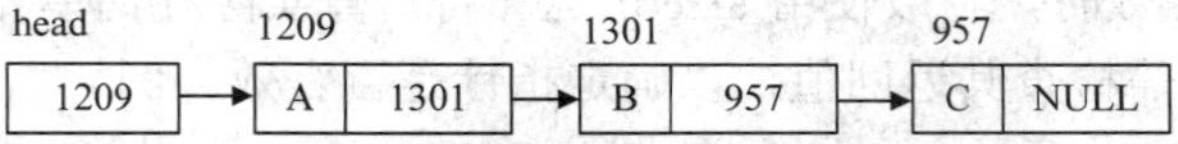

图 9-1 链表

结点结构如图 9-2 所示。

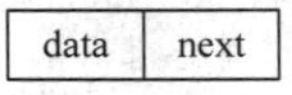

图 9-2 结点结构

由于结点结构中两个元素类型不同，故应该采用结构体数据类型来定义。其中，next 是下一结点的地址，由指针变量存放，而下一结点也是同一类型的结点，故 next 部分需要定义一个同类型的结构体指针变量。链表结点的定义如下：

```
struct List
{
    int data;
    struct List *next;
};
```

此外，链表还必须有一个指向链表第一个结点的头指针变量 head。图 9-1 所示链表只包含一个指针域。一个头指针 head 和 n 个结点共同组成的链表称为单向链表，简称单链表。

图 9-1 所示的链表存储结构决定了对链表数据的特殊访问形式，即只能顺序访问，而不能像数组那样进行随机访问，因此也称之为“静态单链表”。首先找到链表的头指针，这样就可以找到链表的首结点（第一个结点），通过首结点的指针域就可以找到第二个结点，以此类推，当结点的指针域为 NULL 时，表示已经到了链表的尾部结点。可

见对单链表而言，头指针非常重要，头指针一旦丢失，链表的数据也将全部丢失。

9.4.2 动态内存管理函数

C 语言通过库函数实现动态内存管理，调用动态内存管理函数需要使用预编译指令 #include 包含头文件 stdlib.h。链表通常与动态内存管理函数配合使用，可根据实际需求动态申请存储空间，并可随时释放占用的存储空间。

1. 动态内存分配函数 malloc()

malloc()函数的一般声明形式如下：

```
void *malloc(unsigned size);
```

【说明】malloc()函数用于向内存申请 size 个字节的连续存储空间。若申请成功，返回一个指向该存储空间起始地址的指针；否则，返回空指针 NULL。malloc()函数返回值 void *类型表示未确定类型的指针。C 语言规定：void *类型可以被强制转换为任何其他类型的指针。例如：

```
char *pc; int *pi;
pc=malloc(100);/*申请 100 字节存储空间，使用字符指针 pc 指向该空间，即该空间可
                以用来存储字符*/
pi=malloc(50*sizeof(int));//申请 50 个整数的存储空间，使用 pi 指向该空间
```

调用 malloc()函数时，一般使用 sizeof 运算符计算实际存储单元的大小。同时调用 malloc()函数后，还需检查其返回值，以确定指针是否有效。例如：

```
if((pi=malloc(50*sizeof(int)))==NULL)
{
    printf("内存分配失败！\n");
    exit(1);
}
```

2. 连续内存动态分配函数 calloc()

calloc()函数的一般声明形式如下：

```
void *calloc(unsigned n ,unsigned size);
```

【说明】calloc()函数用于申请 n 个连续的存储空间，每个存储空间的长度为 size 个字节，并且将所分配的内存空间初始化为零。若申请成功，返回一个指向该存储空间起始地址的指针；否则，返回空指针 NULL。例如：

```
int *pi;
if((pi=calloc(50,sizeof(int)))==NULL)/*分配存储 50 个整数的内存空间，并检
                                      查返回指针*/
{
    printf("内存分配失败！\n");
    exit(1);
}
```

3. 动态内存释放函数 free()

free()函数的一般声明形式如下：

```
void free(void *ptr);
```

【说明】free()函数用于释放由动态分配函数所申请的内存空间。参数 ptr 指向被释放的内存空间首地址。如果 ptr 为空指针（NULL），则 free()函数什么都不做。为保证动态内存空间的有效利用，在某个动态空间不再使用时，应及时将其释放。例如：

```
int *pi=(int *)malloc(4);          //申请 4 字节的存储空间，可存放一个整数
*p=100;
...
free(p);                           //释放 p 所指的内存空间
p=NULL;
```

需要注意的是，在动态内存空间被释放后，不允许通过该指针去访问已经释放的内存区域。

9.4.3 动态单链表

下面介绍常见的单链表应用——动态单向链表，简称动态单链表。动态单链表是一种典型的动态数据结构。动态数据结构是一种只有在运行时才能确定所需内存空间大小的数据结构，动态数据结构所使用的内存称为动态内存，当数据不用时可以随时释放存储单元。

建立动态链表指在程序执行过程中从无到有地建立一个链表，即一个一个地开辟结点并输入各结点数据，并建立起前后相连的关系。例如，要建立一个有多名学生学号和单科成绩数据的动态单链表，解题思路如下。

1）定义学生结构体作为链表结点。应包含自身数据（学号 name、成绩 score）和下一结点指针，并定义结点的大小为字符常量 LEN。

```
#define LEN sizeof(struct Student)
struct Student
{
    int num;
    float score;
    struct Student *next;
};
```

2）定义三个指针变量：head、p1 和 rear，它们均用来指向 struct Student 类型数据，其中 head 为单链表的头指针，p1 指向当前结点，rear 指向当前链表的尾结点。其定义语句为“struct Student *head,*p1,*rear;”。

3）初始状态下，链表为空。其定义语句为“head=NULL;rear=NULL;”。

4）用 malloc()函数开辟一个结点，并使 p1 指向它，语句为“p1=(struct Student *)malloc(LEN);”。读入一个学生的数据给 p1 所指的结点，语句为“scanf("%d%f",&p1->num,&p1->score);”，如图 9-3 所示。

5）如果刚创建的结点是单链表的第一个结点，那么该结点既是单链表的头结点，也是尾结点，定义语句为“head=p1;rear=p1;”，如图 9-4 所示。

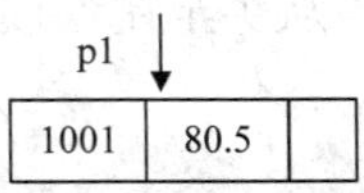

图 9-3 插入第一个结点

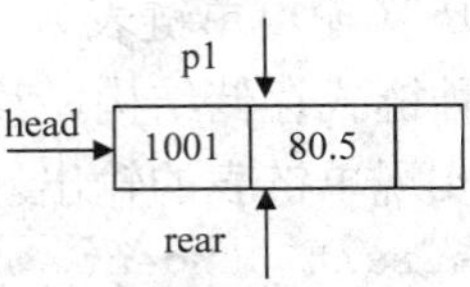

图 9-4 设置 head 和 rear 指针

6）继续开辟一个新结点并使 p1 指向它，定义语句为“p1=(struct Student*)malloc(LEN);”。输入该结点的数据，定义语句为“scanf("%d%f",&p1->num,&p1->score);”，如图 9-5 所示。

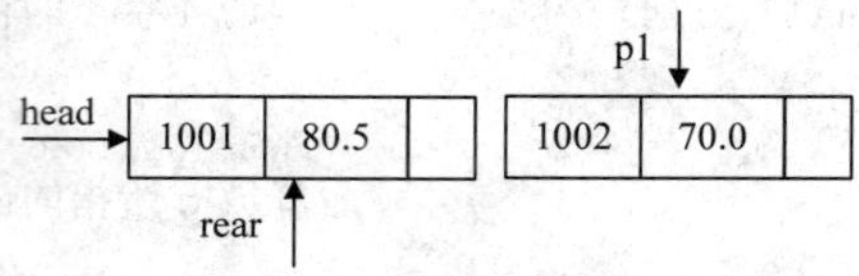

图 9-5　插入第二个结点

7）链接尾结点（rear）和当前结点（p1），定义语句为“rear->next=p1;”。使 rear 指向新的尾结点，定义语句为“rear=p1;”，如图 9-6 所示。

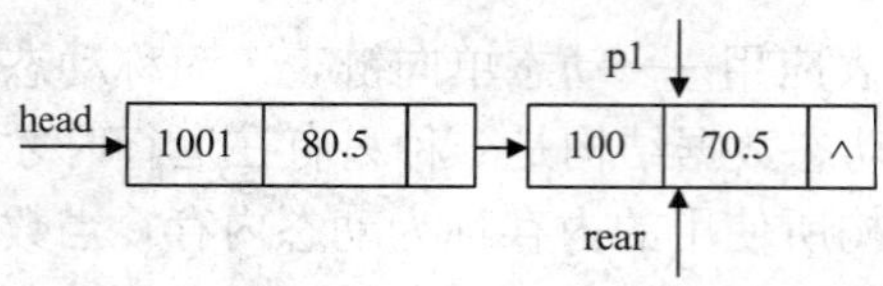

图 9-6　设置新的 rear 指针

8）循环重复刚才的过程。如果某一个结点的学号输入为-999，循环结束。最后一个结点的 next 域置为 NULL，定义语句为“rear->next=NULL;”。

9）对于单链表而言，只有通过头指针才能得到链表中所有结点的信息，因此函数应该返回单链表头指针的值。

创建动态单链表的函数如下：

```
struct Student *creat()         //函数返回单链表的头指针
{
    struct Student *head=NULL ,*p1,*rear=NULL;
    p1=(struct Student*)malloc(LEN);
    scanf("%d%f",&p1->num,&p1->score);
    while(p1->num!=-999)
    {
        if(head==NULL) head=p1;//如果单链表为空，新建立的结点就是单链表的头结点
        else rear->next=p1;
        rear=p1;
        p1=(struct Student*)malloc(LEN);
        scanf("%d%f",&p1->num,&p1->score);
    }
    rear->next=NULL;                //最后一个结点的 next 域置为 NULL
    return (head);                  //返回单链表的头指针
}
```

除上述操作外，动态单链表还有一些其他操作。

单链表一般有遍历（输出单链表）、插入结点、删除结点等操作。输出链表也称为遍历链表。链表是一种链式存储结构，其输出必须“从头至尾”逐个结点输出，算法比较简单。编写函数，实现单链表的输出。

```
void print(struct Student *head)
{
```

```
    struct Student *p;
    p=head;                    //p 指向第一个结点
    while(p!=NULL)             //当 p 非空
    {
        printf("%d  %.2f   ",p->num,p->score);
        p=p->next;             //指针移向下一个结点
    }
    printf("\n");
}
```

【例 9.6】 创建一个完整的动态单链表。

【程序代码】

```
#include <stdlib.h>
#include <stdio.h>
#define LEN sizeof(struct Student)
struct Student
{
    int num;
    float score;
    struct Student *next;
};
/*函数返回单链表的头指针*/
struct Student *creat()
{
    struct Student *head= NULL ,*p1,*rear= NULL;
    p1=(struct Student*)malloc(LEN);
    scanf("%d%f",&p1->num,&p1->score);
    while(p1->num!=-999)
    {
        if(head==NULL) head=p1;//如果单链表为空，新建立的结点就是单链表的头结点
        else rear->next=p1;
        rear=p1;
        p1=(struct Student*)malloc(LEN);
        scanf("%d%f",&p1->num,&p1->score);
    }
    rear->next=NULL;          //最后一个结点的 next 置为 NULL
    return (head);            //返回单链表的头指针
}
void print(struct Student *head)
{
    struct Student *p;
    p=head;                   //p 指向第一个结点
    while(p!=NULL)            //当 p 非空
    {
        printf("%d  %.2f   ",p->num,p->score);
        p=p->next;            //指针移向下一个结点
    }
    printf("\n");
}
int main()
{
```

```
    struct Student *h;    //单链表的头指针
    printf("从键盘输入数据创建单链表，-999 结束输入：\n");
    h=creat();
    printf("创建的单链表如下：\n");
    print(h);
    return 0;
}
```

【运行结果】

```
从键盘输入数据创建单链表，-999结束输入：
1001 85.4
1002 95
1003 77.3
-999 -999
创建的单链表如下：
1001  85.40    1002  95.00    1003  77.30
请按任意键继续. . .
```

常见的单链表插入操作是将一个新结点插入到一个有序链表中，插入后链表仍有序；或者将一个新结点插入到新链表的指定位置。单链表的插入和删除操作的重点在于相关结点的指针域修改，这部分内容读者可以自行思考完成。

9.5 枚举类型

在实际编程中，有些数据的取值往往是有限的，只能是非常少量的整数，并且最好为每个值都取一个名称，以方便在后续代码中使用。例如，一个星期有七天，一年有十二个月，一个班每周有六门课程等。

【例 9.7】 以每周七天为例，使用#define 命令给每天指定一个名称。

【程序代码】

```
#include <stdio.h>
#define Mon 1
#define Tues 2
#define Wed 3
#define Thurs 4
#define Fri 5
#define Sat 6
#define Sun 7
int main()
{
    int day;
    scanf("%d", &day);
    switch(day)
    {
        case Mon: puts("Monday"); break;
        case Tues: puts("Tuesday"); break;
        case Wed: puts("Wednesday"); break;
        case Thurs: puts("Thursday"); break;
        case Fri: puts("Friday"); break;
        case Sat: puts("Saturday"); break;
        case Sun: puts("Sunday"); break;
```

```
        default: puts("Error!");
    }
    return 0;
}
```

【运行结果】

```
5
Friday
```

#define 命令虽然能解决问题，但也带来了不小的副作用，导致宏名过多，代码松散。C 语言提供的枚举（enum）类型能够列出所有可能的取值，并给它们取一个名称。

枚举类型的一般定义形式如下：

```
enum typeName{valueName1, valueName2, valueName3, …};
```

enum 是一个新的关键字，专门用来定义枚举类型，这也是它在 C 语言中的唯一用途；typeName 是枚举类型的名称；valueName1, valueName2, valueName3, ...是每个值对应的名称的列表。注意最后的“;”不能少。

例如，列出一个星期有几天：

```
enum week{Mon, Tues, Wed, Thurs, Fri, Sat, Sun};
```

可以看到，这里仅仅给出了名称，没有给出名称对应的值，这是因为枚举值默认从 0 开始，往后逐个加 1（递增）；也就是说，week 中的 Mon、Tues、…、Sun 对应的值分别为 0、1、…、6。也可以给每个名称都指定一个值：

```
enum week{Mon=1, Tues=2, Wed=3, Thurs=4, Fri=5, Sat=6, Sun=7};
```

更为简单的方法是只给第一个名称指定值：

```
enum week{Mon=1, Tues, Wed, Thurs, Fri, Sat, Sun};
```

这样枚举值就从 1 开始递增，与上面的写法是等价的。

枚举是一种类型，通过它可以定义枚举变量，如“enum week a, b, c;”。也可以在定义枚举类型的同时定义变量，如“enum week{ Mon=1, Tues, Wed, Thurs, Fri, Sat, Sun } a, b, c;”。有了枚举变量，就可以把列表中的值赋给它了。例如：

```
enum week{Mon=1, Tues, Wed, Thurs, Fri, Sat, Sun};
enum week a=Mon, b=Wed, c=Sat;
```

或者：

```
enum week{Mon=1, Tues, Wed, Thurs, Fri, Sat, Sun} a=Mon, b=Wed, c=Sat;
```

【例 9.8】 判断用户输入的是星期几。

【程序代码】

```
#include <stdio.h>
int main()
{
    enum week{Mon=1, Tues, Wed, Thurs, Fri, Sat, Sun} day;
    scanf("%d", &day);
    switch(day)
    {
        case Mon: puts("Monday"); break;
        case Tues: puts("Tuesday"); break;
        case Wed: puts("Wednesday"); break;
        case Thurs: puts("Thursday"); break;
        case Fri: puts("Friday"); break;
        case Sat: puts("Saturday"); break;
```

```
            case Sun: puts("Sunday"); break;
            default: puts("Error!");
        }
        return 0;
    }
```

【运行结果】

```
4
Thursday
```

注意：

- 枚举列表中的 Mon、Tues、Wed 等标识符的作用范围是全局（严格来说是 main()函数内部），不能再定义与它们名称相同的变量。
- Mon、Tues、Wed 等都是常量，不能对它们赋值，只能将它们的值赋给其他的变量。

9.6 typedef 自定义数据类型

为了便于程序移植和适应用户的习惯，C 语言提供了 typedef 语句，既可以为系统已定义的简单类型（如 int、float、char 等）另起一个名称，也可以为用户自定义的结构体、枚举等数据类型另起一个名称。

（1）使用 typedef 语句自定义数据类型

使用 typedef 语句自定义数据类型的一般形式如下：

```
typedef 原类型标识符  新类型标识符;
```

例如：

```
typedef int INTEGER;
typedef float REAL;
```

上述定义指定用 INTEGER 代表 int，用 REAL 代表 float。此后的程序中就可用新类型标识符作为类型名定义变量了。例如：

```
INTEGER i, j;//等价于“int i,j;”
```

（2）类型定义的使用

typedef 除了可以定义简单的数据类型外，还可以定义其他多种已经定义过的类型，如定义结构体类型。例如：

```
typedef struct student STUDENT;
```

也可以直接进行以下定义：

```
typedef struct
{
   ...
}STUDENT;
```

这时就可以使用 STUDENT 定义结构体变量了。

```
STUDENT s1;
STUDENT *P;
```

（3）定义一个新的类型名

1）先按定义变量的方法写出定义变量的语句，如 struct student s1;。

2）将变量名换成新类型名，如将 s1 换成 STUDENT。

3）在最前面加 typedef，如 typedef struct student STUDENT。

定义一个新的类型名后，就可以用新类型名去定义变量了。习惯上把用 typedef 声明的类型名用大写字母表示，以便与系统提供的标准类型标识符区别。

本章小结

结构体类型和数组一样，也是一种构造型数据类型（由若干分量组成）。它和数组的区别是数组中所有数组元素（分量）的类型是相同的，而结构体中各分量（称为结构体的成员）的数据类型可以不同。本章介绍了结构体类型、结构体数组、结构体指针及静态链表与动态链表的定义和应用。

结构体类型的引入为处理复杂的数据结构提供了有力的手段，并为函数间传递复杂的数据提供了极大方便，因此被广泛应用于现代大型信息管理系统中。

习　题

一、填空题

1．在 C 语言中，结构体类型和共用体类型都属于________类型。

2．定义结构体类型的关键字是________。

3．引用结构体变量 stu 中 num 成员的方式是________。

4．在结构体变量 a 中，定义了一个 int 型的成员和一个 float 型的成员，那么系统为变量 a 分配的内存是________字节。

二、判断题

1．结构体类型是由不同类型的数据组成的。（　　）

2．若已知指向结构体变量 stu 的指针 p，则在引用结构体成员时，有三种等价的形式，即 stu.成员名、*p.成员名、p->成员名。（　　）

3．在定义一个共用体变量时，系统分配给它的存储空间是该共用体中占用最大存储空间的成员所需的存储空间。（　　）

三、选择题

1．设有以下说明语句：

```
struct ex
{ int x;float y;char z;}example;
```

则下面的叙述中不正确的是（　　）。

A. struct 是结构体类型的关键字　　B. example 是结构体类型名

C. x,y,z 都是结构体成员名　　D. struct ex 是结构体类型

2．以下结构体定义语句中，错误的是（　　）。

A .struct ord{int x;int y;int z;};struct ord a;

B. struct ord{int x;int y;int z;} struct ord a;

C. struct ord{int x;int y;int z;} a;

D. struct {int x;int y;int z;} a;

3. 若有以下程序：

```
void main()
{
    struct STU{char name[9];char sex;double score[2];};
    struct STU a={"zhao",'m',85.0,90.0},b={"qian",'f',95.0,92.0};
    b=a;
    printf("%s,%c,%2.0f,%2.0f\n",b.name,b.sex,b.score[0],b.score[1]);
}
```

程序的运行结果是（　　）。

A. Qian,f,95.92　　　　B. Qian,m,85,90

C. Zhao,f,95,92　　　　D. Zhao,m,85,90

4. 在 Visual C++环境下使用 C 语言，若有如下定义：

```
struct data
{
    char ch;
    double f;
}b;
```

则结构体变量 b 占用内存的字节数是（　　）。

A. 1 字节　　B. 4 字节　　C. 8 字节　　D. 9 字节

5. 根据下面的定义，能打印出字母 M 的语句是（　　）。

```
struct person
{
    char name[9];
    int age;
};
struct person class[10]={"John",17,"Paul",19,"Mary",18,"adam",16};
```

A. printf("%c\n",class[3].name);

B. printf("%c\n",class[3].name[1]);

C. printf("%c\n",class[2].name[1]);

D. printf("%c\n",class[2].name[0]);

6. 若有以下程序：

```
void main()
{
    struct cmplx
    {
        int x;
        int y;
    }cnum[2]={1,3,2,7};
    printf("%d\n",cnum[0].y/cnum[0].x*cnum[1].x);
}
```

则程序的运行结果是（　　）。

A. 0　　B. 1　　C. 3　　D. 6

7. 若有如下结构体说明：

```
struct STRU
{   int a,b;char c;double d;
    struct STRU *p1,*p2;
};
```

则以下选项中，能定义结构体数组的是（　　）。

A. struct STRU t[20];　　B. STRU t[20];

C. struct STRU[20];　　D. struct STRU t;

四、编程题

1. 定义一个结构体变量（包括年、月、日）。编写一个函数，以结构体变量为形参，计算该日在本年中是第几天。注意闰年问题。

2. 有一个通讯录，包括姓名、身份证号、单位、地址和电话，假设有三个联系人，定义结构体数组并初始化，根据键盘输入的姓名输出相应的联系人信息。

3. 某班有 20 名学生，每名学生的数据包括学号、姓名、三门课成绩，从键盘输入 20 名学生的数据，要求打印出三门课的总平均成绩，以及最高分的学生数据（包括学号、姓名、三门课成绩、平均成绩）。

第 10 章　文　　件

许多程序在实现过程中，会利用变量保存数据，而变量是通过内存单元存储数据的。程序运行结束后，变量中保存的数据就会消失。在很多应用中，永久保存数据很重要。一般程序通过键盘输入数据，通过显示器输出数据。如果输入输出数据量很大，就会受到限制，十分不方便。解决数据永久保存的有效方法是使用文件，把数据存储在磁盘文件中使之能够长久保存。当有大量数据需要进行输入输出时，可以从事先编辑好的文件中读取数据或把数据写入文件，有效地摆脱了键盘和显示器的限制，给数据的编辑、阅读、保存和使用带来了很大方便。

本章重点内容如下。

- 文件的概念。
- 文件的常用操作。
- 文件的输入输出。
- 文件定位。

10.1　文件的概念

操作系统是以文件为单位对数据进行管理的。在 C 语言中，文件作为数据组织的一种形式，与数组、结构体等类似，也是 C 语言程序可以直接处理的数据对象。

文件是存储在外部介质中的一组数据的有序集合。文件可以通过应用程序创建，如“记事本”。C 语言程序可以将必要的内存数据输出到文件中，并存储在磁盘等外部介质上，这样这些数据就可以永久存储了；而当用户需要使用这些数据时，还可以通过 C 语言程序从文件中将数据存入内存，对数据进行处理。从外部介质中将数据文件存入内存的操作称为“读”操作；从内存中将数据输出到文件中的操作称为“写”操作。

根据数据的组织形式，文件又可以分为文本文件和二进制文件两种。文本文件是以字符 ASCII 值进行存储与编码的文件，其内容就是字符，可用记事本等文本编辑软件打开查看其内容。二进制文件是存储二进制数据的文件，用文本编辑软件打开一般是乱码。C 语言源程序是文本文件，而目标文件和可执行文件则是二进制文件。

C 语言对文件的处理采用缓冲文件系统的方式进行，在程序与文件之间有一个内存缓冲区，程序与文件的数据交换通过该缓冲区进行。根据这种文件缓冲的特性，文件系统又分为缓冲文件系统和非缓冲文件系统。

对于缓冲文件系统来说，在进行文件操作时，系统会自动为每一个文件分配一块文件内存缓冲区。对于非缓冲文件系统来说，文件缓冲区不是由系统自动分配的，需要程序员在程序中手动分配。不同操作系统对文件的处理有时会有所不同。在 UNIX 操作系统中，用缓冲文件系统来处理文本文件，标准 ANSI C 中规定只采用缓冲文件系统。

使用缓冲文件系统可极大提高文件操作速度。缓冲区的大小由 C 语言版本决定。缓冲文件系统会自动在内存中为被操作的文件开辟一块连续的内存作为文件缓冲区。当要把数据存储到文件时，首先把数据写入文件缓冲区，一旦写满，操作系统自动把全部数据写入磁盘；然后把文件缓冲区清空，新的数据会继续写入文件缓冲区。当要从文件读取数据时，系统先自动把文件的数据导入文件缓冲区供C语言程序读取，一旦缓冲区的数据都被读取，系统即自动把剩下的数据继续导入文件缓冲区，供C语言程序继续读取。

10.2 文件结构和文件指针

FILE 是 C 语言为了具体实现对文件的操作而定义的一个包含文件操作相关信息的结构类型。FILE 类型是用 typedef 重命名的，在 stdio.h 中定义。

```
typedef struct
{
    short level;                //缓冲区“满”或“空”的程度
    unsigned flags;             //文件状态标志
    char fd;                    //文件描述符
    unsigned char hold;         //无缓冲区不读取字符
    short bsize;                //缓冲区的大小
    unsigned char *buffer;      //数据缓冲区的位置
    unsigned char *curp;        //当前指针的指向
    unsigned istemp;            //临时文件，指示器
    short token;                //用于有效性检查
}FILE;
```

在上述定义中，typedef 关键字把结构类型重新命名为 FILE。自定义类型 typedef 不是用来定义新的数据类型，而是将已有类型或已定义过的类型重命名，用新的名称代替已有类型名称。自定义类型的一般形式如下：

```
typedef 已有类型名 新类型名;
```

一般要求重新定义的类型名使用大写字母。例如：

```
typedef struct point
{
    int x;int y;
}POINT;
POINT pt1, pt2; //等价于“struct point pt1,pt2;”
```

C 语言中的文件操作都是通过调用标准库函数来完成的。由于结构指针的参数传递效率更高，因此C语言文件操作统一以文件指针方式来实现。定义文件指针的一般形式如下：

```
FILE *文件指针变量;
```

文件指针是特殊的指针。FILE 结构中的 curp 成员表示文件缓冲区中数据存取的位置。对一般程序员来说，不必关心 FILE 结构内部的具体内容，这些内容由系统在打开文件时填入和使用。C 语言程序主要使用文件指针 fp 表示文件整体。文件指针不能进行 fp++或*fp 等操作。文件操作具有顺序性特点，取出前一个数据后，下一次将顺序取出后一个数据，fp->curp 才会发生改变，这个改变由操作系统在读写文件时自动完成，不需要程序员手动操作。

C 语言的文件操作步骤：①定义文件指针；②打开文件，文件指针指向磁盘文件缓冲区；③文件处理，进行文件读写操作；④关闭文件。

10.3　文件的常用操作

文件常用操作函数一般定义在 stdio.h 头文件中。

10.3.1　打开文件

要处理文件，就必须先打开文件，C 语言通过调用 fopen()函数完成对文件的打开操作，其函数原型是“FILE *fopen("文件名","操作方式");”。

若打开文件成功，则函数返回一个文件指针，否则返回 NULL。

在编程时，常采用以下方式来判断文件是否已成功打开：如果文件已成功打开，则指针 fp 将指向文件头；如果打开失败，即 fopen()函数返回 NULL，则执行语句“exit(0);”结束程序。例如：

```
FILE *fp; //定义一个文件指针 fp
if((fp=fopen("文件名","操作方式"))==NULL)
{
   printf("cannot open file!");
   exit(0);
}
```

其中，文件名是要打开的文件的名称，是一个字符串，应该包含存储路径说明；操作方式指对打开文件的处理方式，如表 10-1 所示。

表 10-1　文件的操作方式

操作方式	处理方式	打开文件不存在时	打开文件存在时
r	只读（文本文件）	出错	正常打开，指针指向文件头
w	只写（文本文件）	建立新文件	文件原有内容丢失（被清空）
a	追加（文本文件）	建立新文件	在文件原有内容后面追加
rb	只读（二进制文件）	出错	正常打开，指针指向文件头
wb	只写（二进制文件）	建立新文件	文件原有内容丢失（被清空）
ab	追加（二进制文件）	建立新文件	在文件原有内容后面追加
r+	读/写（文本文件）	出错	正常打开，指针指向文件头
w+	写/读（文本文件）	建立新文件	文件原有内容丢失（被清空）
a+	读/追加（文本文件）	建立新文件	在文件原有内容后面追加
rb+	读/写（二进制文件）	出错	正常打开，指针指向文件头
wb+	写/读（二进制文件）	建立新文件	文件原有内容丢失（被清空）
ab+	读/追加（二进制文件）	建立新文件	在文件原有内容后面追加

【例 10.1】　编写程序实现以只读方式打开计算机 D 盘内的文件 file.txt。

【程序代码】

```
#include <stdio.h>
#include <stdlib.h>
void main()
{
   FILE *fp;
```

```
    if((fp=fopen("D:\\file.txt","r"))==NULL)
       {printf(" cannot open the file\n");
       exit(0);
    }
}
```

【运行结果】

```
 cannot open the file
请按任意键继续. . .
```

【程序分析】

本例需要打开的文件存储在 D 盘内，因此，在打开文件时，文件名必须写明路径，如程序中的 D:\\file.txt。文件的扩展名为.txt，即文本文件，并要求以只读方式打开，因此打开文件的操作方式为 r。在实际应用时，可能需要打开多个文件。需要注意的是，一个 fopen()函数只能打开一个文件，一个指针对应一个文件。

10.3.2 关闭文件

文件处理结束必须关闭文件，C 语言通过调用 fclose()函数完成关闭文件的操作，其函数原型如下：

```
int fclose(fp);
```

其中，fp 为文件指针类型，是在打开文件时获得的。如果文件关闭成功，则返回 0；否则返回 1。

【例 10.2】 编写程序，关闭一个已经打开的文件。

【程序代码】

```
#include <stdio.h>
#include <stdlib.h>
void main()
{
   FILE *fp;
   int i;
   if((fp=fopen("D:\\file.txt","r"))==NULL) //打开指定的文件
   {
      printf("cannot open the file\n");
      exit(0);
   }
   else
      printf("File open!!");
   i=fclose(fp);//关闭打开的文件
   if(i==0)
      printf("OK File is closed!"); //表示成功关闭
   else
      printf("file close error");
}
```

【运行结果】

```
File open!!OK File is closed!请按任意键继续. . .
```

【程序分析】

本例关闭文件时的指针 fp 就是打开文件时获得的指针，实际应用中可能会打开多个文件，一个指针对应一个文件。在关闭文件时，一个 fclose()函数只能关闭一个文件。另外，在实际编程使用 fclose()函数时，往往无须像本例这样判断函数的返回值，直接使用语句“fclose(fp);”即可。

10.4 文件的读写操作

文件的读操作指通过程序将数据从外部存储介质存储的文件中读取出来的过程，程序每调用一次相应的读函数，文件的读指针就会自动移到下一次读的位置；文件的写操作指通过程序将数据写入外部存储介质存储的文件中的过程，程序每调用一次相应的写函数，文件的写指针就会自动移到下一次写的位置。

10.4.1 字符读写函数 fgetc()和 fputc()

1. 字符读函数 fgetc()

fgetc()函数的原型如下：

```
int fgetc(FILE *fp);
```

功能：从文件指针 fp 指定的文件中读取一个字符。若操作成功，则返回该字符；若操作失败，则返回 EOF（EOF 的值为 1，是文件的结束标志）。

【例 10.3】 编写程序，实现将 D 盘上的文件 file.txt 的内容显示在显示屏上。

【程序代码】

```
#include <stdio.h>
#include <stdlib.h>
void main()
{
    FILE *fp;char ch;
    if((fp=fopen("D:\\file.txt","r"))==NULL) //以只读方式打开指定文件
    {
        printf(" cannot open the file\n");
        exit(0);
    }
    print("open file success\n ")
    ch=fgetc(fp);      //从文件中读取一个字符并存放到变量 ch 中
    while(ch!=EOF)     //EOF 是文件的结束标志，此处作为循环语句的结束标志
    {
        putchar(ch);  //将变量 ch 的值输出到显示屏上
        ch=fgetc(fp); //从文件中读取一个字符并保存在变量 ch 中
    }
```

```
    fclose(fp);        //关闭打开的文件
}
```

【运行结果】

```
open file success
请按任意键继续. . .
```

【程序分析】

如果用上述方法处理二进制文件则有可能出错，因为程序中利用 EOF 作为循环控制条件，EOF 的值是 1，文本文件中不会有 1，而二进制文件中则可以出现 1，但文件并没有结束，导致文件没有结束但被判断结束的情况发生。因此，在对二进制文件进行读操作时，应采用 feof(fp)函数来判断文件是否结束。该函数也可以用于判断文本文件是否结束，如果文件结束，feof(fp)函数将返回 1，否则返回 0。

2. 字符写函数 fputc()

fputc()函数的原型如下：

```
int fputc (char ch,FILE *fp);
```

将单个字符 ch 写入文件指针 fp 指向的文件中。若操作成功，则返回写入的字符，否则返回 EOF。

【例 10.4】 通过键盘输入一串字符，以'*'结束，并将输入的字符写到 D 盘的 file.txt 文件中。

【程序代码】

```
#include <stdio.h>
void main()
{
    char ch;FILE *fp;
    fp=fopen("D:\\file.txt","w"); //以只写的方式打开指定文件
    ch=getchar();                 //允许输入一个字符，并赋值给变量 ch
    while(ch!='*')                //循环控制条件
    {
        fputc(ch,fp);             //将 ch 写入 fp 指向的文件中
        ch=getchar();
    }
    fclose(fp);                   //关闭文件
}
```

【运行结果】

```
hello*
请按任意键继续. . .
```

```
文件  编辑  查看

hello
```

【程序分析】

#include <stdio.h>这行代码包含了 stdio.h 头文件，提供了标准输入输出函数的支持，

如函数 fopen()、fputc()、getchar()和 fclose()。void main()这里声明了 main()函数，返回类型为 void。通常建议使用 int main()并返回一个整数，以表示程序的退出状态。char ch;FILE *fp;这行代码声明了一个字符变量 ch 和一个指向 FILE 类型的指针 fp。FILE 是一个结构体类型，用于文件操作。“fp=fopen("D:\\file.txt", "w");”这行代码尝试以写入模式（w）打开位于路径 D:\\file.txt 的文件。如果文件不存在，将尝试创建一个新的文件。如果文件已存在，文件将会被覆盖。

“ch = getchar();”这行代码从标准输入读取一个字符，并将其赋值给变量 ch。

“while (ch != '*')”这行代码开始一个循环，只要读取的字符 ch 不等于'*'，就会继续执行循环体内的代码。

“fputc(ch, fp);”这行代码将字符 ch 写入由 fp 指向的文件中。

“ch = getchar();”这行代码继续从标准输入读取下一个字符，并将其赋值给变量 ch。当读取到'*'时，循环结束。

“fclose(fp);”这行代码关闭由 fp 指向的文件。

10.4.2 字符串读写函数 fgets()和 fputs()

1. 字符串读函数 fgets()

fgets()函数的原型如下：

```
char *fgets(char *string,int n,FILE *fp);
```

功能：从文件指针 fp 指向的文件中读取 1 行或 n−1 个字符到字符串 string 中，当遇到换行符或已读取 n−1 个字符时，停止读操作，并在字符串 string 的末尾加上一个字符串结束标志'\0'。若操作成功，则返回字符串 string 的首地址；若读到文件末尾或出错，则返回空指针 NULL。需要注意的是，之所以读取 n−1 个字符，是需要留一位放置字符串结束标志'\0'。此外，当遇到换行符时，读操作结束，但保留换行符，即换行符被读取并保存在字符串 string 中。

2. 字符串写函数 fputs()

fputs()函数的原型如下：

```
int fputs(char *string,FILE *fp);
```

功能：将 string 指向的字符串写入文件指针 fp 所指的文件中。若操作成功，则返回 0，否则返回文件结束标志 EOF（值为−1）。需要注意的是，字符串的结束标志'\0'不被写入文件。因此，为了在以后读取时仍能区分各个字符串，往往每写入一个字符串到文件后，就用语句“fputs("\n",fp);”在每个字符串后加一个换行符'\n'，并一起存入文件。

10.4.3 文件格式化读写函数 fscanf()和 fprintf()

1. 文件格式化读函数 fscanf()

fscanf()函数的原型如下：

```
int fscanf(FILE *fp,char *format,[argument,...]);
```

功能：从文件指针 fp 指向的文件中按 format 规定的格式把数据读入 argument 等数据变量的地址中。其中，format 参数的格式与 scanf 函数中的控制格式是相同的。实际上，fscanf()和 scanf()函数的用法基本相同，区别仅在于 scanf()函数从输入设备（如键盘）读取数据，而 fscanf()函数从文件中读取数据。

例如，将 fp 指向文件的数据送入 a 和 b 中，实现语句如下：

```
fscanf(fp,"%d,%f",&a,&b);
```

上述程序将文件中当前指针位置的整型数据读取并保存到整型变量 a 中，将实型数据读取并保存到实型变量 b 中。在使用 fscanf()函数时，要注意格式字符与数据的一致性。

2. 文件格式化写函数 fprintf()

fprintf()函数的原型如下：

```
int fprintf(FILE *fp,char *format,[argument,...]);
```

功能：按 format 规定的格式把数据写入文件指针 fp 所指的文件中。其中，format 参数的含义与 printf()函数中 format 参数的含义相同。实际上，fprintf()和 printf()函数的用法基本相同，区别仅在于 printf()函数是向控制台（如显示屏）输出数据，而 fprintf()函数是向文件中输出数据。

例如，将变量 x 和 y 的值分别按%d 和%f 的格式输出到由 fp 指定的文件中，代码如下：

```
int x=5;
float y=1.68;
fprintf(fp,"%d,%f",x,y);
```

10.4.4 文件数据块读写函数 fread()和 fwrite()

1. 文件数据块读函数 fread()

fread()函数的原型如下：

```
int fread(buffer,size,count,fp);
```

功能：用于二进制文件的读操作，从文件指针 fp 指向的文件中读取 count 个数据项，每个数据项的字节数为 size，存放到以 buffer 为首地址的缓冲区内。若操作成功，则返回所读数据项的个数，否则返回 0。其中，size 不能是任意值，而应是读取数据所属数据类型占用内存的字节数。例如，在 16 位控制系统下，若读取的数据是 int 型则 size 为 2，若读取的数据是 char 型则 size 为 1；在 32 位控制系统下，若读取的数据是 int 型则 size 为 4，若读取的数据是 char 型则 size 为 2。

例如，在 16 位控制系统下，利用 fread()函数，从 fp 指定文件中读入 4 个整型数据，代码如下：

```
int x[4];          //定义一个整型数组，用于存放读取的数据，数组名 x 就是首地址
fread(x,2,4,fp);   //x 是存放数据的首地址；整型类型 size 为 2；读取 4 个数据
```

2. 文件数据块写函数 fwrite()

fwrite()函数的原型如下：

```
int fwrite(buffer,size,count,fp);
```

功能：用于二进制文件的写操作，将 buffer 指向的内存区域中的 count 个数据项（每个数据项的长度为 size）写入文件指针 fp 所指的文件中。若操作成功，则返回写入的数据项的个数；若出错或遇到文件末尾，则返回指针 NULL。

【例 10.5】 编写程序，实现从键盘上输入 10 个整数，并将其存入 D:\\file.bin 文件中，再读取文件中的 10 个数并显示在显示屏上（运行环境为 32 位控制系统）。

【程序代码】

```
#include <stdio.h>
#include <stdlib.h>
void main()
{
    FILE *fp;
    int a[10],b[10],i;
    printf("请输入 10 个数：\n");
    for(i=0;i<10;i++)
        scanf("%d",&a[i]); //输入 10 个整数并保存在数组 a 中
        fp=fopen("D:\\file.bin","wb"); //以只写的方式打开二进制文件
        fwrite(a,4,10,fp); //将 10 个整型数据写入文件指针 fp 指向的文件中
        fclose(fp); //关闭文件
        if((fp=fopen("D:\\file.bin","rb"))==NULL)
                                        /*以只读的方式打开二进制文件*/
        {
            printf("cannot open the file!");
            exit(0);
        }
        fread(b,4,10,fp); /*从文件指针 fp 指向的文件中读取 10 个整型数据并
                            保存在数组 b 中*/
        printf("\n 文件中的 10 个数是：\n");
        for(i=0;i<10;i++)
            printf("%d ",b[i]); /*将数组 b 中的数据输出，验证是否被正确写入
                                    文件中*/
    fclose(fp); //关闭文件
}
```

【运行结果】

```
请输入 10 个数:
1
2
3
4
5
6
7
8
9
0

 文件中的 10 个数是:
1 2 3 4 5 6 7 8 9 0 请按任意键继续. . .
```

【程序分析】

见程序注释。

10.5 其他文件函数

在对文件进行读/写操作时，有一个指明当前读写位置的指针，称为文件位置指针。在使用 fopen()函数打开一个文件时，该指针指向文件头，每进行一次读写操作，位置指针都会自动发生变化。C 语言系统也为程序员提供了文件定位函数，以解决实际读操作时可能只读取文件某一指定部分的问题。下面依次介绍 rewind()函数、fseek()函数、ftell()函数和 feof()函数。

10.5.1 文件定位函数 rewind()和 fseek()

1. 位置重置函数 rewind()

rewind()函数的原型如下：

```
void rewind(FILE *fp);
```

功能：使文件的读写位置指针移到文件头，若操作成功则返回 0，否则返回其他值。在实际应用中，若对某一文件进行多次读写操作后需要重新读写该文件，则可以采用“先关闭文件再打开文件”的方式。使用 rewind()函数，可以在不关闭文件的情况下将位置指针返回到文件头，达到重新读取文件的目的，显然这样更简单、效率更高。

2. 随机定位函数 fseek()

fseek()函数的原型如下：

```
int fseek(FILE *fp,long offset,int base);
```

其中，fp 是已打开文件的指针；offset 是以字节为单位的位移量；base 指示位移量 offset 是以什么位置作为基准点开始计算的，其取值如下。

- SEEK_SET：以文件开始的位置为基准点开始计算，此时 base 代表的值为 0。
- SEEK_CUR：以文件的当前位置为基准点开始计算，此时 base 代表的值为 1。
- SEEK_END：以文件的末尾为基准点开始计算，此时 base 代表的值为 2。

功能：对文件进行随机定位，以保证对文件进行随机读写的可能性。

10.5.2 文件位置函数 ftell()

ftell()函数的原型如下：

```
long ftell(FILE *fp);
```

其一般调用形式如下：

```
len=ftell(fp);
```

上面语句的含义是将当前位置指针的位置赋给长整型变量 len。

功能：返回当前文件位置指针的位置，常用于保存当前文件指针的位置。

10.5.3 文件结束检测函数 feof()

使用 fgetc()函数返回 EOF 并不一定就表示文件结束，读取文件出错也会返回 EOF。仅凭返回 EOF 就认为文件结束是不正确的。因此，需要使用 feof()函数来检测文件是否已结束。

feof()函数原型如下：

```
int feof(FILE *fp);
```

需要注意的是，当文件位置指针指向文件结束时，并未立即置位 FILE 结构中的文件结束标记，只有再执行一次读文件操作，才会置位结束标志，此后调用 feof()函数才会返回正确结果。例如：

```
#include <stdio.h>
int main()
{
    FILE *fp;
    char c;
    fp=fopen("D:\\myfile.txt", "r");
    while(!feof(fp))
    {
        c=fgetc(fp);
        printf("%c:%x\n", c, c);
    }
    fclose(fp);
    return 0;
}
```

本章小结

本章首先介绍了文件的一些概念及文件的两种不同类型：文本文件和二进制文件。

文件类型 FILE 实质上是一个结构类型。一般用文件指针指向并操作打开一个文件。打开文件时可以设置不同的读写模式。

常用文件操作有打开文件、关闭文件、删除文件、重命名文件等。

文件读写操作主要包括字符读写函数 fgetc()和 fputc()、字符串读写函数 fgets()和 fputs()、文件格式化读写函数 fscanf()和 fprintf()及文件数据块读写函数 fread()和 fwrite()。一般使用 fread()和 fwrite()函数读写二进制文件。

最后介绍了文件定位函数 rewind()和 fseek()、文件位置函数 ftell()、文件结束检测函数 feof()。

习　题

一、填空题

1. C 语言根据数据的存储方式，把文件分为________和________两种。
2. 在文本文件中，数据是以________形式展示的。
3. 文件指针是一个指向________的指针。
4. 在 C 语言中，将不同输入输出设备之间的数据传输抽象表述为________。
5. 在 C 语言中，用于打开文件的函数是________，用于关闭文件的函数是________。

二、判断题

1. 对文件进行单字符读取操作的函数是 fgets()。 ( )
2. 文件位置指针是指向文件有关信息的指针。 ( )
3. fseek()函数用于将文件位置指针指向指定位置。 ( )
4. 调用 fclose()函数后原有的文件指针仍然可以进行文件操作。 ( )

三、选择题

1. 以下关于 C 语言数据文件的叙述中，正确的是（ ）。
   A. 文件由 ASCII 字符序列组成，C 语言只能读/写文本文件
   B. 文件由二进制数据序列组成，C 语言只能读二进制文件
   C. 文件由记录组成，可按数据的存储方式分为二进制文件和文本文件
   D. 文件由数据流组成，可按数据存储方式分为二进制文件和文本文件
2. 若要打开 E 盘上 user 子目录下名为 file.txt 的文本文件，并进行读写操作，下面符合此要求的函数调用是（ ）。
   A. fopen("E:\user\file.txt","r") B. fopen("E:\\user\\file.txt","r+")
   C. fopen("E:\user\file.txt","rb") D. fopen("E:\\user\\file.txt","w")
3. 在 C 语言程序中，可将整型数据以二进制形式存放到文件中的函数是（ ）。
   A. fprintf()函数 B. fread()函数
   C. fwrite()函数 D. fscanf()函数
4. 打开文件进行先读后写操作，应选择（ ）。
   A. "r" B. "r+" C. "w+" D. "w"
5. fread(ptr,4L,50,fp)的功能是（ ）。
   A. 从 fp 所指文件读取占 450 字节的数据块，存放在由 ptr 所指的内存区域中
   B. 从 fp 所指文件读取 4 个占 50 字节的数据块，存放在由 ptr 所指的内存区域中
   C. 从 ptr 所指内存区域读取占 450 字节的数据块，存放到 fp 所指的文件中
   D. 从 ptr 所指内存区域读取 50 个占 4 字节的数据块，存放到 fp 所指的文件中
6. 若执行 fopen()函数时发生错误，则函数的返回值是（ ）。
   A. 地址值 B. NULL C. 1 D. EOF
7. 若要用 fopen()函数打开一个新的二进制文件，该文件要既能读也能写，则文件的打开方式是（ ）。
   A. "ab+" B. "wb+" C. "rb+" D. "ab"
8. fscanf()函数的正确调用形式是（ ）。
   A. fscanf(文件指针，格式字符串，输出表列);
   B. fscanf(格式字符串，输出表列，fp);
   C. fscanf(格式字符串，文件指针，输出表列);
   D. fscanf(文件指针，格式字符串，输入表列);
9. 在 C 语言中，将数据从计算机内存写入文件中，称为（ ）。
   A. 输入 B. 输出 C. 修改 D. 删除

10. C 语言可以处理的文件类型是（　　）。

A. 文本文件和数据文件

B. 文本文件和二进制文件

C. 数据文件和二进制文件

D. 以上答案都不正确

四、编程题

1. 编写将"Visual C++2010"和"Python"写入文件 LX1.txt 中的程序。
2. 编写将第 1 题中的两个字符串从文件 LX1.txt 中读出的程序。
3. 将整数 100、200、300 写入 LX2.txt 中，要求每个数据写完换行。
4. 读取第 3 题中 LX2.txt 文件中的数据并求和。

附　　录

附录 A

附表 A-1　ASCII 值与字符对照

ASCII 值	字符	ASCII 值	字符	ASCII 值	字符	ASCII 值	字符
0	NUL	32	(空格)	64	@	96	`
1	SOH	33	!	65	A	97	a
2	STX	34	"	66	B	98	b
3	ETX	35	#	67	C	99	c
4	EOT	36	$	68	D	100	d
5	ENQ	37	%	69	E	101	e
6	ACK	38	&	70	F	102	f
7	BEL	39	'	71	G	103	g
8	BS	40	(	72	H	104	h
9	HT	41	)	73	I	105	i
10	LF	42	*	74	J	106	j
11	VT	43	+	75	K	107	k
12	FF	44	,	76	L	108	l
13	CR	45	−	77	M	109	m
14	SO	46	.	78	N	110	n
15	SI	47	/	79	O	111	o
16	DLE	48	0	80	P	112	p
17	DC1	49	1	81	Q	113	q
18	DC2	50	2	82	R	114	r
19	DC3	51	3	83	S	115	s
20	DC4	52	4	84	T	116	t
21	NAK	53	5	85	U	117	u
22	SYN	54	6	86	V	118	v
23	ETB	55	7	87	W	119	w
24	CAN	56	8	88	X	120	x
25	EM	57	9	89	Y	121	y
26	SUB	58	:	90	Z	122	z
27	ESC	59	;	91	[	123	{
28	FS	60	<	92	\	124	
29	GS	61	=	93	]	125	}
30	RS	62	>	94	^	126	~
31	US	63	?	95	-	127	DEL

附录 B

附表 B-1　运算符优先级

优先级	运算符	含义	要求运算对象个数	结合方法
1	()	函数调用	可变	左到右
1	[]	下标运算	2	左到右
1	->	成员选择	2	左到右
1	.	成员访问	2	左到右
2	++	自增	1	右到左
2	--	自减	1	右到左
2	(type)	类型转换	1	右到左
2	*	指针解引用	1	右到左
2	&	取地址	1	右到左
2	sizeof	获取类型大小	1	右到左
2	+	正号	1	右到左
2	-	负号	1	右到左
3	*	乘法	2	左到右
3	/	除法	2	左到右
3	%	取模	2	左到右
4	+	加法	2	左到右
4	-	减法	2	左到右
5	<<	左移位	2	左到右
5	>>	右移位	2	左到右
6	<	小于	2	左到右
6	<=	小于等于	2	左到右
6	>	大于	2	左到右
6	>=	大于等于	2	左到右
7	==	等于	2	左到右
7	!=	不等于	2	左到右
8	&	按位与	2	左到右
9	^	按位异或	2	左到右
10	|	按位或	2	左到右
11	&&	逻辑与	2	左到右
12	||	逻辑或	2	左到右
13	?:	条件运算符	3	右到左
14	=	赋值	2	右到左
14	+=	加赋值	2	右到左
14	-=	减赋值	2	右到左

续表

优先级	运算符	含义	要求运算对象个数	结合方法
14	*=	乘赋值	2	右到左
14	/=	除赋值	2	右到左
14	%=	取模赋值	2	右到左
14	<<=	左移赋值	2	右到左
14	>>=	右移赋值	2	右到左
14	&=	按位与赋值	2	右到左
14	^=	按位异或赋值	2	右到左
14	|=	按位或赋值	2	右到左
15	,	逗号	2	左到右

附录 C

附表 C-1　基本常用函数

函数	功能	返回值
void clearerr(FILE *stream)	清除文件指针错误指示器	无
int fclose(FILE *fp)	关闭 fp 所指的文件，释放文件缓冲区	关闭成功返回 0，否则返回非 0
int feof(FILE *fp)	检查文件是否结束	文件结束返回非 0，否则返回 0
int ferror(FILE *fp)	测试 fp 所指的文件是否有错误	无错返回 0，否则返回非 0
int fflush(FILE *fp)	将 fp 所指文件的全部控制信息和数据存盘	存盘正确返回 0，否则返回非 0
char *fgets(char *buf, int n,FILE *fp)	从 fp 所指文件读取一个长度为 n-1 的字符串，存入起始地址为 buf 的内存空间	返回地址 buf，若遇文件结束或出错，则返回 EOF
int fgetc(FILE *fp)	从 fp 所指文件中读取下一个字符	返回得到的字符，若出错，则返回 EOF
FILE *fopen(char *filename,char *mode)	以 mode 指定的方式打开名为 filename 的文件	若成功，则返回一个文件指针；否则，返回 0
int fprintf(FILE *fp,char *format [,args,...])	将 args 的值以 format 指定的格式输出到 fp 所指的文件中	返回实际输出的字符数
int fputc(char ch,FILE *fp)	将字符 ch 输出到 fp 所指的文件中	若成功，则返回该字符；否则，返回 EOF
int fputs(char *str,FILE *fp)	将 str 指定的字符串输出到 fp 所指的文件中	若成功，则返回 0；否则，返回 EOF
int fread(char *pt,unsigned size n, FILE *fp)	从 fp 所指定文件中读取长度为 size 的 n 个数据项，并存储到 pt 所指向的内存区	返回所读的数据项个数，若文件结束或出错，则返回 0
int fscanf(FILE *fp,char *format, [args,...])	从 fp 指定的文件中按给定的 format 格式将读入的数据送到 args 所指的内存变量中（args 是指针）	以输入的数据个数为准
int fseek(FILE *fp,long offset,int base)	将 fp 所指文件的位置指针移到以 base 所指位置为基准、offset 为位移量的位置	返回 0，否则返回-1
long ftell(FILE *fp)	返回 fp 所指文件中的读/写位置	返回文件中的读/写位置，否则返回 0
int fwrite(char *ptr,unsigned size,n,FILE *fp)	将 ptr 所指向的 n*size 字节输出到 fp 所指文件中	返回写入 fp 文件的数据项个数
int getc(FILE *fp)	从 fp 所指的文件中读取下一个字符	返回读取的字符，若文件出错或结束，则返回 EOF
int getchar()	从标准输入设备中读取下一个字符	返回字符，若文件出错或结束，则返回-1
char *gets(char *str)	从标准输入设备中读取字符串，存入 str 所指的数组中	若成功，则返回 str；否则，返回 NULL
int printf(char *format[,args,…])	在 format 指定的字符串的控制下，将输出列表 args 的值输出到标准设备	返回输出字符的个数，若出错，则返回负数
int fputc(char c , FILE *fp)	将一个字符 ch 输出到 fp 所指的文件中	返回字符 ch，若出错，则返回 EOF

续表

函数	功能	返回值
int putchar(char ch)	将字符 ch 输出到标准输出设备	返回换行符，若失败，则返回 EOF
int puts(char *str)	将 str 所指字符串输出到标准输出设备，将'\0'转换为回车符	返回换行符，若失败，则返回 EOF
int remove(char *fname)	删除以 fname 为文件名的文件	若成功，则返回 0；否则，返回-1
int remove(char oname,*nname)	将 oname 所指的文件名改为由 nname 所指的文件名	若成功，则返回 0；否则，返回-1
void rewind(FILE *fp)	将 fp 所指的文件指针置于文件头，并清除文件结束标志和错误标志	无
int scanf(char *format[, args,...])	从标准输入设备按 format 指定的格式，输入数据给 args 指定的单元。args 为指针	返回读入并赋给 args 的数据个数，若文件结束，则返回 EOF；若出错，则返回 0

附表 C-2　stdlib.h 中的常用函数

函数	功能	返回值
void *calloc(unsigned n, unsigned size)	分配 n 个数据项的内存连续空间，每个数据项的大小为 size	分配内存单元的起始地址，若不成功，则返回 0
void free (void *p)	释放 p 所指内存空间	无
void *malloc (unsigned size)	分配 size 字节的内存空间	返回所分配的内存地址，若内存不足，则返回 0
void *reallod (void *p, unsigned size)	将 p 所指的已分配的内存空间的大小改为 size。size 可以比原来分配的空间大或小	返回指向该内存空间的指针，若重新分配失败，则返回 NULL
void exit(int status)	中止程序运行。将 status 的值返回调用的过程	无
void srand(unsigned int seed)	设置随机数种子	无
double atof(char *str)	将 str 所指字符串转换为一个 double 型的值	返回双精度计算结果
int atoi(char *str)	将 str 所指字符串转换为一个 int 型的值	返回转换结果
long atol(char *str)	将 str 所指字符串转换为一个 long 型的值	返回转换结果
char *itoa(int n,int radix,char *str)	将整数 n 的值按照 radix 进制转换为等价的字符串，并将结果存入 str 指向的字符串	返回一个指向 str 的指针
longlabs(long num)	计算长整数 num 的绝对值	返回计算结果
char *ltoa(long int n,int radix,char *str)	将长整数 n 的值按照 radix 进制转换为等价的字符串，并将结果存入 str 所指字符串	返回一个指向 str 的指针
int rand()	产生 0 到 RAND_MAX 之间的伪随机数。RAND_MAX 在头文件中定义	返回一个伪随机（整）数

附表 C-3　string.h 中的常用函数

函数	功能	返回值
void memchr(void *buf,char ch,unsigned int count)	在 buf 的前 count 个字符中搜索字符 ch 首次出现的位置	返回 ch 首次出现的位置指针，若没有找到，则返回 NULL

续表

函数	功能	返回值
int memcmp(void *bufl,*buf2, unsigned int count)	按字典顺序比较由 bufl 和 buf2 指向的数组的前 count 个字符	若 bufl<buf2，则返回负数；若 bufl = buf2，则返回 0；若 bufl>buf2，则返回正数
void *memcpy(void *to,void *from, unsigned int count)	将 from 所指数组中的前 count 个字符复制到 to 所指数组中。对源和目标重叠区域的处理未规定	返回指向 to 的指针
void *memset(void *buf, char ch, unsigned int count)	将字符 ch 复制到 buf 所指数组的前 count 个字符中	返回 buf
char *strcat(char *strl,char *str2)	将字符 str2 连接到 strl 后，取消原来 strl 最后的结束标识符	返回 strl
char *strchr(char *str,int ch)	找出 str 指向的字符串中第 1 次出现字符 ch 的位置	返回指向该位置的指针，若没有找到，则返回 NULL
int *strcmp(char *str1,*str2)	比较字符串 strl 和 str2	若 strl<str2，则返回负数；若 strl=str2，则返回 0；若 strl>str2，则返回正数
char *strcpy(char *str1,*str2)	将 str2 所指字符串复制到 str1 中	返回 strl
unsigned int strlen(char *str)	统计字符串 str 中字符的个数（不包括结束标识符）	返回字符个数
char *strncat(char *str1,char *str2,unsigned int count)	将字符串 str2 指向的字符串中最多前 count 个字符连接到字符串 str1 后，并以 NULL 结尾	返回 strl
int strncmp(char *strl,char *str2,unsigned int count)	比较字符串 strl 和 str2 中最多前 count 个字符	若 strl<str2，则返回负数；若 strl=str2，则返回 0；若 strl>str2，则返回正数
char *strncpy(char *strl,char *str2, unsigned int count)	将 str2 所指字符串中最多前 count 个字符复制到字符串 str1 中	返回 strl
char *strstr(char *str1,char *str2)	找出 str2 所指字符串在 str1 所指字符串中首次出现的位置	返回 str2 所指字符串在 str1 中首次出现的地址，若未找到，则返回 NULL

附表 C-4　math.h 中的常用函数

函数	功能	返回值
double acos (double x)	计算 arccos(x)的值，−1≤x≤1	返回计算结果
double asin (double x)	计算 arcsin(x)的值，−1≤x≤1	返回计算结果
double atan (double x)	计算 arctan(x)的值，−∞≤x≤+∞	返回计算结果
double atan2 (double x,double y)	计算 arctan(x/y)的值	返回计算结果
double cos(double x)	计算 cos(x)的值，x 的单位为弧度	返回计算结果
double cosh(double x)	计算 x 的双曲余弦函数 cosh(x)的值	返回计算结果
double exp(double x)	计算 e^x 的值	返回计算结果
int abs (int x)	计算 x 的绝对值	返回计算结果
double fabs(double x)	计算 x 的绝对值	返回计算结果

续表

函数	功能	返回值
double floor(double x)	计算不大于 x 的最大整数	返回该整数的双精度实数
double frexp(double val,int *eptr)	将双精度数 val 分解成数字部分（尾数）和以 2 为底的指数，即 val=x*2^n，n 存放在 eptr 指向的变量中	返回数字部分 x，0.5≤x<1
double log(double x)	计算 $\log_e x$，即 lnx	返回计算结果
double log10(double x)	计算 $\log_{10} x$	返回计算结果
double pow(double x,double y)	计算 x^y 的值	返回计算结果
double sin (double x)	计算 sin(x)的值，x 的单位为弧度	返回计算结果
double sinh (double x)	计算 x 的双曲正弦函数 sinh(x)的值	返回计算结果
double sqrt (double x)	计算 $\sqrt{x}, x \geqslant 0$	返回计算结果
double tan(double x)	计算 tan(x)的值，x 的单位为弧度	返回计算结果
double tanh (double x)	计算 x 的双曲正切函数 tanh(x)的值	返回计算结果

参 考 文 献

布莱恩·W.克尼汉，丹尼斯·M.里奇，2019. C程序设计语言[M]. 徐宝文，李志，译. 2版. 北京：机械工业出版社.

陈良银，2007. C语言程序设计（C99版）[M]. 北京：清华大学出版社.

方少卿，2015. C语言程序设计[M]. 2 版. 北京：中国铁道出版社.

方少卿，2020. C语言程序设计项目化教程[M]. 北京：中国铁道出版社.

林生佑，谢昊，潘瑞芳，2023. C语言程序设计[M]. 北京：电子工业出版社.

蔺德军，张云红，2020. C语言程序设计[M]. 北京：电子工业出版社.

苏小红，王甜甜，赵玲玲，等，2019. C语言程序设计学习指导[M]. 4版. 北京：高等教育出版社.

苏小红，赵玲玲，孙志岗，2019. C语言程序设计[M]. 4版. 北京：高等教育出版社.

孙军，曹芝兰，2021. C语言程序设计[M]. 北京：电子工业出版社.

韦特，普拉塔，2000. 新编C语言大全[M]. 范植华，樊莹，译. 北京：清华大学出版社.